U0184137

科技创新与智能制造系列

打造灯塔工厂

数字—智能化制造里程碑

杨汉录　宋勇华 —— 著

企业管理出版社
ENTERPRISE MANAGEMENT PUBLISHING HOUSE

图书在版编目（CIP）数据

打造灯塔工厂：数字—智能化制造里程碑 / 杨汉录，宋勇华著. —北京：企业管理出版社，2022.4

ISBN 978-7-5164-2565-7

Ⅰ. ①打⋯ Ⅱ. ①杨⋯ ②宋⋯ Ⅲ. ①智能制造系统—制造工业—研究—中国 Ⅳ. ① TH166

中国版本图书馆 CIP 数据核字（2022）第 032364 号

书　　名：打造灯塔工厂：数字—智能化制造里程碑
书　　号：ISBN 978-7-5164-2565-7
作　　者：杨汉录　　宋勇华
责任编辑：陈　戈　　宋可力
出版发行：企业管理出版社
经　　销：新华书店
地　　址：北京市海淀区紫竹院南路 17 号　　**邮　　编**：100048
网　　址：http://www.emph.cn　　**电子信箱**：emph001 @163.com
电　　话：编辑部（010）68701638　　发行部（010）68701816
印　　刷：北京博海升彩色印刷有限公司
版　　次：2022 年 4 月第 1 版
印　　次：2024 年 4 月第 3 次印刷
开　　本：710mm × 1000mm　1/16
印　　张：17.5 印张
字　　数：260 千字
定　　价：68.00 元

版权所有　翻印必究　·　印装有误　负责调换

前　言

人类社会的发展史就是生产力的发展史。生产工具是生产力发展水平的客观尺度，是区分社会经济时代的物质标志。从这一角度看，人类不断地通过创造新的工具（技术）来改善其生存环境。农业文明开始后最简单的农具、中国古代的冶炼技术、汉代的纺织机械、毕昇的活字印刷、公元8世纪左右波斯的风车、14世纪意大利的机械钟、18世纪的蒸汽机，以及现代的汽车、计算机……这些“超自然存在”的工具和技术越来越复杂，功能越来越强大。

自工业革命以来，人类对工具的需求淋漓尽致地表现在对自动化的追求上，看看纺织技术的演进，从纺坠、纺车、水力大纺车逐步进化到珍妮织机，而后的无锭纺纱、无梭织布、无纺织布等皆是对纺织自动化技术无止境的追求。人们总是希望其使用的工具尽可能减少甚至没有人工干预，这样的工具其实就是自动化的机械或装置。

自动化技术及应用的发展经历了三个重要的里程碑：第一个里程碑是机械控制器的诞生，核心部件是机械控制元件，代表是瓦特发明的蒸汽离心式调速器，利用飞球的离心力与角速度的比例关系达到反馈控制的效果。第二个里程碑是20世纪20年代电子管控制器的诞生，核心部件是电子管控制元件。通过各种电子式控制器在各种机械与电子装置中的广泛应用，实现了机构和系统的自动化工作。第三个里程碑是从20世纪70年代开始，计算机控制技术诞生，并逐步形成基于数字计算机控制与管理的一系列柔性自动化模式与理念。

长期以来，有形的自动化机器和装置的主要作用是替代人的体力，人的脑力能被部分取代吗？人类对“超自然存在”工具的需求显然不会止步于自动化机器和装置，自动化的发展方向势必指向不仅减轻和替代人的体力劳动，还要减轻人的脑力活动乃至扩展人的智能；不仅要有有形的机器和装置，还需要某种无形的东西，计算机及其软件的出现便是必然的。今天，软件已经成为各个领域无形的工具。办公软件大大提高了办公的效率，设计软件大大提高了产品设计的效率和质量，管理软件提升了管理水平……企业蓦然发现，数字—智能化是企业发展的基本途径。

人类社会中存在大量的信息交流。传统的信息交流除了口头，便是以纸张为载体的各种文字、图表等，其传递也依靠人。20世纪最伟大的发明——互联网为人类信息交流带来了革命性的变化，今天几乎所有的企业都离不开互联网。20世纪80年代以来，人类开始综合利用传感技术、通信技术、计算机、系统控制和人工智能等新技术和新方法解决所面临的工厂自动化、办公自动化、医疗自动化、农业自动化及各种复杂的社会经济问题，研制出柔性制造系统（Flexible Manufacturing System，FMS）、决策支持系统（Decision Support System，DSS）、智能机器人（Intelligent Robot，IR）和专家（智能）控制（Expert Control）等高级自动化系统。

企业的自动化程度越来越高，生产线和生产设备内部的信息流量增加；市场的个性化需求越来越强烈，产品所包含的设计信息和工艺信息量猛增；对市场的反应速度越来越快，制造过程和管理的信息量必然剧增……这就不仅需要自动化、数字化、网络化技术，还需要智能化技术。20世纪90年代以来，随着智能技术和知识工程（Knowledge Engineering，KE）的普遍应用，现代的自动化装置及系统具有极强的环境适应能力和交互能力、复杂行为的控制能力、高智能的行为决策能力。

2017年国务院发布了《新一代人工智能发展规划》，其中指出："人工智能成为经济发展的新引擎。人工智能作为新一轮产业变革的核心驱动力，将进一步释放历次科技革命和产业变革积蓄的巨大能量，并创造新的强大引擎，重构生产、分配、交换、消费等经济活动各环节，形成从宏观到微观各领域的智能化新需求，催生新技术、新产品、新产业、新业态、新模式，引发经济结构重大变革，深刻改变人类生产生活方式和思维模式，实现社会生产力的整体跃升。"

美国参议院于 2021 年 5 月通过了《无尽前沿法案》（*Endless Frontier Act*）。该法案计划投入 1100 亿美元发展先进技术，以维持美国科技的领先地位。《无尽前沿法案》将美国国家科学基金会改制为美国国家科学与技术基金会（National Science and Technology Foundation，NSTF），并于其下设置专责技术部门，而该部门的工作重点为推动关键技术如人工智能、高性能运算、先进制造的基础研究，以维持美国的领先地位，以及吸引更多学生去美国投入重点项目研究，而美国商务部也会依据该法案支持特定企业，使美国在关键技术领域居领导地位。另外，科学技术政策办公室、商务部、国安会将依据美国在科学、研究、创新领域的竞争力拟定发展策略，以确保美国发展无虞，继而提升国家安全。

在人类生产力发展的历史进程中，灯塔是与航海密不可分的一种工具。没有灯塔的指引，船只将濒临险境，一个又一个新大陆的商业贸易与工业革命也将不复存在。亨利·戴维·梭罗（Henry David Thoreau）曾经说过："灯塔是所有目光的焦点。"每当进入未知的领域，人们总会聚焦目光，在黑夜中点亮象征意义的灯塔，成为后续探索的指向标。面对全球市场的狂风暴雨，"灯塔工厂"势必更加引人瞩目。全球层面的一系列事件正在改变航行的本质，因此，灯塔工厂的任务也变得更为艰巨。唯有最强的光才能刺破浓厚的雾霭，照亮前路。

数字一智能化创新已逐渐成为企业的必经之路。市场环境日新月异，充满挑战，唯有大规模实现第四次工业革命（Fourth Industrial Revolution，4IR）创新的企业（能够灵活适应环境变化的企业）才能蓬勃发展，进而拉大行业先行者与其他制造商之间的距离。灯塔工厂"勇者无畏"，充分挖掘第四次工业革命的潜力，在危机中把握机遇，并脱颖而出。

为了缩小行业先行者与跟随者之间的差距，并加快先进制造技术的普及，2018 年世界经济论坛（World Economic Forum，WEF）携手麦肯锡公司（McKinsey & Company）启动了全球"灯塔工厂"网络项目（Global Network of Lighthouse Factories）。在使用第四次工业革命技术推动工厂、价值链和商业模式的转型方面，该网络中的制造商均展现出了卓越的领导力，斩获了业绩、运营和环保方面的傲人回报。

灯塔工厂旨在遴选出在本行业运用了先进技术并产生了规模化效益的先进工厂，总结其转型路径和技术模式等经验，使其发挥灯塔效应，为该行业的数字—智能化转型带来借鉴意义。灯塔工厂由来自各行业的工业4.0专家小组严格评选，基于多项标准，可以简要概括为四个要素：赋能者（Critical Enablers）、实际影响力（Significant Impact Achieved）、整合用例（Use-cases Integrated）和技术平台（Technology Platform）。全球灯塔网络欢迎不同行业的新成员积极开展跨行业学习，生成和分享有关最佳用例、路线图和组织变革的洞见，以便在大规模部署先进技术的同时，向着以人为本、兼收并蓄、可持续发展的方向转型。

事实证明，达尔文的进化论思想除了可以解释自然界的发展，在商业世界也是适用的。如果一个组织不能迅速地适应不断变化的商业环境并不断提升自己以应对数字—智能化技术带来的剧变，将无法长期生存下去而注定被淘汰。

全球制造业在技术变革的推动下，从工业3.0迈入工业4.0新时代。但中国制造业由于面临产业环境、客户需求、产业政策、技术基础、人才发展等多方面机遇和挑战，使中国制造业转型升级站在新的十字路口，未来充满不确定性。与此同时，中国制造企业转型升级的需求愈发强烈，实现端到端价值链优化，产业价值提升和高质量发展成为中国制造业在新时代的一大愿景。沿着精益化、自动化、数字化、智能化主线优化制造运营系统，实现极致的降本增效；打造订单、产品全生命周期管理平台，实现跨产业链协同研发；创新业务模式，实现产业升级。灯塔工厂依赖这些有力的支撑，为迷雾中的中国制造业指明方向。

然而，数字—智能化转型不是一个简单的技术采购，而是一个长期的过程，是一种新能力的获得，需要通过跨部门、跨业务、跨层级的业务集成与协同优化，实现业务数字—智能化发展，以实现数据驱动的业务运行和资源配置方式变革。

灯塔工厂也不是企业转型的终点，而是一个从生产网络、端到端价值链、支持性职能等多方面持续改进的过程。因此，中国制造业应以“灯塔”为契机，打造更多的灯塔工厂，建设灯塔网络，打造灯塔企业，赋能灯塔行业，让灯塔经验能帮助更多的产业实现转型升级，引领更多的中国制造企业点亮灯塔之路。

我们用制造见证了人类时代的变迁，未来的本质是数字创新，我们正在以全新的姿态迈向数字化经济时代。

杨汉录

2022 年 2 月于深圳龙华园区

目　录

第三章

打造全价值链的灯塔工厂

第四章

组织创新、成熟度与人才发展

第一章

何为灯塔工厂

灯塔工厂是“数字—智能化制造”和“全球化 4.0”的示范者，它们拥有第四次工业革命的所有必备特征。灯塔工厂借助第四次工业革命技术开发了新的商业模式，对传统商业模式和价值链形成了补充或颠覆。这些灯塔工厂如同明灯，在茫茫转型之路中指引着企业，甚至整个产业抵达智能制造的彼岸。

开章
案例

海尔工业互联网平台 COSMOPlat

海尔集团连续三年参展汉诺威工业博览会（HANNOVER MESSE），第一年被展会主办方认为是“威胁”，第二年德国工业4.0之父孔翰宁（Henning Kagermann）欢迎其到德国助力企业转型，第三年海尔带着全球化赋能案例参展，吸引了德国、日本等企业主动签约到COSMOPlat平台上转型。海尔COSMOPlat三年三级跳，完成了从“世界级创意”到“全球化赋能”的迭代，借助汉诺威工业博览会这个世界级工业对话平台，向世界递出了一张闪亮的中国工业互联网“国家名片”。

细数起来，海尔COSMOPlat参加汉诺威工业博览会也不过短短三年时间，但就是在这三年时间里，COSMOPlat展现出了惊人的创新力和迭代能力，并完成了从“威胁”到“欢迎”再到“灯塔”的跳跃式发展。

作为唯一一家入选首批灯塔工厂名单的中国企业，海尔主动牵头，联合博世（Bosch Automotive）、菲尼克斯电气（Phoenix Contact）和塔塔钢铁（Tata Steel）等全球灯塔工厂企业代表，在2019年汉诺威工业博览会上共同举办了“灯塔之光高峰论坛”，在充分讨论的基础上对外发布了《灯塔工厂汉诺威倡议》，集结全球灯塔工厂的力量加速全球工业转型。现场有专家认为，海尔已经迅速认识到了灯塔工厂所带来的责任，并快速采取行动，再加上引领的大规模定制模式，这些都让海尔有实力成为灯塔工厂中的“灯塔”。

事实上，海尔COSMOPlat能实现三年三级跳，背后原因是海尔将领先的模式探索与前沿的组织管理变革紧密结合，并在实践中反复验证、迭代，真正让物联网的技术成果服务于人们的美好生活。

在汉诺威工业博览会开展前夕，美国管理大师、达特茅斯学院（Dartmouth College）教授理查德·达维尼到访海尔，就“人单合一”模式等课题深度交流后认为，如果没有组织转型的支持，光凭技术并不能真正实现大规模定制，海尔 COSMOPlat 模式是他见过的唯一真正实现数字化转型的模式。来自开姆尼茨工业大学（Technical University of Chemnitz）的穆勒教授现场体验后也评价称："海尔 COSMOPlat 是现有工业互联网平台中唯一把物联网概念落地并有成果的平台。"

两个"唯一"的高度评价离不开海尔"人单合一"模式下组织管理变革的有力支持，这种变革为用户全流程参与的大规模定制模式落地成长提供了合适的土壤。两个"唯一"的高度评价也离不开 COSMOPlat 自身的两大差异化：一是共创共享的多边融合生态平台实现了用户体验升级，以及生态各方增值分享，从而实现各自价值最大化；二是赋能平台具有全球普适性，将集"模式创新＋技术创新＋管理创新"于一体的大规模定制模式封装成数字化解决方案，实现制造能力和工业知识的模块化、平台化。图 1-1 为海尔工业互联网平台 COSMOPlat。

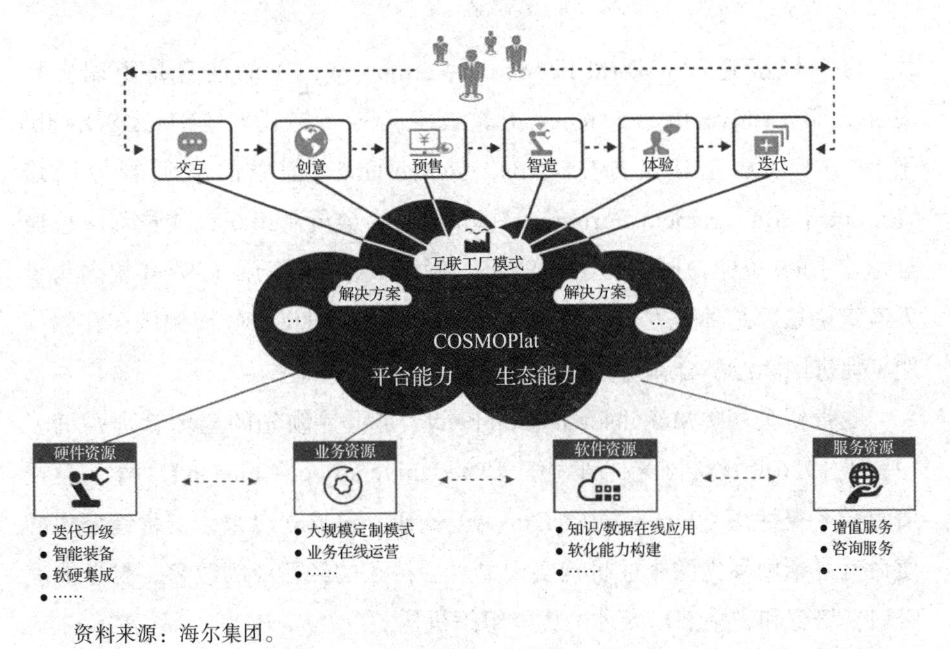

资料来源：海尔集团。

图 1-1 海尔工业互联网平台 COSMOPlat

COSMOPlat 平台全流程共有七大模块，包括用户交互定制平台、精准营销平台、开放设计平台、模块化采购平台、智能生产平台、智慧物流平台、智慧服务平台。通过智能化系统使用户持续、深度参与产品设计研发、数字营销、模块采购、智能生产、智慧物流、迭代升级等环节，满足用户个性化定制需求，为各方协调创造条件，帮助更多中小企业借助规范的平台进行转型升级。

COSMOPlat平台以用户体验为中心，从产品的传感器变为用户传感器，为企业提供智能制造转型升级的大规模定制整体解决方案，最终建成企业、用户、资源共创共赢的新型生态体系。

第一节　创建灯塔工厂

一、灯塔工厂的发展历程

世界经济论坛（World Economic Forum，WEF）的前身是由瑞士日内瓦大学（University of Geneva）教授克劳斯·施瓦布（Klaus Schwab）于1971年在瑞士达沃斯（Davos，Switzerland）创立的欧洲管理论坛（European Management Forum）。1976年改为会员制组织，成员都是位居全球前1000位的跨国公司（如苹果、微软、沃尔玛等）。1987年更名为世界经济论坛，总部设在瑞士日内瓦。该论坛以研讨世界经济领域存在的问题、促进国际经济合作与交流为宗旨。

麦肯锡公司（McKinsey & Company）是世界领先的全球管理咨询公司，于1926年由美国芝加哥大学（The University of Chicago）商学院教授詹姆斯·麦肯锡（James O'McKinsey）创建。自成立以来，麦肯锡公司的使命就是帮助领先的企业机构实现显著、持久的经营业绩改善，打造能够吸引、培育和激励杰出人才的优秀组织机构。

麦肯锡公司采取“公司一体”的合作伙伴关系制度，在全球52个国家有94个分公司。麦肯锡大中华分公司包括北京、香港、上海与中国台北四家分公司，共有40多位董事和250多位咨询顾问。在过去10年中，麦肯锡公司在大中华区完成了800多个项目，涉及公司整体与业务单元战略、企业金融、营销/销售与渠道、组织架构、制造/采购/供应链、技术、产品研发等领域。

2018年9月，在世界经济论坛与麦肯锡公司合作举办的新领军者年度会议（Annual Meeting of the New Champions，AMNC，又称夏季达沃斯论坛）上公布了9家灯塔工厂（Lighthouse Factory）的名单。2019年1月10日，世界经济论坛与麦肯锡公司联手发布的白皮书《第四次工业革命：制造业技术创新之光》中，公布了入选制造业灯塔工厂的7名新成员，并展示了灯塔工厂项目取得的成果。首批16家全球灯塔工厂分别是拜耳制药部门（Bayer）、宝马（BMW）、博世汽车（Bosch Automotive）、丹佛斯（Danfoss）、UPS Fast Radius、富士康（Foxconn）、海尔（Haier）、强生（Johnson&Johnson）、菲尼克斯电气（Phoenix Contact）、宝洁（Procter&Gamble）、Rold、Sandvik Coromant、沙特阿美（Saudi Aramco）、施耐德电气（Schneider Electric）、西门子（Siemens）和塔塔钢铁（Tata Steel）所运营的工厂。首批灯塔工厂在大规模地应用第四次工业革命的新技术方面走在了世界前列，并且通过一系列的改善非常显著地提升了企业运营效率和经济效益。首批16家全球灯塔工厂的网络状况如表1-1所示。

表1-1　首批16家全球灯塔工厂的网络状况

工厂	变革故事	用例	影响
拜耳制药部门（意大利巴尔加捏特）	工厂面临需求增加和波动——通过重点支持来实施变革	数字绩效管理	↑35% OEE（设备综合效率）
		混合现实换线	↓30% 转换时间
		针对质量偏差进行先进分析	↓80% 偏差
		针对设备故障进行先进分析	↓50% 故障
		人员一体化和资产调配	↑75% 人均生产批量
宝马（德国雷根斯堡）	先进工厂采用精益流程，利用数字制造达到新的绩效水平	数据分析和预测性维护	↓25% 冲床意外停机
		智能自动化物流运输	↓35% 物流成本
		智能维护和协助	↓5% 返工
		协作机器人和自动化	↑5% 组装效率

续表

工厂	变革故事	用例	影响
博世汽车（中国无锡）	实施30多个用例，满足200%的客户需求增长	基于物联网技术的设备运行监控	↑>90% 对标 OEE
		数字库存管理	↓>10% 总库存
		数字价值流图析	↑15% 单位产出
		数字化刀具生命周期管理	↓>10% 刀具库存
		实时加工工时追踪	↓>15% 业绩损失
丹佛斯（中国天津）	第四次工业革命技术用例希望通过质量提升和成本压缩，以达到客户预期	数字化操作员辅助系统	↓50% 报废成本
		人工智能化质量管理系统	↓57% 客户投诉
		实时加工质量控制	↓7% 加工周期缩短
		灵活的自动化组装线	↑30% 劳动生产率
		数字研发和工程	↓40% 设计迭代周期
富士康（中国深圳）	整个组织正从一家电子制造服务公司转型为工业互联网公司	用云端平台连接机器	↑不适用透明度
		无人值守制度	↑31% 每小时单位数
		实时监控和预测	↓60% 意外故障
		使用人工智能自动测试	↓50% 误判
		基于物联网技术的喷嘴状态监控	↑25 倍喷嘴寿命
海尔（中国青岛）	开发了数字化制造转型来满足消费者需求，并开创新型商业模式	大规模定制和 B2C 在线订购	↓33% 交期
		实时一线员工绩效排名	↑64% 劳动生产率
		数字化质量管理系统	↓21% 百万缺陷率
		数字化制造绩效	↑不适用 OEE 提高
		数字产品售后	↓50% 客户、维护人员
强生旗下 DePuy Synthes（爱尔兰科克）	关注材料科学和技术创新的全球创新中心，拥有内部培养技术和知识的能力	实时监控关键资产的 OEE	↓5% 资产利用
		增材制造（3D 打印）	↓25% 销货成本
		自动流程优化	↓10% 报废
		VR 培训和设计工具	↑5 倍安全信息保留
		协作机器人	↑25% 劳动效率
菲尼克斯电气（德国巴特皮尔蒙特和布隆堡）	市场需求转向高度定制化，通过部署形态各异的数字化制造用例来满足这种需求	实体资产的数字副本	不适用高度自动化的单件流生产
		数字化生产绩效工具	↓30% 生产时间
		混合现实维护	↓不适用时间和错误
		建立能源管理系统	↓−7.5% 能源成本
		增材制造（3D 打印）	↓60% 周期

续表

工厂	变革故事	用例	影响
宝洁（捷克拉科纳）	改变产品组合，希望能再创140年的历史	制程品控	↓不适用报废
		根据线上产品自动换模	↓50% 换线时间
		端对端供应链同步	↓35% 库存
		数字方向设置	↑不适用可靠性和 OEE
		建模和模拟	↓不适用检测时间
Rold（意大利切罗马焦雷）	利用数字化制造来维持和提高产量	机器报警聚合	↓不适用警报反应时间
		用数字仪表盘监控 OEE	↑11% OEE
		基于传感器的 KPI（关键业绩指标）汇报	↑不适用机器状态透明度
		成本建模	↑不适用成本核算精度
		增材制造（3D 打印）	↓不适用上市时间
Sandvik Coromant（瑞典基默）	数字化制造和智能自动化使该工厂能够以有竞争力的成本，大量生产最小批量的切割工具	参数设计和制造	↑41% 工程生产率
		用数字线程贯穿生产流程	↑38% 一线员工生产率
		商业智能平台	↑不适用决策质量
		实时处理控制系统	↑不适用机器 OEE
沙特阿美（沙特乌斯曼尼亚）	该工厂利用数字化技术引入更绿色、更高效、更安全的工作方式	检验无人驾驶车	↓5% 环境废料
		资产预测分析	↑2% 能源效率
		资产绩效管理	↑3% 可靠性
		为一线员工配备可穿戴设备	↑10% 劳动生产率
		分析和人工智能中心	↓12% 维护成本
施耐德电气（法国勒沃德勒伊）	有着50年历史的工厂意识到，唯有部署数字化工具，才能在未来50年继续保持价格竞争力	通过物联网进行预测性维护	↑7% OEE
		用混合现实开展维护工作	↓20% 诊断 / 维修时间
		通过物联网进行能源管理	↓10% 能源成本
		精益数字化	↓不适用精益分析时间
		智能供应链—自动导引车	↓80% 循环取货时间
西门子（中国成都）	消费者需求的增长要求其通过数字化转型来提高质量效益	数字绩效管理	↓40% 百万缺陷率
		ERP/MES/PLM 整合	↑100% C/O 质量保证
		3D 模拟生产线	↓20% 周期
		一线员工数字化辅助系统	↓100% 客户投诉
		自动化实施	↓–45% 劳动减少量

续表

工厂	变革故事	用例	影响
塔塔钢铁（荷兰艾默伊登）	利用清晰的数字化路线图实现大规模端到端转型	基于 AA 的图像识别	↓50% 成本收益损失
		基于 AA 的原材料选择	↓不适用原材料成本
		基于 AA 的产品质量优化	↓80% 废品率
		焊接质量预测	↓50% 减少补焊
		基于人工智能的销售和运营计划	↓50% 交付延迟
UPS Fast Radius（UPS 参股）（美国芝加哥）	格林菲尔德工厂支持第四次工业革命技术促成的全新商业模式	通过 3D 打印快速设计原型	↓89% 上市时间
		高级数据分析平台	↑95% 直通率
		数字孪生工厂网络	↓不适用生产周期 / 成本
		3D 质量扫描	↓不适用质检工作量

截至 2021 年 9 月，全球灯塔工厂网络共 90 家。在行业分布方面，电子设备有 12 家，其次是消费品 11 家、汽车 10 家、家用电器 8 家，其后分别是电子元件、油气各 6 家，钢铁制品、医疗设备各 5 家。灯塔工厂的行业分布从 2019 年第一批 11 个行业，延伸至 2021 年 22 个不同行业，增加了服饰、光电设备、农业设备、采矿、个人护理品等细分行业。由此可见，不仅是电子、汽车、消费品等大体量产业，各行业的制造企业都有实现灯塔工厂目标的潜力和机会。

灯塔工厂所属行业千差万别，90 家灯塔工厂共计部署了 124 个应用案例，有的着眼于生产制造本身，有的侧重打通端到端价值链。根据工业富联发布的 2021 年度《灯塔工厂引领制造业数字化转型白皮书》中的统计，53% 的应用案例已经跨越工厂的制造环节，延伸至端到端价值链，并且这种趋势越来越明显。

全球灯塔网络的成员正在积极开展跨行业学习，生成和分享有关最佳用例、路线图和组织做法的经验，以便在大规模部署先进技术的同时，向着以人为本、兼收并蓄、可持续发展的方向转型。

二、第四次工业革命与智能制造

1. 第四次工业革命（4IR）

在 2013 年 4 月的汉诺威工业博览会上，德国政府宣布启动“工业 4.0”

国家级战略规划，意图在新一轮工业革命中抢占先机，奠定德国工业在国际上的领先地位。工业 4.0 在国际上引起极大关注，尤其在中国。一般的理解，工业 1.0 对应蒸汽机时代，工业 2.0 对应电气化时代，工业 3.0 对应信息化时代，工业 4.0 则是利用数字化、智能化技术促进产业变革的时代，也就是对应智能化时代，如图 1-2 所示。

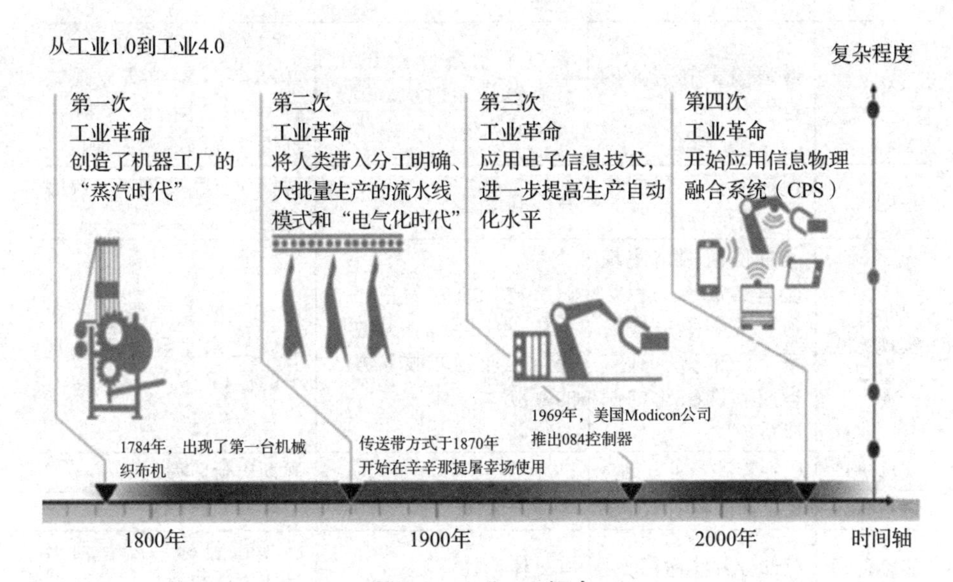

图 1-2　工业 4.0 概念

2015 年，我国正式提出了"中国制造 2025"战略。表 1-2 详细对比了中国制造 2025+"智能 +"、德国工业 4.0 和美国制造业复兴的战略内容和特征等信息。从这些信息来看，全球工业领域正在经历一场制造业的大变革，并将引领传统制造业逐步迈向数字化、智能化。

表 1-2　德国、美国和中国制造业转型升级对照

	德国工业 4.0	美国制造业复兴	中国制造 2025+"智能 +"
发起者	联邦教研部与联邦经济技术部资助，德国工程院、弗劳恩霍夫协会、西门子公司建议	智能制造领袖联（SMLC)，由 26 家公司、8 个生产财团、6 所大学和 1 个政府实验室组成	工信部牵头，中国工程院起草
发起时间	2013 年	2011 年	2015 年和 2019 年

续表

	德国工业 4.0	美国制造业复兴	中国制造 2025+"智能 +"
定位	国家工业升级战略，第四次工业革命	美国"制造业回归"的一项重要内容	国家工业中长期发展战略
特点	制造业和信息化的结合	工业互联网革命，倡导将人、数据和机器连接起来	信息化和工业化的深度融合
目的	增强国家制造业的竞争力	专注于制造业、出口、自有贸易和创新，提升美国的竞争力	增强国家工业竞争力，在 2025 年迈入制造业强国行列，建国 100 年时占据世界强国的领先地位
主题	智能工厂、智能生产、智能物流	智能制造	智能 +、互联网 +、智能制造
实现方式	通过价值网络实现横向集成、工程端到端数字集成横跨整个价值链、垂直集成和网络化的制造系统	以"软"服务为主，注重软件、网络、大数据等对工业领域服务方式的颠覆	通过智能制造带动产业数字化水平和智能化水平的提高
实施进展	已在某些行业实现	已在某些行业实现	规划出台阶段
重点技术	信息物理系统（CPS）	工业互联网	制造业互联网化
实施途径	有部分具体途径	有具体途径	已提出目标，没有列出具体实施途径

工业 4.0 的基本思想是数字世界和物理世界的深度融合，是赛博空间中的通信、计算和控制与实体系统在所有尺度内的深度融合。信息—物理系统（Cyber-Physical System，CPS，又译为赛博—实体空间）从实体空间对象、环境、活动大数据的采集、存储、建模、分析、挖掘、评估、预测、优化、协同，并与对象的设计、测试和运行性能表征相结合，产生与实体空间深度融合、实时交互、互相耦合、互相更新的赛博空间（包括个体空间、环境空间、群体空间、活动空间与推演空间等的结合）；通过对赛博空间知识的综合利用指导实体空间的具体活动，实现知识的积累、组织、成长与应用；进而通过自感知、自记忆、自认知、自决策、自重构和智能支持等能力促进工业资产的全面智能化。

对于 CPS 的虚实结合，可以用日常生活中常见的事物来解释。正如人们在QQ、微信、脸书里建立的各种关系在物理世界里是不可见的，却可以从中得出个人的生活社群、行为习惯、过往经历等。同样，任何产品都有实体和虚拟两个世界（如iPhone是实体，但App是虚拟），如何将虚拟世界里的关系透明化，正是工业4.0时代需要做的。未来产品如机床、飞机、汽车等都应该有实体与虚拟的价值结合。

创新视点1

脸书品牌重塑“元宇宙”的愿景能否成真

2021年在线虚拟Connect大会上，脸书的CEO马克·扎克伯格（Mark Zuckerberg）正式宣布将公司名称改为“Meta”，也反映出该公司迈向“元宇宙”（Metaverse）公司的决心。扎克伯格强调脸书已不足以涵盖公司所有业务范围，尽管社群网站仍是Meta未来的重要组成部分，但也限制了公司目前产品和业务的发展。不过，作为应用品牌，脸书将维持其名称Facebook不变。未来几年脸书将由一家社交平台公司转变为Metaverse公司，加上近年该公司积极布局相关技术，包括设置专属研发团队、打造欧洲万人规模Metaverse工作团队等，因此变更名称更符合公司未来的走向。

所谓“元宇宙”是指一个脱胎于现实世界，又与现实世界平行、相互影响，并且始终在线的虚拟世界。此概念最早出现于1992年出版的科幻小说作品《雪崩》中，但很长一段时间仅停留在概念阶段，直到扎克伯格提及“元宇宙”愿景，宣布成立工作小组并接续发表一系列相关技术与应用后，才被大众所关注。

事实上，在一般民众接触元宇宙概念之前，科技业者们就已纷纷投入对其的研发。英伟达（NVIDIA）早于2021年4月便发布Omniverse平台，这是基于通用场景描述的一款云端平台，拥有高度逼真的物理模拟引擎及高性能渲染能力，支持多人在平台共创内容，并与现实世界高度贴合。同年5月，微软（Microsoft）的CEO Satya Nadella宣布正在打造一个“企业元宇宙”。

腾讯CEO马化腾表示，未来将在高工业化游戏、元宇宙等领域扩大投资。事实上，早在2020年年底，马化腾就曾提出“全真互联网”的概念，与元宇宙有着异曲同工之妙。更有报道指出，腾讯已申请注册“王者元宇宙”“天美元宇宙”商标，国际分类含社会服务、通信服务等。

中国阿里巴巴集团也同样积极拓展相关布局，阿里巴巴新加坡控股有限公司已申请注册“阿里元宇宙”“淘宝元宇宙”“钉钉元宇宙”等多项商标，且国际分类涵盖网站服务、教育娱乐、科学仪器等。

2021年，在阿里云云栖大会上，最新设立的达摩院XR实验室负责人谭平阐述了阿里巴巴对元宇宙的理解。谭平认为，元宇宙是AR/VR眼镜上的整个互联网，AR/VR眼镜是即将要普及的下一代移动运算平台，而元宇宙便是互联网产业在新平台上的呈现。谭平进一步提到，元宇宙由四层技术构成。第一层为全像构建，建构出虚拟世界的几何模型，并于终端装置上显示，达到沉浸式的体验。现在市面上的VR看房、VR演唱会等均为此。第二层是全像仿真，建构出虚拟世界的动态过程，让虚拟世界无限近似真实世界，如水要往低处流，或是人物能对环境、事件做出自然反应等。若是能达到此层，就能够建立一个完美的VR世界。目前有些游戏能达到第二层全像仿真。第三层是虚实融合，要将虚拟与真实世界融合在一起，本质上要建构真实世界的三维地图，且在地图中运用精准的定位。到达第三层意味着能够创造出完美的AR世界，也代表着虚拟与真实世界的藩篱被打破。第四层是虚实连动，到此层则能够透过虚拟世界改变真实世界。

产业人士认为，按照阿里巴巴所提到的四个层面，第二层目前尚未普及，要到达第三乃至第四层的技术障碍更高。而目前要谈未来发展仍有太多未知数。

最终等到完美的VR、AR世界被建构出来之后，是否能够将多间科技大厂、不同的技术应用全部纳入同一个世界，所需克服的生态系统藩篱仍然太多，整体发展所需耗费的时间仍无法预料。

2. 不确定性、非结构化和非固定模式问题

让我们再考察和思考一下企业的现实问题。在现今的制造系统中，存在着许多无法被定量、无法被决策者掌握的不确定因素。前三次工业革命主要解决的都是可见的问题，如避免产品缺陷、避免加工失效、提升设备效率和可靠性、避免设备故障和安全问题等。这些问题在工业生产中由于可见、可量测，往往比较容易避免和解决。不可见（或隐性）的问题通常表现为设备的性能下降、健康衰退、零部件磨损、运行风险等。由于这些因素很难通过测量被定量化呈现，往往是工业生产中不可控的风险，大部分可见的问题都是由这些不可见（或隐性）的因素累积到一定程度后产生的质变造成的。

企业里存在大量的不确定性问题，如任何企业都必须关注的品质问题。对于一些事先就知道的，确定可能引发质量缺陷的问题，可通过设置相应的工序及自动化手段去解决，这是传统自动化技术所能及的。有很多影响质量的随机因素，如温度、振动、磨损等，虽然预先知道这些因素将影响质量，但只是定性的概念，无法事前设定控制量。这就需要实时监测制造过程中相关因素的变化，且根据变化施加相应的控制，如调节环境温度或者自动补偿等，这就是初步的智能控制。这类引发质量问题的随机因素虽然有不确定性，却是显性的，容易为人们所意识到。还有一类不确定性因素是隐性的，是工程师和管理人员难以意识到的。例如，一个先进、复杂的发动机系统，影响其性能的关联及组合因素到底有多少？影响到何种程度？又如，某种新的工艺，其可能存在的风险性影响了供应性能的参数有哪些？影响程度如何？对工程师而言，这些可能是不确定的。其实，某些因素及关联影响有确定性的一面，只是人们对其客观规律还缺乏认识，导致主观的不确定性。另外，还有一些原本确定的问题，因为未能数字化而导致人们对其认识的不确定性。如企业中各种活动、过程的安排，本来就是确定性的，但因为涉及的人太多，且发生时间各异，若无特殊手段，对于人的认识而言纷繁复杂。此亦即人的主观不确定性或认识不确定性。为何把主观不确定性也视为制造系统的不确定性？因为制造系统本来

就应该包括相关的人。还有一类隐性的影响因素本身就是不确定的，如精密制造过程中原材料性能的细微不一致性、能源的不稳定性、突发环境因素等导致质量的不稳定，车间中人员岗位的临时变更而引发的质量问题，某一时期某些员工因特别的社会重大活动（如世界杯足球、奥运会）而导致的作息时间改变引发的质量问题，重大公共卫生安全发生后对企业的具体影响程度等，这些与企业供应链、所处位置、人流、企业人员受感染等各种特殊性有关。目前，人类对此类问题只能有抽象、定性的认识，很难根据具体影响程度进行相对细致的应对。对诸如此类的问题，经典的自动控制技术自然无法应对，即使带有一定智能特征的现代控制技术也无能为力。

适合于自动化技术解决的问题基本是确定性的。所有的自动线、自动机器，其工艺流程是确定的，运动轨迹是确定的，控制对象的目标是确定的。当然，机器实际的运动可能存在误差，反映在制造物品的质量上也存在误差。也就是说，不确定性并非完全不存在。但就一个自动系统的设计考虑而言，系统的输入输出工作方式、路径、目标等都是确定的，只需要保证产生的误差在允许的范围内即可。

经典的自动化技术面对的基本问题是结构化的问题，能够用经典的控制理论描述的问题是结构化的，如自动调节问题、PID 控制等。电子和计算机技术的发展加速了程序控制、逻辑控制在自动化系统中的应用，其针对的问题也是结构化的。在现代的控制系统中，某些场合人们基于知识的系统，类似于 IF-THEN，本身就是一种结构，处理的问题还是结构化的。

传统自动化技术针对的问题相对而言是局部的，很少有企业系统层面的问题，如供应链问题、客户关系、战略应对……

企业中有大量的问题是非结构化的（Unstructured）。重大公共卫生安全事件发生后，对企业的具体影响程度很难有定量的分析，这些都是因为环境及问题本身就是非结构化的。企业中有大量的信息并非常规的数值数据或存储在数据库中的可用二维表结构进行逻辑表达的结构化数据，如全文文本、图像、声音、视频等信息，即非结构化数据。这些非结构化数据都是企业有用的信息，传统的自动化技术未能有效利用这些信息。

如何利用非结构化的数据做出正确的判断和决策？

企业中的很多问题是非固定模式的。如今，很多企业为了更好地满足客户需求，实施个性化定制。不同的企业实施个性化定制的方式肯定不一样。即使对同一家企业而言，对不同的产品、不同类型的客户可能也需要不同的方式。数据的收集、处理，数据驱动个性化设计和生产的方式都不尽相同。又如车间或工厂的节能，不同类型的企业节能的途径可能不一样。即使同类产品的企业，其设备不一样，地区环境不一样，厂房结构不一样，都会导致节能模式的不同。从事传统自动控制的技术工作者自然不会问津这类非固定模式的问题。

企业是一个大系统，其中有很多分系统、子系统，有各种各样的活动（设计、加工、装配、检验、包装、仓储、运输等），各种各样的资源（如原材料、工具、零部件、设备、人力、电力、土地等）、供应商、客户……大系统中如此多的因素相互关联和影响吗？对大系统整体效能的具体应用程度如何？对于这些问题，高级管理人员和工程师未必清楚。即使是一个设备系统，对于其部件、子系统、运行参数、环境等诸多要素之间的相互影响，人们同样只能定性地知道某些影响，难以全部清晰地认识其理想的、定量的程度。之所以如此，不仅在于系统大而复杂，还在于系统充满前述的不确定性、非结构化、非固定模式的问题，所以，我们对企业大系统及其分系统的整体联系的认识是有限的。

更清晰地认识整体联系有助于进一步提升企业的整体效能。并不是说以前人们就意识不到整体联系、不确定性等问题的存在，只是苦于缺乏工具而导致力所不及。人类从来不会停止追求“超自然存在”工具的步伐。基于更清晰的认识乃至更精细地驾驭整体联系、不确定性、非结构化、非固定模式等问题的欲求，人类终于创造出适当的工具，即云计算、物联网、大数据分析、机器人、软件、人工智能等。正是有了这些工具和手段，才能让整体联系、不确定性等问题不继续困扰我们，制造领域自不例外。至此，我们可以更深刻地理解智能制造的内涵：智能制造的本质和真谛是利用物联网、大数据、云计算、无线通信、智能控制和人工智能等先进技术认识制造系统的整体联系并驾驭系统中的不确定性、非结构化和非固定模式问题以达到更高的目标。

三、应运而生的灯塔工厂

伴随着第四次工业革命应运而生的灯塔工厂，指的是成功将第四次工业革命技术从试点阶段推向大规模整合阶段，实现了重大的财务和运营效益的工厂。第四次工业革命技术被广泛应用到整个生产网络、端到端价值链，以及支持性职能中，推动组织层面不断转型。工业 4.0 专家小组遴选出来的灯塔工厂符合下列四项标准。

（1）实现重大影响。

（2）拥有多项成功案例。

（3）拥有可拓展的技术平台。

（4）在关键推动因素方面表现出众。

世界经济论坛认为，推动第四次工业革命范式发生转变的主要动力为三大科技趋势：互联化、智能化和柔性自动化，如图 1-3 所示。

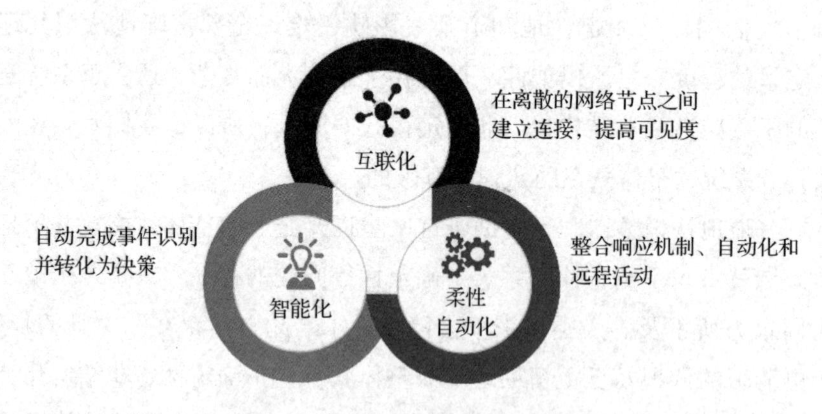

图 1-3　推动生产变革的科技趋势

1. 互联化

当你在使用领英（LinkedIn）时会发现它非常好的一个功能，就是能够按照用户的资料去挖掘你与另一个用户可能存在的关系，然后提醒你或许认识这个客户，是否需要与他建立关联。而当与你建立关联的用户状态发生变化时，如升迁或是换了工作，它会及时提醒你去关注他的变化。所以领英给客户带来的重要价值是帮助用户管理自己的职场关系，这种关系的管理在现实生活中可以非常复杂，但是在网络端变得快速和高效。

工业互联网是链接工业全系统、全产业链，支撑工业智能化发展的关键信息基础设施，是新一代信息技术与制造业深度融合所形成的新兴业态和应用模式，是互联网从消费领域向生产领域，从虚拟经济向实体经济延伸拓展的核心载体，是智能制造的重要支撑技术和系统。

工业互联网最早由美国通用电气公司于 2012 年提出，随后美国五家行业龙头企业（AT&T、思科、通用电气、IBM 和英特尔）联手组建了工业互联网联盟（IIC)，对其进行推广和应用。工业互联网的核心是通过工业互联网平台把原料、设备、生产线、工厂、工程师、供应商、产品和客户等工业全要素紧密地连接和融合起来，形成跨设备、跨系统、跨企业、跨区域、跨行业的互联互通，从而提高整体效率。它可以帮助制造业拉长产业链，推动整个制造过程和服务体系的智能化。它还有利于推动制造业融通发展，实现制造业和服务业之间的紧密交互和跨越发展，使工业经济各种要素和资源实现高效共享。

作为工业智能（Industrial Intelligence）发展的重要基础设施，工业互联网能构建出面向工业智能发展的三大优化闭环。

（1）面向机器设备 / 产线运行优化的闭环。核心是通过对设备 / 产线运行数据、生产环节数据的实时感知和边缘计算，实现机器设备 / 产线的动态优化调整，构建智能机器和柔性产线。

（2）面向生产运营优化的闭环。核心是通过对信息系统数据、制造执行系统数据、控制系统数据的集成融合处理和大数据建模分析，实现生产运营的动态优化调整，形成各种场景下的智能生产模式。

（3）面向企业协同、用户交互与产品服务优化的闭环。核心是通过对供应链数据、用户需求数据、产品服务数据的综合集成与分析，实现企业资源组织和商业活动的创新，形成网络化协同、个性化定制、服务化延伸等新模式。

工业互联网对现代工业的生产系统和商业系统均产生了重大变革性影响。基于工业视角：工业互联网实现了工业体系的模式变革和各个层级的运行优化，如实时监测、精准控制、数据集成、运营优化、供应链协同、个性定制、需求匹配、服务增值等。基于互联网视角：工业互联网实现了从营销、服务、设计环节的互联网新模式、新业态带动生产组织和制造模式的智能化变革，如精准营销、个性化定制、智能服务、众包众创、协同设计、协同制造、柔性制造等。

2. 智能化

近年来，围绕智能化主题的讨论从来没有停止过，从多年前的物联网、大数据、云计算至近年来的工业 4.0、工业互联网等，但“究竟什么是智能化”“智能化在做什么”“智能化有什么用”等问题一直是人们思考和热议的话题。

在世界工业变革和中国创业的热潮下，各国都将智能化作为其工业发展的关键，同时各国也在寻求对智能化的理解，但结果往往都是模糊和抽象的。智能化从字面上可以理解为一种感官描述，直观来说，就是用“物的智慧”来补充和替代“人的智慧”，让人觉得“物”具备了“人”一样的智慧。这也是很多处于实践中的企业都提出的“只要用户觉得智能就是智能”的理念。

想要理解“智能化在做什么”，需要到智能化的内部寻找答案。从各行业的实践中可以看出，智能化是在信息化的基础上，借助数据分析、数据挖掘等创新的智能化技术，从已有的数据和信息基础上挖掘出有价值的知识，并通过在各领域中的应用来创造出更多的价值。即智能化是“数据—信息—知识—价值”（Data-Information-Knowledge-Wisdom，DIKW）的转化过程。在这个转化过程中，数据和信息是信息时代的产物，知识和价值才是智能化时代的关键。因此，智能化的本质就是通过对知识的挖掘、积累、组织和应用来实现知识的成长与增值，这个过程可称为

“知识化”。

智能化是知识化的应用与表征，知识化是智能化的本质与内涵。能够看清楚这一点，对现今社会大量涌现的智能化方面的概念就不难理解了。如当“知识化”与装备相结合，就形成智能装备。当“知识化”与服务相结合，就形成了智能服务。当“知识化”与产业相结合，就形成了智能产业。当“知识化”与城市、工厂、社区、医疗相结合，就形成了智能（慧）城市、智能（慧）工厂、智能（慧）社区、智能（慧）医疗。

这些概念恰恰回答了“智能化有什么用”这一问题，即智能化通过知识化的创新应用，将知识切实地转化为社会生产力，进而带动整个国家在经济、社会、军事等领域的转型发展。

人工智能（Artificial Intelligence，AI）概念的提出，始于1956年美国达特茅斯会议。人工智能至今已有60多年的发展历程，从诞生至今经历了三次发展浪潮。在前两次浪潮中，由于算法的阶段性突破而达到高潮，之后又由于理论方法缺陷、产业基础不足、场景应用受限等原因没有达到人们最初的预期，导致了政策支持和社会资本投入的大幅缩减，从而两次从高潮陷入低谷。近年来，在移动互联网、大数据、超级计算、传感网、脑科学等新理论、新技术及经济社会发展强烈需求的共同驱动下，以深度学习、跨界融合、人机协同、群智开放、自主操控为特征的新一代人工智能技术不断取得新突破，迎来了人工智能的第三次发展浪潮。

直到今天，人工智能的定义依然存在一定的争议。一般来说，人工智能分为计算智能（Computational Intelligence）、感知智能（Perceptual Computing Intelligence）和认知智能（Cognitive Intelligence）三个阶段。第一阶段为计算智能，是指通过快速计算获得结果而表现出来的一种智能。第二阶段为感知智能，即视觉、听觉、触觉等感知能力。第三阶段为认知智能，即能理解、会思考。认知智能是目前机器与人差距最大的领域，让机器学会推理决策且识别一些非结构化、非固定模式和不确定性问题异常艰难。

当前，以智能家居、智能网联汽车、智能机器人等为代表的人工智能新兴产业加速发展，经济规模不断扩大，正成为带动经济增长的重要引擎。普华永道提出，人工智能将显著提升全球经济，到2030年人工智能将促使全球生产总值增长14%，为世界经济贡献15.7万亿美元产值。一方面，人工智能驱动产业智能化变革，在数字化、网络化的基础上，重塑生产组织方式，优化产业结构，促进传统领域智能化变革，引领产业向价值链高端迈进，全面提升经济发展的质量和效益。另一方面，人工智能的普及将推动多行业的创新，大幅提升现有劳动生产率，开辟崭新的经济增长空间。据埃森哲（Accenture）预测，2035年人工智能将推动我国劳动生产率提高27%，经济总增加值提升7.1万亿美元。

智能制造具有自我感知、自我预测、智能匹配和自主决策等功能。为实现这些功能，制造过程中的数据通信面临严峻挑战，包括设备高连接密度、低功耗，通信质量的高可靠性、超低延迟、高传输速率等。5G作为一种先进通信技术，具有更低的延迟、更高的传输速率及无处不在的连接等特点，可有效应对上述挑战。

5G技术使无线技术应用于现场设备实时控制、远程维护及操控、工业高清图像处理等工业应用新领域成为可能，同时也为未来柔性产线、柔性车间奠定了基础。其媲美光纤的传输速率，开启了工业领域无线发展的未来。伴随智能制造的发展，5G技术将广泛深入地应用于智能制造的各个领域。5G+智能制造的总体架构主要包括四个层面：数据层、网络层、平台层和应用层，如图1-4所示。

（1）数据层。数据层依托传感器、视屏系统、嵌入式系统等组成的数据采集网络，对产品制造过程中的各种数据信息进行实时采集，包括生产使用的设备状态、人员信息、车间工况、工艺信息、质量信息等，并利用5G通信技术将数据实时上传到云端平台，从而形成一套高效的数据实时采集系统。通过云计算、边缘计算等技术，对数据进行实时、高效的处理，从而获取数据分析结果，并通过数据层进行实时反馈，一方面指导整个生产过程，另一方面也为智能制造的生产优化决策和闭环调控提供基础。

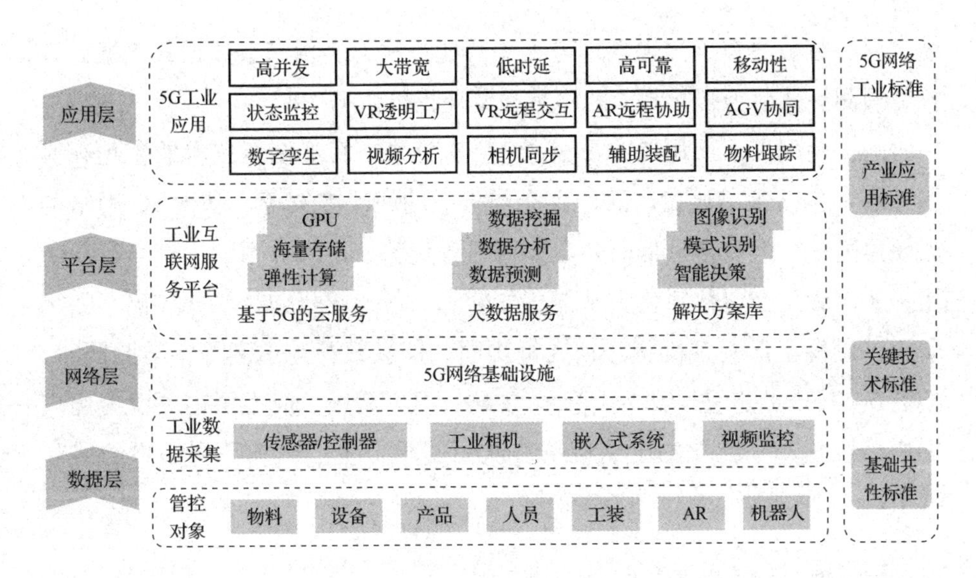

图 1-4　5G+ 智能制造的总体架构

数据层实现了制造全流程数据的完备采集，为制造资源的优化提供了海量多源异构的数据，是实施分析、科学决策的起点，也是建设智能制造工业互联网平台的基础。

（2）网络层。网络层的作用是给平台层和应用层提供更好的通信服务。作为企业的网络资源，大规模连接、低时延通信的 5G 网络可以将工厂内海量的生产信息进行互联，提升生产数据采集的及时性，为生产优化、耗能管理、订单跟踪等提供网络支撑。

网络层采用的 5G 技术可以在极短的时间内完成信息上报，确保信息的及时性，从而确保生产管理者能够形成信息反馈，对生产环境进行精准调控，有效提高生产率。网络层还可以实现对远程生产设备全生命周期工作状态的实时监控，使生产设备的维护突破工厂边界，实现跨工厂、跨区域的远程故障诊断和维护。

（3）平台层。基于 5G 技术的平台层，为生产过程中的分析和决策提供智能化支持，是实现智能制造的重要核心之一。在平台层中主要包括以 GPU 为代表的高性能计算设备，以云计算、边缘计算为代表的新一代计算技术，以及以云存储为代表的高性能存储平台。平台层通过关联分析、深度学习、智能决策、知识推理等人工智能方法，实现制造数据的挖掘、分析和预测，从而为智能制造的决策和调控提供依据。

（4）应用层。应用层主要是承担5G背景下智能制造技术的转化和应用工作，包括各类典型产品、生产与行业的解决方案等。基于5G网络的大规模连接、大宽带、低时延、高可靠等优势，研发一系列生产与行业应用，从而满足企业数字化和智能化的需求。应用场景包括状态监测、数字孪生、虚拟工厂、人机交互、人机协同、信息跟踪与追溯等。与此同时，随着5G技术的进一步深入，依托数据与用户需求，应用层还可以为用户提供精准化、个性化的定制应用，从而使整个生产更加贴合用户的实际需求。

3. 柔性自动化

自动化的概念是一个动态发展过程。过去，人们对自动化的理解或者说自动化的功能目标是以机械的动作代替人力操作，自动地完成特定的作业。这实质上是自动化代替人的体力劳动的观点。后来，随着电子和信息技术的发展，特别是随着计算机的出现和广泛应用，自动化的概念已扩展为用机器（包括计算机）不仅代替人的体力劳动，而且还代替或辅助脑力劳动，自动地完成特定的作业。

自动化技术及应用的发展经历了三个重要的里程碑。

第一个里程碑是机械控制器的诞生，核心部件是机械控制元件。代表是瓦特（J.watt）发明的蒸汽离心式调速器，利用飞球的离心力与角速度的比例关系达到反馈控制的效果，第一次出现被控量的自动调节，可以实现简单的PID控制，失效方式为机械部件。

1788年，瓦特为了解决工业生产中提出的蒸汽机的速度控制问题，把离心式调速器与蒸汽机的阀门连接起来，构成蒸汽机转速调节系统，使蒸汽机变为既安全又实用的动力装置。瓦特的这项发明开创了自动调节装置的研究和应用。在解决随之出现的自动调节装置稳定性的过程中，数学家提出了判定系统稳定性的判据，积累了设计和使用自动调节器的经验。

第二个里程碑是20世纪20年代电子管控制器的诞生，核心部件是电子管控制元件。由各种电子式控制器（电阻、电容、电感、二极管、三极管等）在各种机械与电子装置中的广泛应用，实现了机构和系统的自动化工作。其代表是20世纪“新媒体”收音机与电视机的诞生，有了“信号”的概念，以频率振幅为代表的模拟信号为主，可以实现较为复杂的PID控制，控制失效方式为电子管元件损毁。

1946年，美国福特公司的机械工程师D.S.哈德首先提出用“自动化”一词来描述生产过程的自动操作。1952年，J.迪博尔德出版了第一本以自动化命名的《自动化》图书。他认为，自动化是分析、组织和控制生产过程的手段。20世纪50年代以后，自动控制作为提高生产率的一种重要手段开始推广应用，它在机械制造中的应用形成了机械制造自动化；在石油、化工、冶金等连续生产过程中应用，对大规模的生产设备进行控制和管理，形成了过程自动化；电子计算机的推广和应用使自动控制与信息处理相结合，出现了业务管理自动化。

20世纪50年代末到60年代初，大量的工程实践，尤其是航天技术的发展，涉及大量的多输入多输出系统的最优控制问题，用经典的控制理论已难以解决，于是产生了以极大值原理、动态规划和状态空间法等为核心的现代控制理论。现代控制理论提供了满足发射第一颗人造卫星的控制手段，保证了其后的若干空间计划（如导弹的制导、航天器的控制）的实施。控制工作者从过去那种只依据传递函数来考虑控制系统的输入输出关系，过渡到用状态空间法来考虑系统内部结构，是控制工作者对控制系统规律认识的一个飞跃。

20世纪60年代中期以后，现代控制理论在自动化中的应用，特别是在航空航天领域的应用，产生了一些新的控制方法和结构，如自适应和随机控制、系统辨识、微分对策、分布参数系统等。与此同时，模式识别和人工智能也发展起来，出现了智能机器人和专家系统。现代控制理论和电子计算机在工业生产中的应用使生产过程控制和管理向综合最优化发展。

第三个里程碑是从20世纪70年代开始，计算机控制技术诞生，并逐步形成基于数字计算机控制与管理的一系列先进（柔性）自动化模式与理念。

20世纪70年代中期，自动化的应用开始面向大规模、复杂的系统，如大型电力系统、交通运输系统、钢铁联合企业、国民经济系统等。它不仅要求对现有系统进行最优控制和管理，而且还要对未来系统进行最优筹划和设计，运用现代控制理论方法已不能取得应有的成效，于是出现了大系统理论与方法。20世纪80年代初，随着计算机网络的迅速发展，管理自动化取得较大进步，出现了管理信息系统（MIS）、办公自动化（OA）、决策支持系统（DSS）。与此同时，人类开始综合利用传感技术、通信技术、计算机、系统控制、人工智能等新技术和新方法来解决所面临的工厂自动化、办公自动化、医疗自动化、农业自动化及各种复杂的社会经济问题。研制出柔性制造系统、决策支持系统、智能机器人和专家（智能）控制等高级自动化系统。20世纪90年代以来，随着智能技术和知识工程的普遍应用，现代的自动化装置及系统具有极强的环境适应能力和交互能力、复杂行为的控制能力、高智能的决策行为。

四、灯塔工厂的价值创造

1. 灯塔工厂的价值驱动因素

从灯塔工厂身上，世界经济论坛找出了五种价值创造方式。这些差异化因素改变了企业利用技术的方式、人与科技的互动方式，以及科技对商业决策和商业结果的影响方式。

（1）大数据决策。企业决策的基础是大数据，而不是假设；大数据的解读由模式识别算法进行，而不是人类。从技术的角度看，商业决策的执行过程是：企业决策人员以企业数据库为基础，通过利用联机分析处理和人工智能技术及决策相关的专业知识，从数据中提取有价值的信息，然后根据信息做出决策。从应用的角度看，商业决策可以协助用户对商业数据进行处理和分析，并以此帮助管理者做出决策。从数据的角度看，商业决策将内部事务性数据、供应链上下游数据及外部竞争数据通过抽取、转换和加载后转移到数据库中，然后通过聚集、切片、分类和人工智能技术等，将数据库中的数据转化为有价值的信息，为决策提供支撑。

博世汽车柴油系统有限公司（以下简称博世）从 2015 年起便开始运用大数据分析。当时，博世缺乏各类可直接利用的车间运行数据，如设备的运行周期、零备件故障数据等。这些数据的收集耗时耗力，需要大量的人工收集和预处理。由于缺乏可用数据，博世的车间优化工作计划不断被延后，即使收集了数据，质量也欠佳，有些静态数据因为只涉及某一时间，会因过时而很快失去可用性。

灯塔工厂博世（无锡）的员工认识到实时数据的重要性，通过分析这些数据可以帮助他们更快、更好地做出决策。这又进一步提高了企业的业务敏捷性。而要在中国市场中保证竞争力，敏捷的业务模式至关重要，博世决定先在机械加工工艺上应用大数据分析。在上百台设备上运用大数据分析后，博世发现该方法有着巨大的推广潜力。

以博世其他工厂最佳实践为基础，无锡工厂利用标准化工具，在半年内构建了一套工业物联网框架，链接了所有新装的设备状态传感器和切削工装。数据分析师与机械加工专家相互配合，他们将数据可视化，利用日益强大的数据分析（包括诊断性分析、预测性分析和规范性分析）来生成个性化的报告。例如，通过分析，工厂员工深刻地理解到切削工装的成本动因，能自动识别可延长使用寿命的工具类型，还能根据未来的需求自动调整库存。

（2）科技民主化。为了更好更快地完成任务，一线员工开始开发自己的应用和解决方案来实现自动化和便利化，生产车间里的技术正在改变人们的工作方式。

Fetch Robotics 公司首席执行官 Melonee Wise 认为，第四次工业革命的技术能让车间员工找到改进的地方，并采取具体措施。采用自主移动机器人，负责材料的运输，将零部件从备料站运送到装配区，其等待零件的时间变短了，有些机器人会在两项任务的间隙进入等待状态，于是车间员工要求在他们的工区也部署机器人。Melonee Wise 这样说：“AMR 系统运用云技术部署机器人，车间主任只需要在简单的界面中点击几下，即可在备料区和其他工区之间设置和安排额外的工作流程，既不用编写任何程序，也不必求助于IT部门。通过独立与协作的工作，厂里的员工提高了工作效率及机器人的利用率，实现了共赢。”

（3）敏捷的工作模式。灯塔工厂采用敏捷的工作模式，以便在短时间内验证概念，并根据所学知识和经验改进方案，迅速从试点阶段进入扩展阶段。这一过程只需数周，而非数年。在某些情况下，模范工厂或试点技术部门会充当孵化器的角色。正如亚马逊创始人杰夫·贝佐斯（Jeff Bezos）所说：“你能拥有的唯一可持续的优势就是敏捷性，仅此而已。因为没有别的东西是可以持续的，你所创造的一切，其他人都能复制出来。”

创造敏捷的工作环境需要灵活而聪明的团队、流程及技术，并在学习中不断优化。灯塔工厂Fast Radius是一家位于美国芝加哥的增材制造公司，他们懂得敏捷性对于制造业未来发展的重要性，对增材制造行业尤其如此。该行业的环境发展迅速，颠覆性技术层出不穷，要求团队具备更强的适应力。

为了达到该目标，Fast Radius启动了一套敏捷的工作模式，让其团队可以不断迭代，提高效率。敏捷的工作模式有两大驱动力：一是灵活而扁平的组织结构；二是全组织可用的大规模学习平台。有这两大驱动力做支撑，Fast Radius可以通过以下方式适应灵活的工作环境。

赋能团队网络：Fast Radius选择了高度扁平化的组织结构。在客户服务方面，他们组建了灵活的客服团队，可快速按需改变。在运营方面，则采用了非典型的制造企业团队结构，所有的运营都围绕价值流而展开，而不是各个职能各自为政。每条价值流的领导在设计质量、工程、设备使用和生产上拥有端到端的决策权。这些跨职能团队会快速部署新技术，完成优化，从开发最小可行性产品（Minimum Viable Product，MVP）开始，然后逐步迭代，增加功能，并不断吸收各种研究发现和一线人员提供的反馈。

建立软件的快速决策和学习周期：促成Fast Radius拥有敏捷能力的关键是其专有的技术平台。敏捷模式引发了软件开发的革命，而该平台把敏捷模式的各种原则引入实体产品开发领域。在该案例中，软件会从Fast Radius虚拟仓库里存储和制造的每个零件设计中收集数据。Fast Radius会对数据进行集中化和工业化处理，然后分享给各个团队，帮助其成员根据性能表现实现快速迭代和规模化，最终将产品开发周期缩短了 90%。

（4）使新增用例的成本最小化。用最低的附加成本部署用例，以便工厂可同时在多个领域推进。

2017 财年，微软两款著名硬件产品的业务规模超过了 80 亿美元。如此大的业务规模，对制造的监控和优化、信息共享就变得尤为重要。为了确保产品和客户服务的竞争力，微软通过三大举措调整了江苏苏州工厂的生产流程：一是设备联网；二是大数据预测；三是通过机器学习打造认知制造生产线。

微软认为，设备联网最大的好处之一，是能用最少的资源设置新的用例。以前，项目经理和开发团队需要编写代码和后台查询请求，才能将新的数据源引入流程，需要几天、几周，甚至几个月。现在只需要一个人花大约 15 分钟就能整合新的数据源。有了联网设备，且短时间内能增加新用例，微软便根据各个组件的生产流程数据，加入了能够预测产量提升的机器学习算法。这些预测模式重点关注产品缺陷、材料浪费等因素，每完成一个用例，产量将大幅提升 30%。新的解决方案为制造流程带来了诸多好处：简单的初始设置、可定制性、快速从数据中获取信息、省时、降本、增效等。微软的工厂和供应商实现了前所未有的整合，员工惊讶于自己能非常快速地获取重要信息，并找到工厂存在的问题。微软预计这些好处会随着其云解决方案的发展而不断增加。

（5）新商业模式。灯塔工厂借助第四次工业革命技术开发了新的商业模式，对传统商业模式和价值链形成了补充或颠覆。在数字化时代，每个运营组织都必须全面、持续地审查商业模式并进行重新规划——何时、何处及如何通过数字化技术来创造价值，向客户展示新的数字化商业模式。

在当今的数字时代，客户习惯了厂商 24 小时在线，他们希望自己的订购体验简单、有个性化。为了保持竞争力，传统制造商必须在设计阶段就与客户互动，把生产周期从几周缩短到几小时，以量产的价格完成单件订单。与此同时，还要提供流畅的接口、便捷的配送和退货服务。没有数字化技术，这些要求根本不可能实现。面对这些要求，某著名公司发现自己面临着传统产品和供应链上的挑战。该公司需要对工装的注塑成型工艺生产部件进行大量投资，且工装的生产周期很长；以传统制造工艺为导向的产品设计系统优化，限制了设计的自由度，产生了很多需要组装的零件，所有这些因素结合在一起，导致新产品上市速度过慢。

为了攻克这些挑战，为消费者提供新的价值主张，该公司创办了一家可完全客制化、低成本生产产品的新公司。新公司构建了一个增材制造生产网络，借助更多的数字化制造用例，直接在物流中心进行生产活动。该公司拥有一体化的数字化制造能力，确保制造业务的快速规模化，并利用机器学习实现了质量控制与自动化的和谐统一。它还提供一套网页程序供客户自由配置、完全定义、就近生产、体验无限设计的个性化的产品，从而降低配送成本，缩短交付周期。

该项目成果颇丰，完全颠覆了现有的价值链，且在一年后斩获了数百万欧元的销售额。它还在现有的运营条件下为公司带来了诸多优化：新产品推出时间减少 90%；库存占用资本减少 75%；每件产品的人工组装时间减少 80%；对设计专用工具的投资减少 100%；二氧化碳排放减少 50%。

这家公司为我们提供了借鉴，告诉了我们如何根据市场变化创造新的商业模式。最近几年涌现出很多颠覆性的数字化技术，它们已经对供应链、产品设计、制造流程及市场营销产生了持续影响。企业（尤其是大企业）要成功地捕捉市场变化，必定要走一条充满机遇与荆棘的路。我们从该公司获得的启示如下。

预期管理在公司每个层面都很重要。目标过高往往只会带来失望，与最终目标契合且有意义的短期结果比过高的目标更可取。

经验表明，在初期成立一个与公司其他部门分离的独立团队有颇多好处。该独立团队可随时获取公司资源，助其取胜（如品牌、投资资金、人才、销售渠道）。

面对颠覆力量，企业文化需要随之变革才能取得成功。只有高管层由衷地支持变革，才能解决所有的潜在冲突，确保在成熟前能够获得必要的资源。

虽说这些灯塔工厂已处第四次工业革命前沿，但企业转型升级是个永不停歇的过程，还有进一步提升的潜力。工厂的理想与现实之间存在差异，尤其是新产品的上市速度最为明显。例如，虽然有 54% 的灯塔工厂认为上市速度很重要，但只有 21% 的工厂在这方面表现优异，很多工厂还需要不断地提升新产品的上市速度。

2. 灯塔工厂价值创造的路径

灯塔工厂是“数字—智能化制造”和“全球化 4.0”的示范者，它们拥有第四次工业革命的所有必备特征。它们验证了一个假设，即产生价值驱动因素的全方位改进可以催生新的经济价值。这些驱动因素包括：提高生产效率、提升敏捷性、加快产品上市速度、满足客户的定制化需求和提升企业可持续发展能力。改进传统企业的生产系统、创新设计价值链、打造具有颠覆潜力的新型商业模式等举措都能创造价值。

世界经济论坛指出了制造业先锋在规划未来时，可供选择的两条扩展路径。

一是生产系统创新（Production System Innovation）。通过卓越的运营，旨在优化生产系统，提高运营效率和质量指标，企业可以扩大自身竞争优势。企业通常会在一个或几个工厂先行试点，然后逐步推广。

二是端到端价值链创新（Innovation in the End-to-end Value Chain）。灯塔工厂并非仅运用数字技术改善工厂的营运流程，更重要的是能否有效达成以价值为导向、有效链接消费者与生产端的应用。灯塔工厂应将创新部署到整个价值链中，通过推出新产品、新服务、个性化定制、更小的批量或者更短的生产周期，为客户提供全新或者改良的价值主张。企业首先在某一个价值链上实施创新和转型，然后将其经验和能力逐步延伸至其他部门。

制造业的第四次工业革命成为经济增长新引擎，帮助我们以全新的方式来学习和创造价值。只要领导层有远见卓识，企业无论规模大小，都可以踏上一场创新之旅，从数字—智能化转型中获益。若能本着包容性的态度去善用技术，以打造一个更美好的世界，我们的社会将会变得更强大、更清洁、更互联。世界经济论坛对灯塔工厂的分析颇具意义，为如何实现第四次工业革命的大规模部署指明了方向。这些灯塔工厂的光芒可以刺透迷雾，照亮前路。

创新视点 2

宝洁：成本领先型增长

仔细地观察宝洁（Procter&Gamble）的拉科纳工厂（Rakona Plant）有助于我们深入了解深刻变革的制造环境。行业领先者可从这些细致观察中学习第四次工业革命的展开方式，了解其中蕴含的收益、机遇和挑战。拉科纳工厂可以证明，利用第四次工业革命提高生产率，可以从容面对不断变化的客户需求和不断上升的市场竞争压力。

1. 工厂历史

拉科纳工厂距离布拉格（Prague）60 千米，建成于 1875 年，是宝洁历史上第二悠久的工厂。每天，这里可以生产约 400 万瓶洗碗液、洗碗粉和织物增强剂。在 2010 年至 2013 年，随着人们对洗涤产品的需求从干粉转向液体，宝洁的销售额大幅下滑。面对这一挑战，该工厂启动了一个大幅压缩成本的新项目。该项目实施后，这座工厂的成本不断降低，需求却逐渐攀升，并在 2014 年和 2016 年决定扩张。为了能够成功地实施这种扩张，全方位地利用第四次工业革命技术，就需要拥抱数字化和自动化，并以此来预测和满足新兴需求。

2. 包容性愿景

尽管面对着经济压力和各种不确定性，拉科纳工厂还是希望打造一个有弹性且可持续的发展未来。他们清晰地阐述了自身的愿景："我们是拉科纳，我们创造未来。"厂长 Aly Wahdan 说："这一愿景是所有员工一起敲定的。它既表达了我们对拉科纳满满的自豪感，也表明了我们亟须开发有吸引力的解决方案的迫切性。我们会在工厂内积极探讨这一愿景，将所有员工纳入这场创新之旅，通过降低损失来提升竞争力。"

有了这一愿景，拉科纳工厂在两个关键推动因素的支持下，成功开展了第四次工业革命创新。一是利用外部数字环境。拉科纳的领导层发现，内部团队缺乏促进第四次工业革命技术创新的必备技能，因此他们以多种方式从外部获取数字化和自动化知识，包括与布拉格的大学建立直接联系，与创业公司展开合作，并且通过学生交流项目让受过数字化教育的学生与拉科纳员工并肩工作。二是提高员工的技能水平，塑造未来工作模式。该工厂开发了一个对所有员工开放的项目，旨在加深他们对数据分析、智能机器人和增材制造等新技术的理解，并拉近与这些技术的距离。通过这种方式，员工学会了一些专业技能，如“网络安全主管”这样的新职位也得以建立。这种“拉”的方式有别于自上而下实施的“推”的做法，是打造包容性创新文化的关键。其目标是让整个组织100%地参与数字化转型。

3. 五大用例

灯塔工厂可以从各不相同的用例中获益。对拉科纳工厂来说，前五大用例分别是数字化系统设置、工艺品质控制、通用包装系统、端到端供应链同步，以及建模和仿真。

数字化系统设置是一套数字化绩效管理系统，在技术和管理系统中都可产生影响。它既能解决数据收集流程艰难且耗时的问题，又能避免根据不精确的数据来制定决策的情况。数字化系统设置工具会直接在生产车间的触摸屏上实时显示KPI，让用户得以在多个层面研究数据，以便了解推动绩效改善和造成偏差的根本原因，及时调度和追踪一线员工的改善行为。这样，整套系统的严格执行就会提升流程的可靠性和设备的综合效率（OEE）。采用高频测试和迭代的敏捷开发方法后，整个工厂都能成功实施数字化转型。

工艺品质控制可以解决之前人工取样过程中存在的问题，后者无法保证同一批次的产品每一个质量都达标，后期如果发现偏差，整个批次都要报废和返工。此外，工艺品质控制还解决了与实验室分析有关的产品发布延迟问题。其可对来源于多个传感器的多种数据展开实时分析，这些数据会监控 pH 值、颜色、黏度、活动程度等信息。如果发现偏差，对应的生产线就会停工，一线员工会查明批次质量，并撰写报告。这套由宝洁开发的业内首款系统在 IT/OT 的整合促进下，首先在新生产线上进行了测试，接着再向整个系统推广，既减少了重复性手工劳动，又使员工的工作更为轻松。就结果来看，由于实现了实时产品发布，产出时间大大缩短，返工和投诉比率减少了一半，报废和次检数量也大幅减少。

有了名为 UPack 的统一包装系统后，即便生产线处于运行过程中，也能轻易实施任何配方变化。以前，只有生产线彻底停工才能完成转换，这就意味着一线员工需要花费很多时间手动设置机器并等待。这套宝洁集团开发的系统现已经部署到了所有包装生产线上。该系统完全整合了传感器、摄像头、扫描器和包装材料，可以检视和验证每个区域的现状。不同于纸质数据的记录模式，UPack 采用的是自动化生产线检查技术，包装生产线的每个区域都能处于不同阶段（如启动、生产、空载或转换）。基于系统存储的配方数据和制程质检，Upack 还能自动配置机器，一线员工交接任务的时间缩短了 50%，最小订单量也降低了 40%。

端到端供应链同步已经解决了几个问题，包括每次活动结束后过量产品的报废、库存资本约束、上市速度缓慢，以及艰难而费时的手动供应链分析。基于不断变化的用户需求，宝洁对产品进行不断改良，这个全球化工具应用于工厂管理层面，与中央规划团队进行协调。宝洁会用这个基于互联网的工具进行分析建模和模拟，通过模拟不同情况下整个供应链的状况，识别出问题所在，以便清晰地观察供应链的端到端情况，从而提升供应链的敏捷性。该工具能够在每个节点显示供应链全信息，并深入分析和优化每个产品和生产线，对标不同工厂和生产线，以便相互比较。这套工具应用于所有产品和生产线，三年间库存减少了 35%，库存效率比前一年提升了 7%，减少了退货和缺货数量，并提高了新产品推出后的上市速度。

建模和仿真能解决很多问题，包括了解调整生产线带来的影响、减少生产设置的测试成本，以及在运营前就识别出新产品缺陷，以避免高昂的纠错费用。这个用例涉及多种大规模使用的描述性和诊断性建模应用，以及部分预测性试点建模应用，上述建模应用都以达到规范性建模能力为目标。样本建模应用包括与新产品发布有关的制造产出（如向生产线推荐SKU分配和存储罐数量）、选择最佳传送带速度、确定理想包装尺寸、模拟生产线的变化、提前预测失败及识别未达标的根源。直观的模型和工程师的操作水平是重要的推动因素。这种方法能将失败扼杀在摇篮中，从而改良产品设计、提炼问题陈述，以及优化测试方法。

4. 成就、影响和未来

拉科纳工厂的创新经验向我们表明，一家灯塔工厂在拥抱第四次工业革命后可以产生怎样的实质性影响，如三年内生产率提升了160%，客户满意度提升了116%，客户投诉减少了63%，工厂整体成本降低了20%，库存降低了43%，不合格产品减少了42%，转换时间缩短了36%……

该工厂并未满足于当前取得的显著成就，而是立足未来，制定了更加宏伟的目标。其中包括“无人值守”运营、实时自动维护、低成本的协作机器人，以及端到端供应链同步。全球产品供应官Yannis Skoufalos说：“我们的目标是创造端到端同步的供应网络，让零售客户、宝洁和供应商都能高效地无缝运营，让宝洁的产品在24至48小时内就能出现在商店的货架上。”要实现拉科纳工厂的愿景，就要持续不断地创新和改良。这家灯塔工厂始终在努力践行自己的使命——我们创造未来。

第二节　面向灯塔工厂的全面转型

第四次工业革命最前沿的灯塔工厂能够带来有价值的方法。认真分析领先企业在第四次工业革命转型中的经验，学习如何突破“试点困境”，逐步增加数字化工具以创新运营方式。灯塔工厂在业务流程（Business Process）、组织系统（Organization System，包括管理系统、人员系统）和工业物联网及数据技术系统（IIoT/Data Technology System）三个方面同时发力，旨在对运营系统进行更深入地创新，获取全面的企业效益。

业务流程转型是指企业通过全价值链的数字化变革实现运营指标的提升，包括在销售和研发环节利用数字化手段增加收入，在采购、制造和支持部门利用数字化技术降低成本，在供应链、资本管理环节利用数字化方式优化现金流。成功的业务转型需要认清方向、明确愿景，制定分阶段的清晰的转型路线图；同时关注全价值链环节，以“净利润价值”为驱动，而不是简单地从技术应用顺利转型。

组织系统转型（包括管理系统和人员系统）是指在组织架构、运行机制、人才培养和组织文化上的深刻变革。成功的组织转型是一场自上而下推动的变革，需要企业高层明确目标，构建绩效基础架构，成为指导转型行动方向的“大脑”；形成转型举措和财务指标的映射，成为反映转型业务影响的“眼睛”；树立全组织一致的变革管理理念和行为，成为引领组织上下变革的“心脏”。此外，企业需要关注团队的构建，弥补员工的能力差距，建设数字化知识学习的文化并使之可持续发展；还需要推进数字化能力和人才梯队的建设，组成推动转型大规模推广的“肌肉”；构建敏捷型组织和团队，为又快又好实施和优化转型举措提供“瑜伽士”。

技术系统转型是指搭建企业数字化转型所需的工业互（物）联网架构和技术生态系统。工业互（物）联网架构是支撑数字化业务用例试点和推广的“骨骼”，数据架构是确保“数据—信息—洞见—行动”能够付诸实现的“血液”，而整体架构的构建需要始终以数字化转型的终极目标为导向。技术生态系统是一个囊括外部丰富数字化智慧和能力的朋友圈，部署数字化用例、数字化技术的迭代创新及新技术的引进都离不开技术生态系统其他合作伙伴的支持。成功的技术转型需要健全工业互（物）联网架构，创造并引领主题明确的技术合作伙伴生态圈，促进企业借力合作、取长补短、共同发展。

一、面向灯塔工厂全面转型的关键推动因素

灯塔工厂全面转型的创新运营系统为今后建立企业现代化的运营系统

提供了成功范例。灯塔工厂全面转型的秘诀在于结合运营系统（Operation System）与全面转型的六大推动（赋能）因素，并将其置于数字化转型的核心地位，企业便能成功地摆脱“试点困境”。

虽然灯塔工厂的转型方法各不相同，但它们的经验都证明，六大关键推动因素在创新运营系统的全面发展中功不可没。这些推动因素既有技术的因素，又有人的因素，以人为本的全面转型六大推动因素共同发力，使技术和创新带来的效益最大化，并且这六大推动因素也广泛应用于端到端灯塔工厂全价值链。

1. 敏捷工作方式支持持续迭代

敏捷工作方式是企业成功扩展的核心，基于敏捷原则，企业以迭代的方式展开创新和转型，以期实现全面发展。敏捷工作方式赋能组织持续开展协作和管理变革，它们能够预判技术局限，从容打破瓶颈。对灯塔工厂而言，这意味着快速迭代、快速试错和持续学习。通过敏捷工作方式，项目（主要是软件）按规划的步调进行，并由一系列固定长度的迭代过程开发出产品。如图 1-5 所示，转型的企业要在两周的冲刺时间内生产出最小可行性产品（Minimum Viable Product，MVP）。同样的原则也适用于以月为周期的捆绑用例，从而分阶段快速推动转型。上述敏捷模式与以年为计算单位的传统试点项目形成鲜明对比，传统试点项目追求完美，但由于技术创新的更新速度过快，试点项目往往完成后便面临淘汰。

为了更加贴近客户，持续满足他们对 5G 服务的需求，爱立信（Ericsson）以空前的速度在美国打造了一家 5G 赋能的数字原生工厂（Digital Native Factory）。凭借敏捷工作模式、强大的工业物联网架构，以及数据基础，该工厂在 12 个月内成功部署了 25 个用例，其中有三个仅耗时短短 16 个星期就完成部署。爱立信甄选了 80 多个改造端到端运营所需的数字化用例，并制定了发展和采购策略。它们借助捆绑用例路线图进行快速的设计迭代，并依托工业物联网技术实现快速反馈，所有工作被均匀分配到六个冲刺阶段中。

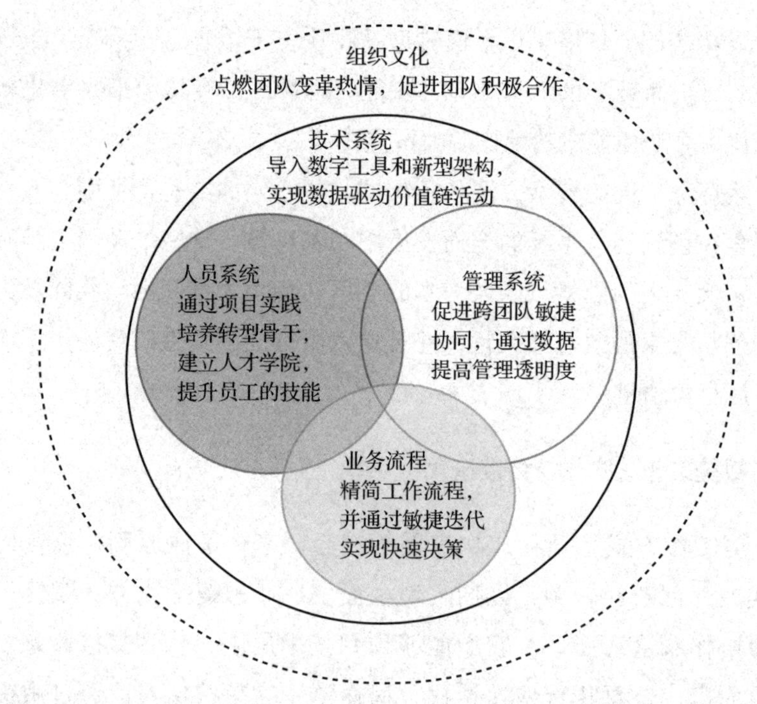

图 1-5 灯塔工厂生产出整个工业物联网运营系统的最小可行性产品（MVP）

2. 技术生态系统赋能更高水平的协作

技术生态系统是由一系列技术支持的各种关系组成。也就是说，包括数据共享（Data Sharing）在内的新型协作关系均建立在数字化基础之上。这些协作关系独一无二，使企业可以在技术协作平台上促进交换和消费，以及交换海量数据。技术解决方案和数据是企业的竞争优势，这种数据共享的转变可谓可圈可点。灯塔工厂与供应商、各行各业的合作伙伴都展开了这种合作。灯塔工厂深知网络效应的益处，也明白孤军奋战会使自己很快就落后于人，开放式协作（Open Collaboration）与使用最佳适用技术（Best-available Technology）是保持领先的关键。

3. 工业物联网学院提升员工技能

第四次工业革命的领跑者正在利用内外部专业知识，为转型的团队提供资源和再培训，帮助员工提升能力、获取指引及相关技能，以适应不断变化的工作需求。鉴于组织对新技能的迫切需求，提升员工和管理层的技能是必然之举，因此，开展全面的再培训以提升技能，发展专注于技术的有效学习方法变得至关重要。这些再培训包括游戏化、数字化的学习途径，虚拟现实和增强现实学习工具，以及基于增强现实和数字化的个性化定制和实时的作业指引。

西门子深知，技能提升是充分释放第四次工业革命潜力的关键。为此，西门子基于第四次工业革命的发展要求，为每位员工量身定制了技能提升路径：与高校合作提供高级学习项目和学位支持；借助内部培训和讨论平台开展内部学习；用具有针对性的培训培养一支数字化赋能的员工队伍。他们用机器人技术改善物流运营、提高劳动效率；用数字工程优化各项措施；用人工智能驱动的过程控制加快工作进度；用预见性维护系统提高设备综合效率（Overall Equipment Effectiveness，OEE），并用远程质量优化分析平台改善流程的质量。

4. 选择可扩展的工业物联网 / 数据基础架构

灯塔工厂正准备将现有的 IT 系统重新设计并更新技术功能，确保所选的工业物联网架构能够适应未来的考验。传统的 IT 基础设施勉强可适应早期的用例，但大多数老旧设施并不能满足最新用例对低延时、数据大流量和安全能力的要求。许多企业表示，推迟 IT 与数据架构的现代化进程似乎也无妨，它们本身就没有准备好迎接更为先进的用例的需求。灯塔工厂则采取了不同方法，它们深知速度的重要性，也明白突破耗时较长项目的技术障碍的不易，为员工提供几周之内就能完成创新的基础设施至关重要。雄心勃勃的首席信息官（CIO）已将部署技术的数量和速度提高了 10 倍，企业应在构建工业物联网架构时避免遭遇技术限制。在数字化转型的早期阶段（甚至在数字化转型之前）就超前部署可扩展的工业物联网架构的企业（最小可行产品），最有能力在整个组织中实现指数级扩展。

5. 敏捷数字工作室激发创意

领先的灯塔工厂能够为开发团队创建空间，使其能进行敏捷工作方式的管理和运营。敏捷工作方式的氛围有益于员工参与和支持所有层级员工的创新。转译员、数据工程师、ERP 系统工程师、工业物联网架构师和数据科学家共处一室是保持敏捷的必要条件，产品经理和敏捷导师的指导同样必不可少，这种搭配能够快速交付结果，快速迭代。

6. 转型办公室支持企业的全面变革

端到端领先者证明，拥有明确的治理模式是保障企业项目成功的必要条件。在生产和端到端价值链的灯塔工厂应该全面落实治理模式，支持最优项目实践的交流，优先聚焦成果效益和解决方案，而不是仅仅专注于技术。转型办公室应从三个方面推动转型成功。

（1）建立重点明确的治理结构，定期召开行动计划与执行的检讨会议，以此加快变革速度。

（2）通过计分制和问责制增加行动的透明度和影响力。

（3）强化变革管理目标，组织各级人员公开互动与沟通，表彰优秀员工。

二、灯塔工厂的社会必要行动

在第四次工业革命的推动下，为了确保制造业生态系统的转型过程尽可能顺畅，同时避免加剧不平等程度和催生“赢家通吃”的结局，公共和私有组织的领导者需要采取相关行动。他们有能力影响第四次工业革命的结果，并主动采取以下行动来降低这些风险。

1. 增强一线员工的能力，而非取而代之

灯塔工厂惠普（HP Inc.）新加坡工厂的第四次工业革命之旅以提升员工技能为重点。产品日趋复杂，劳动力却供不应求，这使惠普新加坡工厂在质量和成本方面挑战重重。惠普一旦踏上了第四次工业革命之旅，就改被动的劳动力密集型模式为人工智能驱动的高度数字化模式，成功地降低了制造成本，提升了生产效率和质量。同时，也大大减轻了员工负担，给予员工更多时间和空间来提升自身技能。例如，操作员摇身一变成为技术

专家，开始得心应手地处理复杂任务，其他员工的职责也相应发生转变。

2. 通过提供投资来提升能力，并实现终身学习

当企业向数字—智能化转型迈出第一步时，所面临的关键障碍不是来自技术或市场的变化，而是没有足够的数字—智能化人才可以支撑公司未来战略发展的需要。加速数字化人才发展的破局之道是以用户为中心，激活员工成长的思维模式，链接工作场景和职业生涯发展，充分应用数字化技术，打造开放、共享的人才发展新环境。越来越多的企业将学习管理系统（LMS）与人才管理系统（TMS）、绩效管理系统（PMS）和目标与关键成果（OKR）进行整合，增强人才发展对人才管理、绩效管理和目标管理的支撑。

3. 广泛推动新技术，海纳中小企业

要想发挥第四次工业革命的全部潜力，就必须改变整个价值链和生产生态系统，并涵盖所有地理区域和众多中小企业。因此，企业应该把第四次工业革命技术推广到整个生产网络中，包括发展中经济体和各种规模的供应商。如此一来，既可以改善整体效果，还能确保知识得到更平等的传播。因此，政府必须给予企业必要的支持，鼓励它们采用技术，出台激励措施，并提供与高等院校和技术提供商合作的机会。

2020 年，中央全面深化改革委员会审议通过《关于深化新一代信息技术与制造业融合发展的指导意见》，提出将进一步加快制造业数字化、网络化、智能化步伐，加速“中国制造”向“中国智造”转型。智能制造已成为推动制造业转型、加快制造业高质量发展的重要抓手，而智能工厂作为制造业转型的枢纽与核心备受企业青睐。

4. 提升网络安全，保护企业和社会

美国政府将网络安全视作“最严峻的经济和国家安全挑战之一”。工业互联网的出现使 500 亿台新设备新接入网。黑客若是关闭工厂或滥用至关重要的资产，第四次工业革命前进的脚步就会被拖慢。为了阻止这一点，公私领域的组织都必须确保其网络安全基础设施已达最高标准。企业可以通过跨组织活动进一步学习和维护网络安全，这样不仅能确保未来的经济发展，还可以保护员工、客户和当地社区。

5. 在第四次工业革命的开放平台上协作，妥善处理各种数据

各大企业应与多家私有和公有组织合作，打造第四次工业革命的开放平台，降低对几家大型提供商的依赖，避免被供应商绑定。同时，企业也要确保自身能够访问大型数据库，从而改进数据分析算法。数据的所有权可在协作者之间共享，但要制定明确的规定，还要具有极高的透明度，以避免数据遭到滥用。此外，企业还应集中存储数据，避免创造额外的“数据孤岛”，以免影响数据整合及新用例的部署。

6. 实现可持续增长

有些人认为，企业若想提升生产力和盈利能力，只能以牺牲环境为代价。事实上，许多措施在提高生产力的同时，也在提升资源使用效率，促进绿色发展。深知并秉持这一理念的灯塔工厂正在斩获双重效益：降低成本，提升可持续发展能力。

一些企业开始更多关注专项环保举措，如减碳和节水等。数字化赋能的流程和机器优化、预见性维护、生产规划等能够提升资源的使用效率，进而改进生态效益；与此同时，减排和其他环保措施也能推动清洁生产。爱立信（美国，刘易斯维尔）、汉高（德国，杜塞尔多夫）和施耐德电气（美国，莱克星顿）获得了“可持续发展灯塔”的称号。“可持续发展灯塔”工厂的实践表明，企业正在加速探索通过智能制造技术打造竞争力和可持续发展的双赢局面。

例如，汉高为了进一步提高工厂能耗的透明度，在机器上安装了公用事业电表，并将机器纳入数字孪生技术方案，实现了 30 个工厂的互联和对比。数字孪生持续跟踪产品数据，不断提升产品的可持续性，以及安全性，从而将每千瓦时的能耗降低了 38%，每立方米的用水降低了 28%，每千克产品浪费的能源在 2010 年的基础上降低了 20%。

7. 打造全新的全球学习平台

在适应第四次工业革命的过程中，公私领域都面临重大挑战，比如，如何最大化扩散技术、如何提高员工技能、如何克服网络安全等。已经确定的灯塔工厂相当于第一个路标，但后续还有很多任务，整个世界需要一个平台去学习第四次工业革命，这不是通过个体努力就能够实现的。

世界经济论坛鼓励公有和私有组织加入灯塔网络，共同开启学习之旅。拥有灯塔工厂的企业之间可以相互分享灯塔工厂的发展成果和最佳技术，从而加快技术在生产环境和价值链上的扩散速度。若能与政府和学界共同展开合作，科技的扩散力度也会大大增加。没有灯塔工厂的组织应识别出潜在的灯塔工厂，制定远大的目标，支持并追踪其发展进度。灯塔工厂网络可以为潜在的灯塔工厂提供相关的学习机会，还能提供工具来评估它们的成熟度。为了加速这一进程，这些组织还可以跟政府和学术组织合作。技术提供商、新创公司和高等院校等可以跟灯塔工厂合作开发和测试第四次工业革命的新用例，与此同时，通过了解新方案以应对新的商业趋势和挑战。

创新视点 3

富士康五座灯塔工厂领跑行业

2021 年 9 月 27 日，世界经济论坛（WEF）公布了 2021 年度最新一批 21 座灯塔工厂名单。继深圳、成都厂区之后，富士康科技集团此次再度上榜，郑州、武汉和高雄厂区入选 WEF 灯塔工厂名单。作为全球电子科技制造服务领域唯一拥有五座 WEF 灯塔工厂的企业，富士康再次以绝对实力成为行业的领跑者。

在此次评选中，武汉厂区入选的理由是：为了满足客户要求，提升定制化水平，缩短交货周期，富士康武汉工厂大规模引入了先进分析和柔性自动化技术，重新设计了制造系统，将直接劳动生产率提高了 86%，将质量损失减少了 38%，将交货周期缩短至 48 小时（缩短了 29%）。

富士康郑州厂区为了解决技能工人缺乏、质量性能不稳和市场需求不确定等问题，采用了柔性自动化技术，将劳动生产率提高了 102%，并利用数字化和人工智能技术，将质量缺陷减少了 38%，并将设备综合效率提高了 27%。

面对面板行业的激烈竞争、客户更高的质量要求和毛利润的严重下滑，群创光电八号工厂采用先进自动化、物联网和先进分析等技术，将加工能力提高了 40%，将成品损失率降低了 33%，从而提高了利基产品的生产能力。

“数字化转型不是一道选择题，而是一种必然的发展趋势，只有主动拥抱数字化转型的公司，才能在未来持续保持行业领先地位。其中，灯塔工厂就是我们在数字化转型领域中的一个重要成果与实践。”基于集团在供应链系统、机构设计研发、系统整合服务等多年累积的优势，刘扬伟董事长亲自制定了 F2.0 数字化富士康转型战略及“ One Digital Foxconn ”转型目标。

2020 至 2021 年，在集团工业互联网办公室的推动下，富士康已陆续推动了 20 座内部“灯塔工厂”的改造，涵盖模具生产、电脑数值控制（CNC）加工、表面装贴、系统组装等重点场域的升级，这些内部“灯塔工厂”在集团内率先成功导入自动化、数字化、智能化等先进制造技术，不仅在生产能力、生产管理等方面得到大幅提升，也通过逐步增加数字化工具，对运营系统进行深入创新。经过内部“灯塔工厂”的改造升级，这些工厂具备了角逐 WEF 灯塔工厂评选的实力。先后获评“2021 年度 WEF 灯塔工厂”的武汉、郑州、高雄厂区正是在这 20 座内部“灯塔工厂”名单内。未来，富士康灯塔工厂集群建设在为集团 F3.0 转型夯实基础的同时，还将积极对外赋能，推动产业数字化、数字产业化高质量发展。

第三节 灯塔工厂引领中国制造转型升级

一、全球灯塔工厂的中国力量

2021 年 9 月 27 日，世界经济论坛正式发布新一期全球制造业领域灯塔工厂名单，新增灯塔工厂 21 家。截至 2021 年 9 月 27 日，全球的灯塔工厂共计 90 家，其中，有 31 家位于中国，超过全球灯塔总数的 1/3，中国是拥有灯塔工厂最多的国家，如表 1-3 所示。

表 1-3　中国灯塔工厂盘点（截至 2021 年 9 月 27 日）

项次	获评时间	企业名称	所在行业	工厂地址
1	2018 年	海尔	家用电器	山东省青岛市
2		西门子	工业自动化	四川省成都市
3		博世	汽车零部件	江苏省无锡市
4	2019 年	富士康	电子设备	广东省深圳市
5		丹佛斯商用压缩机	工业设备	天津市
6		上海大通	汽车制造	江苏省南京市
7	2020 年	宝山钢铁	钢铁制造	上海市
8		福田康明斯	汽车制造	北京市
9		海尔	家用电器	辽宁省沈阳市
10		强生医疗	医疗设备	江苏省苏州市
11		宝洁	消费品	江苏省太仓市
12		潍柴动力	工业机械	山东省潍坊市
13		阿里巴巴	服装	浙江省杭州市
14		美的集团	家用电器	广东省广州市
15		联合利华	消费品	安徽省合肥市
16		美光科技	半导体	台湾省台中市
17	2021 年	美的集团	家用电器	广东省顺德区
18		纬创资通	电子产品	江苏省昆山市
19		青岛啤酒	消费品	山东省青岛市
20		富士康	电子产品	四川省成都市
21		博世	汽车	江苏省苏州市
22		友达光电	电子设备	台湾省台中市
23		宁德时代	新能源	福建省宁德市
24		中信戴卡	汽车	河北省秦皇岛市
25		富士康	电子设备	湖北省武汉市

续表

项次	获评时间	企业名称	所在行业	工厂地址
26	2021 年	富士康	电子设备	河南省郑州市
27		海尔	家用电器	天津市
28		群创光电（富士康）	面板	台湾省高雄市
29		三一重工	重工	北京市
30		施耐德电气	工业自动化	江苏省无锡市
31		联合利华	消费品	江苏省太仓市

截至 2021 年，富士康科技集团共有五家灯塔工厂入选，是拥有灯塔工厂数量最多的中国企业；海尔集团有三家工厂（青岛、沈阳、天津）入选，灯塔工厂数量仅次于富士康。

值得一提的是，宁德时代宁德工厂是全球首个获此认可的电池工厂。为了应对日益复杂的制造工艺和满足高质量产品的需求，宁德时代利用人工智能、先进分析和边缘 / 云计算等技术，在三年内实现了在生产每组电池耗时 1.7 秒的速度下仅有十亿分之一的缺陷率，同时将劳动生产率提高了 75%，将每年的能源消耗降低了 10%。

三一重工北京桩机工厂成为全球重工行业首家获认证的灯塔工厂。在多品类、小批量重型机械市场需求和复杂性不断增加的背景下，三一重工北京桩机工厂部署了先进的人机协作自动化技术、人工智能和物联网技术，将劳动生产率提高了 85%，将生产周期缩短了 77%，从原先的 30 天缩短至 7 天。

二、灯塔工厂引领中国制造业转型升级

传统制造企业转型升级的愿景是美好的，但现实的道路却荆棘密布。根据麦肯锡对全球 800 多家传统企业的调研，大约 70% 的企业停留在转型试点阶段，无法实现价值和竞争力的突破。

灯塔工厂是制造企业成功转型的典范，它们根据自身特点，系统性地整合了工业 4.0 技术，成功地推动了技术与组织两大基础能力的提升。这

些灯塔工厂如同明灯，在茫茫转型之路中指引着它们所处的行业中的其他企业，甚至使整个产业抵达智能制造的彼岸，如图 1-6 所示。

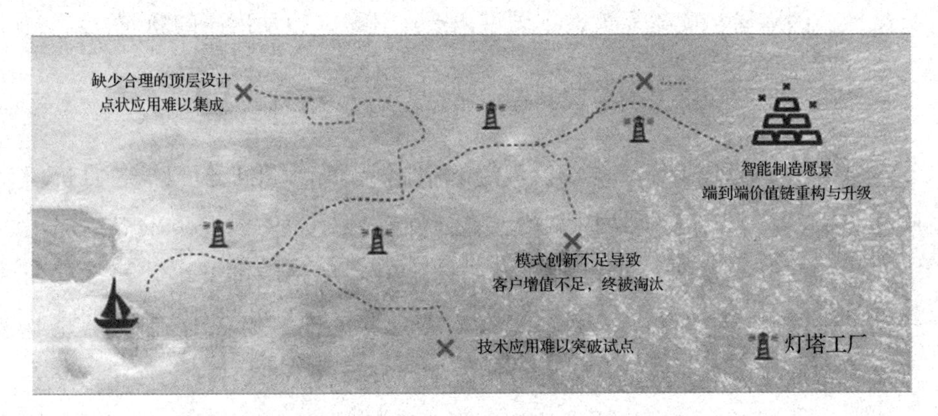

图 1-6　灯塔工厂引领中国制造业转型升级

从 18 世纪 60 年代蒸汽机的发明引爆第一次工业革命开始，制造业经历机械化、电气自动化、信息化三个阶段，进入了以数字化、网络化、智能化为代表的工业 4.0 发展阶段。工业 2.0 和工业 3.0 的技术已较为成熟，而中国在这一方面起步较晚，仍将持续追赶工业 2.0 和工业 3.0 的技术基础。工业 4.0 是伴随着物联网、云计算、大数据、人工智能等关键技术的发展而产生的新技术，目前尚不成熟，市场格局未定，中国也将持续在新技术上发力，整体提升制造业的基础实力。

1. 中国制造业自改革开放开始，已经历四个主要阶段

（1）1978 年至 20 世纪 90 年代初。在这一阶段，中国逐步建立了较完整的制造业体系，从以重工业和国有企业为主，开始快速发展生产以消费品为主的轻工业制造和民营制造业。

（2）20 世纪 90 年代初到 20 世纪末。1992 年深化改革开放，出口导向型经济开始蓬勃发展。这一阶段中国第二产业的 GDP 增速在 20% ～ 40%；中国民营制造业进一步蓬勃发展，已经形成一批龙头企业。

（3）20 世纪末到 2016 年。这一时期中国制造业的 FDI 迅速增长，沿海地区众多出口导向型制造企业形成全球竞争力，加入 WTO 标志着中国制造业进一步融入全球价值链。

（4）2016 年至今。中国第二产业的 GDP 增速下降至个位数，同时贸易摩擦、国际局势变得复杂，中国进入产业升级、拉动内需的新时代。

2. 诸多机遇和挑战使中国制造业站在新的十字路口

（1）中国制造业处于全球价值链的中低端地位，附加值较低，且抗风险能力有待提高，产业结构调整、敏捷性提升成为中国经济发展的驱动力。目前来看，美股上市工业企业的销售毛利率是中国上市公司的近两倍。可以看出，中国制造业仍然处在微笑曲线底部，未来中国制造业企业需要向高端制造业转型，以提高附加值率和竞争力。

（2）产品需求多样性、迭代速度提升明显，同时客户需求从有形产品向服务体验延伸，使制造体系的复杂度显著增加。如何在保证效率的前提下，加强多品种、小批量的柔性生产能力是制造升级的重要课题，制造系统的复杂度也会显著增加。与此同时，后市场服务需求崛起，服务型制造将成为未来主流趋势，对企业生产组织形式、运营管理和商业模式都提出了新的要求。

（3）相关政策尚未在制造业转型方面形成可以复用的规范及产业标准，且产业深化落地仍待持续探索；如何充分消化和分发政策红利，考验着产、学、研、智等多方合作协同的默契程度。政策已经进入深化阶段，对场景的深入与行业的落实需要应用落地，亟须转型标杆和合作模式样板。

（4）高端技术与发达国家差距仍然较大，“卡脖子”现象仍然存在，同时也面临技术落地路径不清、规模化扩展遇到阻碍等问题。中国在光刻机、芯片、操作系统、高级传感器、工业软件及高级材料等方面面临“卡脖子”问题，这些技术需要中国长期补课追赶，以弥补产业空白。尽管中国在 AI、大数据、物联网等技术应用规模大，但新兴技术与工业场景的落地结合、规模化扩展仍然面临很多问题。

（5）2015 年以来，中国制造业城镇单位就业人数持续下降，而且变化率明显低于城镇单位就业人数整体变化率，说明总体上劳动力在流出制造业，制造业劳动力供给压力进一步增强。在全球制造业转型升级的过程中，持续能力的差距是首要障碍。根据麦肯锡在全球400多家公司的调研，约有50%的企业会遇到组织能力的瓶颈。

“十四五”时期是我国数字经济实现跨越式发展的重大战略机遇期，走在“十字路口”的中国制造业应该何去何从？这正是灯塔工厂带给人们最重要的启示：拥抱数字化、智能化。以灯塔工厂为代表的先进制造企业，其数字—智能技术并非仅为己所用，而是开放给上下游的企业，既降低了中小企业数字—智能化转型的技术门槛，也推动了整体产业数字—智能化进程。点石成金、连点成线、串珠成链，全社会都将从中获益。

第二章

灯塔工厂的核心技术

工业大数据的核心价值在于可以真实地反映和描述工业价值链全过程，这为工业价值链的分析和优化提供了全新的手段和方法，也是实现从要素驱动向创新驱动转型的重要抓手。大数据不仅能分析实体价值链，也能在虚拟世界中进行预测与运维。因此，数据驱动也可以说是实现灯塔工厂数字一智能化的关键步骤。

施耐德电气灯塔工厂三部曲

施耐德电气（Schneider Electric）在全球拥有超过100个工厂与物流中心，在这100多间工厂中有80间成功转型为智能工厂，其中位于法国勒沃德勒伊、印度尼西亚巴淡岛、美国莱克星顿、墨西哥蒙特雷、中国武汉和无锡的智能工厂，获得世界经济论坛的肯定，成为全球网络灯塔工厂的指标之一，施耐德电气（莱克星顿）更获得“可持续发展灯塔”的称号。

施耐德电气（莱克星顿）为了更清晰地了解工厂能耗的分布、时间和环节，采用了物联网技术，同时使用了电表和预测分析技术，旨在优化能源成本，因此将能耗（吉瓦时）降低了26%，将二氧化碳净排放量降低了30%，将用水量降低了20%。

当前制造业纷纷向工业4.0的目标迈进，近年来市场的发展目标相当明确。施耐德电气（武汉）工业自动化事业部总经理认为，当前智能工厂之所以能快速发展，主要在于现有技术发展愈趋成熟与普及，能够快速驱动企业进行数字化转型。他提到四大趋势，包括当前产品具备联网功能愈来愈普及，在设备的智能化、开放的通信标准的促成下，物与物、物与人、人与人之间都能够轻易达到互联互通。第二则是在通信移动技术发达下，改善过去人必须到机台旁边才能掌握机台实际运行的状况，现在是人在哪数据就在哪，甚至可达到远程监控，因此，以用户为核心的使用界面也愈来愈受市场关注。第三则是云端技术的成熟，在工厂数据量愈来愈庞大的情况下，通常一个小规模的企业或工厂不太可能自己架设本地机房，而当企业需要使用大量数据，就需要云端技术的支持，通过数据的共享让资源优化使用。最后，则是当前市场关注度非常高的人工智能，庞大的数据量无法仅靠人工分析，而现在AI工具愈来愈成熟，能够借此协助人类提升工作效率与质量。

施耐德电气打造了一个数字化转型办公室，组织内外人才在敏捷工作模式下，制定整个组织的转型路线图，整理用例的优先顺序，并在整个运营网络中推广用例。施耐德电气因此获得了一个“秘密武器”：一项由上而下的第四次工业革命全球化数字战略。

标准IT/运营技术平台是快速推动第四次工业革命战略横向部署的基础，它有助于在推广数字化战略的过程中，为整个组织提供转型路线图，避免延迟和瓶颈的出现。培养员工几乎是第四次工业革命创新的关键，施耐德电气成立了专门培养员工能力的“数字学院”。从基础设施和技术到运营模式与技能提升，组织上下每一个环节都在经历第四次工业革命转型，这一过程离不开每一位员工的倾情参与。该公司提高了劳动生产效率和产品品质，在向客户按时足量交付的同时，降低了报废成本，并减少了二氧化碳排放和总能耗。

施耐德全球智能工厂转型的经验表明，智能工厂的转型必须建立在中长期计划下，通过计划三部曲，逐步塑造灯塔工厂的模型。

第一步，工厂必须先建立标准化。施耐德电气在全球拥有超过100家工厂与物流中心，如果每一家工厂都有自己的架构，执行管理非常不便，因此必须先建立标准化架构。虽然前期进度可能缓慢，但一旦建立标准化，后续推动到其他相同标准化工厂时，就会更快速，也更容易。

第二步，强化工厂数字化水平。工厂一旦建立标准化架构，便能够降低数据搜集的难度，搜集数据的原则在精不在多。有的工厂24小时运作，可以想见其产出的数据量有多庞大，这时工厂必须结合企业的管理策略挑选并过滤可用的数据。

第三步，利用云端与人工智能技术，更好地应用数据平台，提供实用的分析结果辅助决策者决策。

资料来源：作者根据多方资料汇编。

第一节 工业互联网平台

数字一智能化制造的相关技术相当庞杂，如图 2-1 所示。本章重点围绕工业互联网、工业大数据、数字孪生、工业软件、智能控制等核心技术进行梳理，阐述核心技术在灯塔工厂中的应用。下面我们先从工业互联网开始介绍。

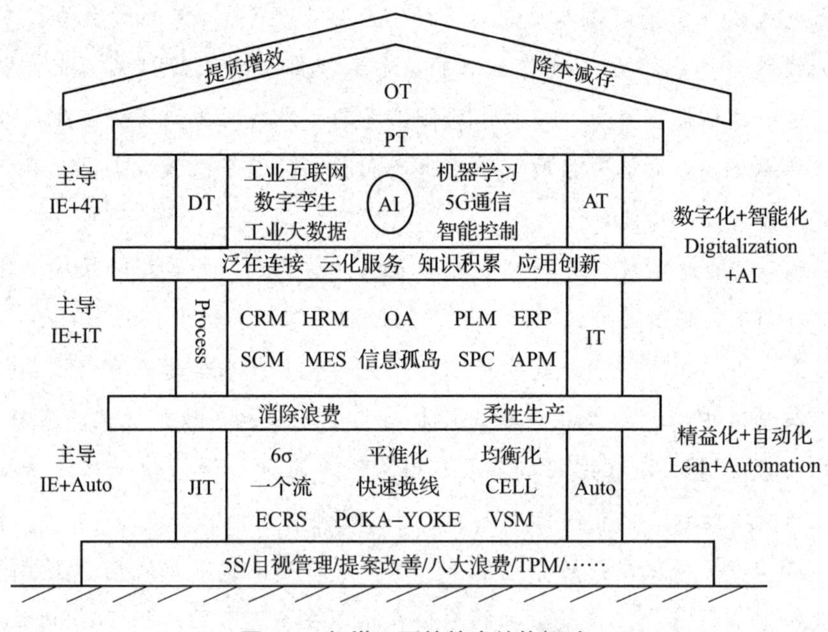

图 2-1 灯塔工厂的技术结构概略

工业互联网是全球工业系统与高级计算、分析、感应技术及互联网连接融合的一种结果。工业互联网的本质是通过开放的、全球化的工业级网络平台把设备、生产线、工厂、供应商、产品和客户紧密地连接和融合起来，高效共享工业经济中的各种要素和资源，从而通过自动化、智能化的生产方式提质增效、降本减存。工业互联网平台已经成为支撑灯塔工厂最坚实的力量，一方面，平台可以将云计算、物联网、大数据的理念、架构和技术融入工业生产，为生产与决策提供智能化服务；另一方面，平台互联互通，前端可连接用户需求，后端可连接智能工厂，实现柔性化、定制化生产，进行全球资源的协同配置。

随着制造业数字化水平的逐步提高，智能制造得到了快速发展，使工业互联网平台在全世界范围内迅速兴起。目前，全球制造业龙头、ICT领先企业、互联网主导企业基于各自的优势，从不同层面与角度搭建了工业互联网平台，西门子、达索、PTC等国际巨头纷纷布局工业互联网平台。

工业互联网平台是智能制造的核心技术之一，对智能制造的发展起着至关重要的作用。各国政府都将工业互联网平台建设作为战略发展的重中之重。美国在国家战略中，将工业互联网和工业互联网平台作为重点发展方向，德国工业4.0战略也将推进网络化制造作为核心。

一、工业互联网平台及其层次结构

随着物联网向制造领域的加速渗透，工业数据的采集频率显著提升，采集范围不断扩大，驱动工业系统从物理空间向信息空间延伸，由此可见，世界向不可见（或隐性）世界的扩展。在这一背景下，工业大数据的规模、类型和速度正在呈指数级增长，需要一个全新的数据管理工具，实现海量数据低成本、高可靠的存储和管理。工业制造企业间的业务协同日益频繁，对信息化软件的依赖程度也越来越高，PLM系统、ERP系统、MES系统及各类设计软件不仅需要协调和管理好企业内部资源，还需要具有新型交互功能，实现不同主体、不同系统间的高效集成。工业场景高度复杂，行业知识千差万别，由少数大型传统企业驱动的应用创新模式，难以满足海量制造企业精细化、差异化的转型需求，需要构建一个开放共享的创新生态，在工业知识高效积累、复用的基础上，实现应用创新的爆发式增长。数据集成、业务交互、开放创新成为工业互联网平台快速发展的主要驱动力量。

2012年11月，美国通用电气公司（GE）发布了《工业互联网：打破智慧与机器的边界》报告，迈出了向全世界推广工业互联网模式的第一步。报告中确定了未来制造业智能服务转型的路线图：将“智能设备”“智能系统”“智能决策”作为工业互联网的关键要素，并组织顶级的软件工程师，在硅谷成立全新的“工业互联网”研发中心，进行工业互联网平台的建立、数据分析算法的研究和应用软件的开发。为了将工业互联网这个全新生态圈的价值最大化，GE与美国电话电报公司（AT&T）、思科（Cisco）、国际商业机器公司（IBM）、英特尔（Intel）等在波士顿宣布成立工业互联网联盟（IIC），以期打破技术壁垒，促进实体世界和数字世界的深度融合。

新型信息技术重塑制造业数字化的基础。云计算为制造企业带来更灵活、更经济、更可靠的数据存储和软件运行环境，物联网帮助制造企业有效收集设备、产线和生产现场成千上万种不同类型的数据，人工智能强化了制造企业的数据洞察能力，实现智能化的管理和控制，这些都是推动制造企业数字化转型的新基础。开放互联网理念改变了传统制造模式，通过网络化平台组织生产经营活动，制造企业能够实现资源快速整合利用，低成本快速响应市场需求，催生个性化定制、网络化协同等新模式新业态。平台经济不断创新商业模式，信息技术与制造技术的融合带动信息经济、知识经济、分享经济等新经济模式加速向工业领域渗透，培育增长新动能。互联网技术、理念和商业模式成为构建工业互联网平台的重要方式。

工业互联网平台是面向制造业数字化、网络化、智能化需求，构建基于海量数据采集、汇聚、分析的服务体系，支撑制造资源泛在连接、弹性供给、高效配置的开放式工业云平台。

工业互联网平台包括边缘、平台、应用三大核心层级，如图2-2所示。

第一层是边缘层，解决数据采集问题，通过大范围、深层次的海量数据采集，以及异构数据的协议转换与边缘计算处理，构建工业互联网平台的数据基础。

第二层是平台层（PaaS），解决工业数据处理和知识积累沉淀问题，基于大数据处理技术、工业数据分析、工业微服务等创新功能，实现传统工业软件和既有工业技术知识的解构与重构，构建可扩展的开放式云操作系统。

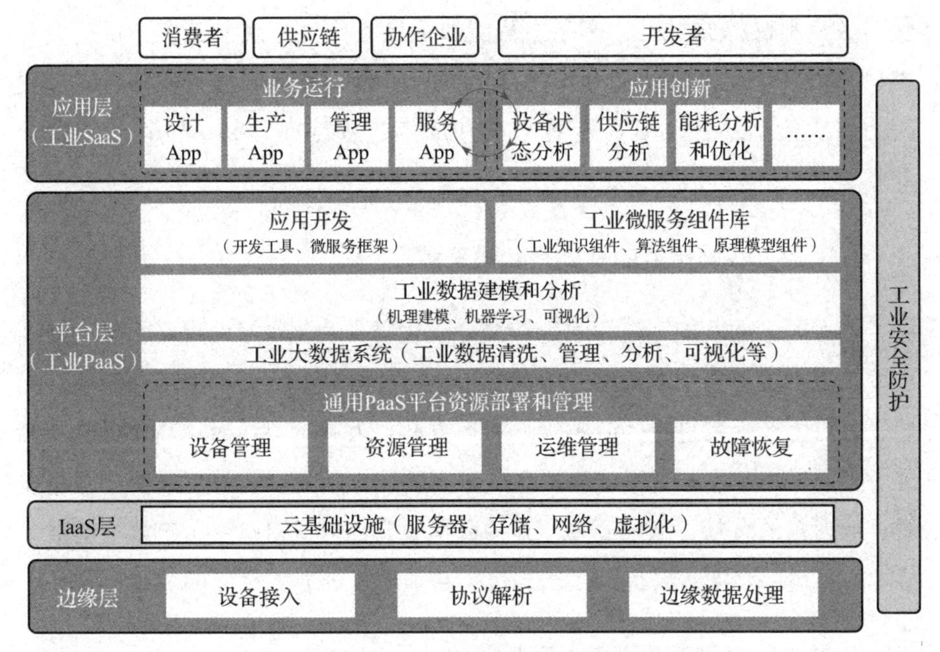

图 2-2　工业互联网层次结构

第三层是应用层（SaaS），解决工业实践和创新的问题，根据平台层提供的微服务，开发基于角色、满足不同行业、不同场景的工业 App，形成工业互联网平台基本功能的服务，为企业创造价值。

除此之外，工业互联网平台还包括基础设施（IaaS），以及涵盖整个工业系统的安全管理体系，这些构成了工业互联网平台的基础支撑和重要保障。

泛在连接、云化服务、知识积累、应用创新是辨识工业互联网平台的四大特征。一是泛在连接，具备对设备、软件、人员等各类生产要素数据的全面采集能力。二是云化服务，实现基于云计算架构的海量数据存储、管理和计算。三是知识积累，能够提供基于工业知识机理的数据分析能力，并实现知识的固化、积累和复用。四是应用创新，能够调用平台功能及资源，提供开放的工业 App 开发环境，发挥工业 App 的作用。

二、工业互联网平台的基础、核心与关键

工业互联网平台是工业互联网在智能制造中应用的具体形式。工业互

联网平台不仅将原材料、产品、智能加工设备、生产线、工人、供应商和用户紧密联系起来，还能利用跨部门、跨层级、跨地域的互联信息，以更高的层次给出最优的资源配置方案和加工过程，提升制造过程的智能化程度。

1. 工业互联网平台的基础是数据采集

一方面，随着加工过程和生产线精益化、自动化水平的提高，必须从多角度、多维度、多层级来感知生产要素信息，因此，需要广泛部署智能传感器，以对生产要素进行实时感知。另一方面，人脑可以实时、高效地处理相关的多源异构数据，并迅速生成生产要素的属性信息，工业互联网平台也需要进行高效的海量、高维、多源异构数据融合，形成对单一生产要素的准确描述，并进一步实现跨部门、跨层级、跨地域生产要素之间的关联和互通。

2. 工业互联网平台的核心是平台

在传统的工业生产中，通常是人基于感知到的信息，通过数学原理、物理约束、历史经验等总结、推理，最终形成一系列的决策规则和方法，用来指导生产过程。而物联网极大地扩展了生产要素分布的层次和广度。生产要素之间的联系纷繁复杂，难以用简单的数学或者物理模型进行描述，而对于新模式的生产场景和个性化的生产需求，也难以显性、直接地从历史经验中总结出决策规则。因此，工业互联网平台的核心是利用大数据、人工智能等方法，从海量高维、互联互通的工业数据中挖掘出隐藏的决策规则，从而指导生产。工业互联网平台在通用 PaaS 架构上进行二次开发，实现工业 PaaS 层的构建，为工业用户提供海量工业数据的管理和分析服务，并能够积累沉淀不同行业和领域内技术、知识、经验等资源，实现封装、固化和复用，在开放的开发环境中以工业微服务的形式提供给开发者，快速构建定制化工业 App，打造完整、开放的工业操作系统。

3. 工业互联网平台的关键是应用

工业互联网平台是以需求驱动的、面向用户的平台。一方面，工业互联网平台的使用对象是人，其最终推送的决策必须是人可以直接接收和理解的；另一方面，对于用户不同的要求，工业互联网平台需要基于新模式的生产场景和个性化的生产需求，利用数据分析方法推送定制化的决策方案。工业互联网平台通过自主研发或者引入第三方开发者的方式，以云化软件或工业 App 形式为用户提供设计、生产、管理、服务等一系列创新性应用服务，实现价值的挖掘和提升。

工业互联网平台是企业数字化转型的重要抓手。面对制造企业数字化、网络化、智能化发展进程中的主要困难，工业互联网平台通过提升设备与系统的数据集成能力，业务与资源的智能管理能力，知识、经验的积累和传承能力，应用和服务的开放创新能力，加速企业数字—智能化转型。

三、工业互联网平台七大核心技术

工业互联网平台需要解决多类工业设备接入、多源工业数据集成、海量数据管理与处理、工业数据建模分析、工业应用创新与集成、工业知识积累迭代实现等一系列问题，涉及七大类关键技术，分别为数据集成与边缘处理技术、IaaS 技术、平台赋能技术、数据管理技术、应用开发和微服务技术、工业数据建模与分析技术、安全技术。

1. 数据集成与边缘处理技术

这一技术主要包括设备接入、协议转换和边缘数据处理三方面的内容。

2. IaaS 技术

IaaS 是指基于虚拟化、分布式存储、并行计算、负载调度等技术为基础的，为用户提供完善的云基础设施服务的技术。

3. 平台赋能技术

平台赋能技术包括资源调度和多租户管理两方面内容。资源调度主要负责分配与应用底层资源，从而使云端应用可以自动适应业务量的变化，而多租户管理则负责分离用户的应用程序与服务。

4. 数据管理技术

数据管理技术由数据处理框架、数据预处理和数据存储与管理等内容共同构成，实现海量工业数据的分区选择、存储、编目及索引等。

5. 应用开发和微服务技术

应用开发和微服务技术支持多语言编译环境，并提供各类开发工具，主要包括微服务体系架构和图片化编程两方面内容。

6. 工业数据建模与分析技术

这一技术包括：①数据分析算法。运用数学统计、机器学习及最新的人工智能算法实现面向历史数据、实时数据、时序数据的聚类、关联和预测分析。②机理建模。利用机械、电子、物理、化学等领域的专业知识，结合工业生产实践经验，基于已知工业机理构建各类模型，实现分析应用。

7. 安全技术

安全技术包括数据接入安全及访问安全：通过工业防火墙技术、工业网闸技术、加密隧道传输技术，防止数据泄露、被侦听或篡改，保障数据在源头和传输过程中的安全；通过平台入侵实时监测、网络安全防御系统、恶意代码防护、网站威胁防护、网页防篡改等技术实现工业互联网平台的代码安全、数据安全、网站安全；通过建立统一的访问机制，限制用户的访问权限和所能使用的计算资源及网络资源实现对云平台重要资源的访问控制，防止非法访问。

上述七大类技术正快速发展，对工业互联网平台的构建和发展产生深远影响。在平台层，PaaS 技术、新型集成技术和容器技术正加速改变信息系统的构建和组织方式。在边缘层，边缘计算技术极大地拓展了平台收集和管理数据的范围和能力。在应用层，微服务等新型开发框架驱动工业软件开发方式不断变革，而工业机理与数据科学深度融合则正在引领工业应用的创新浪潮。

四、工业互联网平台的应用场景

当前，工业互联网平台正在驱动工业全要素、全产业链、全价值链实现深度互联，推动生产和服务资源优化配置，促进制造体系和服务体系再造，在现阶段的工业数字—智能化转型过程中已经发挥核心支撑作用。

1. 从宏观看，工业互联网的平台模式正在颠覆传统工业形态

（1）颠覆了传统工业软件研发体系。GE、PTC、西门子、华为等企业纷纷打造云端开发环境，构建开发者社区，引入低代码开发技术，吸引大量专业技术服务商和第三方开发者基于平台进行工业App创新，以往需要大量投入、研发周期长达数年的工业软件研发方式正在向低成本、低门槛的平台应用创新生态方式转变，不但研发周期能够缩短数十倍，而且也能够灵活地满足工业用户的个性化定制需求。

（2）改变了传统工业企业的竞争方式。企业竞争不再是单靠技术产品就能取胜，已经开始成为依托平台的数字化生态系统之间的竞争。例如，以往单纯销售工程机械产品的企业，现在通过平台与供应商、客户、技术服务商等建立数字化的合作关系，充分了解用户需求和设备状态，及时与供应商合作调整供货、生产计划，与技术服务商联合为用户提供整体施工方案，甚至联合金融机构帮助客户进行产品投保，从而形成整体性的竞争优势。

（3）重新定义了工业生产关系与组织方式。工业互联网平台打破了产业、企业之间的边界，促进制造能力、技术、资金、人才的共享流动，实现生产方式和管理方式的解构与重构。例如，已经开始有企业利用平台连接各类工厂企业，按照订单需求的不同，灵活、方便地在平台中组织形成“虚拟工厂”，并将订单按照“虚拟工厂”内部各个主体的实际能力进行分配和管理，实现制造技术与生产能力的共享协同。

灯塔工厂之一的纬创资通（昆山）为了彻底解决多种类、小批量业务带来的长期困扰，通过人工智能、物联网和柔性自动化技术，成功实现了劳动生产力、资产生产力和能源生产力的提升。在优化生产和物流的同时，该公司也加强了供应商管理，最终其制造成本成功降低了26%，能源消耗则降低了49%。

2. 从微观看，工业互联网平台正在重新定义企业内部的价值链流程

未来，以工业互联网平台为载体，以C2M为核心的社会化制造模式将逐渐孕育形成。这将真正实现工业全要素、全产业链、全价值链深度互联集成，实现制造资源的高效配置利用，形成新的制造与服务体系。

（1）面向工业现场的生产过程优化。工业互联网平台能够有效采集和汇聚设备运行数据、工艺参数、质量检测数据、物料配送数据和进度管理数据等生产现场数据，通过数据分析和反馈在制造工艺、生产流程、质量管理、设备维护和能耗管理等具体场景中实现优化应用。

在制造工艺场景中，工业互联网平台可对工艺参数、设备运行等数据进行综合分析，找出生产过程中的最优参数，提升制造品质。例如，GE基于Predix平台实现高压涡轮叶片钻孔工艺参数的优化，将产品一次成型率由不到25%提升到95%以上。

在生产流程场景中，通过工业互联网平台对生产进度、物料管理、企业管理等数据进行分析，提升排产、进度、物料、人员等方面管理的准确性。例如，灯塔工厂博世（苏州）工厂在制造和物流领域部署了数字化转型战略，这一举措使制造成本降低了15%，质量提升了10%。

在质量管理场景中，工业互联网平台基于产品检验数据和“人、机、料、法、环”等过程数据进行关联性分析，实现在线质量监测和异常分析，降低产品不良率。例如，灯塔工厂施耐德电气（无锡）的电子部件工厂拥有20多年历史，如今为了应对日益频繁的生产更改和订单配置需求，建立了灵活的生产线，综合采用了模块化人机合作工作站、人工智能视觉检测等第四次工业革命技术，将产品上市时间缩短了25%，并利用先进分析技术自动分析问题根源和检测整个供应链中的异常情况，将准时交货率提升了30%。

在设备维护场景中，工业互联网平台结合设备的历史数据与实时运行数据，构建数字孪生，及时监控设备的运行状态，并实现设备预测性维护。例如，嵌入式计算机产品供应商Kontron公司基于Intel IoT平台智能网关和监测技术，可将机器的运行数据和故障参数发送到后台系统进行建模分析，实现板卡类制造设备的预测性维护。

在能耗管理场景中，基于现场能耗数据的采集与分析，对设备、产线、场景能效的使用进行合理规划，提高能源的使用效率，实现节能减排。例如，灯塔工厂海尔（天津）为了满足客户的期望，提供更加多元的产品、更快捷的送货和更高质量的服务。海尔在天津新建的洗衣机工厂将5G、工业物联网、自动化和先进分析技术结合起来，将产品设计速度提高了50%，将质量缺陷减少了26%，将单位产品的能耗降低了18%。

（2）面向企业运营的管理决策优化。借助工业互联网平台可打通生产现场数据、企业管理数据和供应链数据，提升决策效率，实现更加精准与透明的企业管理，其具体场景包括供应链管理优化、生产管控一体化、企业决策管理等。

在供应链管理场景中，工业互联网平台可实时跟踪现场物料消耗，结合库存情况安排供应商进行精准配货，实现零库存管理，有效降低库存成本。例如，灯塔工厂美的集团（顺德）为了扩大电子商务布局和海外市场份额，对数字采购、柔性自动化、数字质量管理、智能物流和数字销售进行了大力投资，最终，产品成本降低了6%，订单交付时间缩短了56%，二氧化碳排放量减少了9.6%。其中，通过价格预测实现敏捷购买，原材料成本降低5%，机器人技术促进物流运营交付时间减少53%，自动化物流装货效率提升40%，端到端实时供应链可视化平台使渠道库存降低40%。

在生产管控一体化场景中，基于工业互联网平台进行业务管理系统和生产执行系统集成，实现企业管理和现场生产的协同优化。例如，灯塔工厂联合利华太仓冰激凌工厂为了把握电子商务和大型卖场渠道的勃勃商机，部署了一次性扫描、一站式观看平台，在制造和食品加工等环节为客户打造端到端的透明供应链，并根据消费者的数字化需求，打造了灵活的数字化研发平台，将创新周期缩短了75%，从原来的12个月缩短至3个月。

在企业决策管理场景中，工业互联网平台通过对企业内部数据的全面感知和综合分析，有效支撑企业的智能决策。灯塔工厂上汽大通通过对C2B模式的不断迭代，实现了所有系列车型的大规模个性化定制，还通过数字平台打造了价值链（研发、生产、销售）的互联互通。基于互联网和云计算的直接数字化互联（企业、用户和合作伙伴之间）成为其C2B商业模式的核心价值，涉及产品全生命周期中的用户交互（定义、设计、验证、定价、选型和反馈）。用户可积极参与整个价值链的决策过程，与提供个性化产品和服务的公司建立良好的业务关系。

（3）面向社会化生产的资源优化配置与协同。工业互联网平台可实现制造企业与外部用户需求、创新资源、生产能力的全面对接，推动设计、制造、供应和服务环节的并行组织和协同优化，其具体场景包括协同制造、制造能力交易与个性化定制等。

在协同制造场景中，工业互联网平台通过有效集成不同设计企业、生产企业及供应链企业的业务系统，实现设计、生产的并行实施，大幅缩短产品研发设计与生产周期，降低成本。

借助数字化赋能的柔性制造体系，灯塔工厂青岛啤酒缩短了交付时间和生产调度时间。在精准预判需求走向后，产品变化的次数减少了，OEE得以提升。得益于大规模定制和B2C在线订购，最低起订量降低了99.5%。通过加强对客户偏好的认知和响应能力，青岛啤酒不仅实现了真正意义上的增长，还提升了其品牌偏好度。

在个性定制场景中，工业互联网平台实现企业与用户的无缝对接，形成满足用户需求的个性化定制方案，提升产品价值，增强用户黏性。例如，灯塔工厂海尔依托COSMOPlat平台与用户进行充分交互，对用户个性化定制订单进行全过程追踪，同时将需求搜集、产品订单、原料供应、产品设计、生产组装和智能分析等环节打通，打造了适应大规模定制模式的生产系统，形成了 6000 多种个性化定制方案，使用户订单的合格率提高 2%，交付周期缩短 50%。

在产融结合场景中，工业互联网平台通过工业数据的汇聚分析，为金融行业提供评估支撑，为银行放贷、股权投资、企业保险等金融业务提供量化依据。如灯塔工厂三一重工的树根互联与久隆保险基于根云平台共同推出 UBI 挖机延保产品数据平台，明确适合开展业务的机器类型，指导对每一档保险进行精准定价。

（4）面向产品全生命周期的管理与服务优化。工业互联网平台可以将产品设计、生产、运行和服务数据进行全面集成，以全生命周期可追溯为基础，在设计环节实现可制造性预测，在使用环节实现健康管理，并通过生产与使用数据的反馈改进产品设计。当前其具体场景主要有产品溯源、产品 / 装备远程预测性维护、产品设计反馈优化等。

在产品溯源场景中，工业互联网平台借助标识技术记录产品生产、物流、服务等各类信息，综合形成产品档案，为全生命周期管理的应用提供支撑。例如，PTC 借助 ThingWorx 平台的全生命周期追溯系统，帮助芯片制造公司实现从生产环节到使用环节的全打通，使每个产品具备单一数据来源，为产品售后服务提供全面、准确的信息。

在产品 / 装备远程预测性维护场景中，在平台中将产品 / 装备的实时运行数据与其设计数据、制造数据、历史维护数据进行融合，提供运行决策和维护建议，实现设备故障的提前预警、远程维护等设备健康管理应用。例如，SAP 为意大利铁路运营商 Trenitalia 提供车辆维护服务，通过加装传感器实时采集火车各部件数据，依托 HANA 平台集成实时数据与维护数据、仪器仪表参数并进行分析，远程诊断火车的运行状态，提供预测性维护方案。

在产品设计反馈优化场景中，工业互联网平台可以将产品运行和用户的使用行为数据反馈到设计和制造阶段，从而改进设计方案，加速创新迭代。例如，灯塔工厂潍柴集团搭建了新的端到端产品开发系统，将新产品开发周期从 24 个月缩短至 18 个月。设计师可借助模块化和参数化设计，输入模型参数，随后系统将自动建议最相关的模块或自动生成新的3D和2D模型，产品设计复用率因此较传统的手工绘制方式提高了30%。

创新视点1

高科技与传统制造商积极部署云端解决方案

Infosys Knowledge Institute调查近1000家高科技与传统制造商的最新研究报告，发现在2020年新冠肺炎疫情高峰期间，企业策略出现显著的核心转移与变化趋势，包括业务执行从被动转为积极，并以云端运算作为支持转变的关键技术。

该报告指出，观察制造商藉由云端运算提升的作业效率，以及使用频率最高的应用案例与占比，显示运用云端解决方案能为企业节省成本与时间，且可强化竞争优势。此外，每年可望为企业增加4140亿美元的利润。

制造商经过疫情的洗礼加速数字转型，因此更积极地采用云端解决方案。此外，为了支持员工在家工作，企业也致力于提供方便工作的解决方案。

高科技与工业制造业的云端运算应用案例占比由高至低依序为改善检验与质量查核功能的可见性（63%）、使用云端工程与CAD工具开发产品（61%）、部署物联网（IoT）与远程信息处理（Telematics）等基于传感器的新能力（58%）、建立智慧能源优化能力（50%）、优化供货商与伙伴整合（44%），以及强化供应链规划、预测能见度、库存管理（25%）。

该报告也监视金融、物流、零售产业的云端运用状况，结果显示其运用云端运算的策略较为被动，主要聚焦于以云端运算促进企业营运，包括采用云端工程与计算机辅助设计（CAD）工具促进产品开发、部署由传感器驱动的新功能、改善质量检验时的可见度。

Infosys Knowledge Institute指出，由于提升供应链的可见性须跨多个价值链成员间的协作与配合，运用IT解决方案处理起来较为复杂，可能导致产业采用云端运算的进展延迟，因此对金融、物流、零售产业而言，云端运算的战术性应用比改善供应链与技术整合等较广泛的应用重要。

随着芯片、消费性装置、网络产品等高科技制造商，以及汽车等传统工业制造商，采用云端的重心与目标逐渐转变，预期以后被动式策略的应用将大幅衰退，而进取策略将快速增加。

资料来源：作者根据多方资料汇编。

第二节　数据：数字—智能化时代的“石油”

佩戴智能手环可以采集睡眠过程中的数据，醒来之后查看数据分析的结果，睡眠质量如何、处于深度睡眠（Deep Sleep）状态的时长、深浅睡眠交替的曲线等信息都一目了然。这时我们会发现决定睡眠质量的并不是睡了几个小时，而是深度睡眠占整个睡眠时间的比例。白天的精力好坏是我们能感知的，但睡眠质量是不可见的，智能手环通过对睡眠数据的分析将不可见的睡眠质量变成了可见可测的结果，并利用这些信息帮助用户管理可见的生活。

发现用户价值的缺口，发现和解决不可见的隐匿问题，实现“无忧”的生产环境，以及为用户提供定制化的产品和服务，这些都离不开对数据的挖掘、分析。

恩格斯说：“任何一门学科的真正完善在于数学工具的广泛应用。”高质量、科学管理是工业企业走向现代化的前提。数据对提高质量、效率、管理的作用巨大。18 世纪末，画法几何学的创立标志着工程设计语言的诞生；伴随人类进入工业 1.0 时代，定量化、标准化成为工业 2.0 时代的主要特征；20 世纪中期，数字计算机在工业中的应用开启了工业 3.0 时代。从数据的发展历史看，数据由数、量演变而来，数据具有一定的精确性和实用性特征，计算方法与信息技术的应用必然导致大数据的诞生。

在这里，我们对数字、数据、数字化、数据化等一些业界比较容易混淆的概念做一下澄清。数字技术对应的英文是 Digital Technology。其中，Digital 的词根 Digit 来源于拉丁语 Digitus，指的是手指，即人类最早开始计数的工具。根据剑桥英语在线词典，Digital 是指把信息编码或保存为一系列“0”和“1”的数字，以表明一个信号存在或者不存在。这里特别强调的是二进制数字（Binary Digit），因为这是计算机可以处理的最小单元。基于此，数字化在本书中对应的是 Digitalization，意思是“把一个诸如文档的东西转化为数字形式，即可以被计算机保存和处理的形式”。换句话说，本书所讲的数字技术、数字创新和数字化制造等都指向计算机相关技术支撑下互联网空间有关的内容。

本书还经常提到“数据”这个词，对应的英文是 Data，是一个较为宽泛的概念。根据剑桥英语在线词典，数据是指信息，特别是收集到的事实或数字，可以被检验或被用来做决策或者指电子形式的信息，可以被计算机存储和使用。那么，与之相关联的数据化则是指“把一种现象转变为可以制表分析的量化形式过程”，也是一个较为宽泛的概念。

工业大数据泛指在工业领域中，围绕典型制造模式，从客户需求到销售、订单、计划、研发、设计、工艺、制造、采购、供应、库存、发货和交付、售后服务、运维、报废或再回收再制造等整个产品生命周期各个环节所产生的各类数据及相关技术和应用的总和。

作为第一个将石油和数据进行类比的人，英国数学家克莱夫·哈姆比（Clive Humby，零售巨头乐购的成功战略“客户俱乐部”的架构师）理当获得赞誉。在 2006 年，他表示：“数据是新的石油。石油很有价值，但是未经提炼，它就无法真正地被利用。石油必须变成天然气、塑料、化学品等，生成一个有价值的实体才能推动可盈利的活动。所以，数据只有在被分析之后才能体现它的价值所在。”

自那以后，便经常听到石油和数据之间的类比：两者都是为人类，特别是为企业创造财富和效用的重要资源。例如，2015 年全球最具权威的 IT 研究与顾问咨询公司高德纳（Gartner）的高级副总裁彼得·桑德加德（Peter Sondergaard）发表在《福布斯》的一篇文章中写道：“大数据是 21 世纪的石油，尽管它拥有高的价值，但数据本身是无用的，在你学习如何使用它之前，它无法做任何事情。石油在经过精炼变成汽油之前几乎是毫无价值的。”大数据被比作石油，经分析之后能解决特定问题并能转化成决策和行动的独特算法才是组织获得成功的秘诀。数字—智能化时代的淘金热将汇聚在如何利用数据制作有价值的东西。

一、工业大数据的来源、特性与发展历程

1. 工业大数据的来源

工业大数据的来源主要包括三个方面：企业内部的数据系统、物联网数据、企业的外部数据。企业的内部数据系统是指与企业运营管理相关的业务数据，包括企业资源计划（ERP）、产品生命周期管理（PLM）、供应链管理（SCM）、客户关系管理（CRM）和能源管理系统（EMS）等。这些系统中包含企业生产、研发、物流、客户服务等数据，存在于企业或者产业链内部。物联网数据包含制造过程中的数据，主要是指工业生产过程中装备、物料及产品加工过程的工控状态参数、环境参数等生产情况数据，通过制造执行系统（MES）实时传递。企业的外部数据则是指产品售出之后的使用、运营情况的数据，同时还包括大量客户名单、供应商名单、外部的互联网等数据。

2. 工业大数据的特性

随着传感器的普及，以及数据采集、存储技术的飞速发展，工业大数据同样呈现出了大数据的基本特性，如图 2-3 所示。从一般意义上讲，普遍认为大数据（Big Data）具有“4V”的特性。

（1）规模性（Volume）。制造业的数据体量大，大量机器设备的高频数据和互联网数据持续涌入，大型工业企业的数据集将达到 PB（Petabyte，计算机计量单位，2 的 50 次方字节，1PB=1024 TB）级甚至 EB 级别。以半导体制造为例，单片晶圆质量检测时，每个站点能生成数 MB 数据。一台快速自动检测的设备每年就可以收集到将近 2TB 数据。

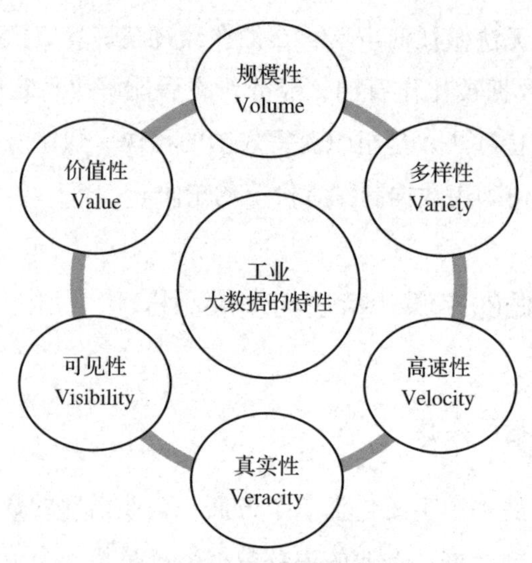

图 2-3　工业大数据的特性

（2）多样性（Variety）。多样性指数据的异构与多样。制造业的数据分布广泛，数据来源于机器设备、工业产品、管理系统、互联网等各个环节，并且结构复杂，既有结构化和半结构化的传感数据，也有非结构化数据。

（3）高速性（Velocity）。高速性指生产过程中对数据的获取和处理实时性要求高，生产现场级要求分析时限达到毫秒，从而为智能制造提供决策依据。

（4）真实性（Veracity）。真实性指在制造业的海量数据中，存在着大量重复的无价值的数据，有用的数据占比极低，想要从海量的数据中挖掘有用的信息也就更加困难。

而工业大数据应该还有两个“V”，如下所示。

（5）可见性（Visibility），即通过大数据分析将以往不可见的重要因素和信息变得可见。

（6）价值性（Value），即将通过大数据分析得到的信息转化成有价值的东西。

值得一提的是，前四个“V”体现了大数据的现象，是工业自动化和信息化发展到一定程度的必然结果。而对于智能制造设备从制造端向用户端的转型而言，后两个“V”则代表了工业界使用大数据的目的和意义，这可能比刻意追求和制造大数据的环境更为重要。同时，大数据在当前工业环境中的价值还体现在如下几个方面。

一是使原本隐匿性的问题通过对数据的挖掘变得显性，使制造过程信息透明化，进而使以往不可见的风险能够被避免，达到提质、增效、降本的目的。

二是将大数据与先进的分析工具结合，实现产品的智能化升级，利用数据挖掘产生的信息为客户提供全产品生命周期的增值服务。

三是使人的工作更加简单，甚至替代人的部分工作，在提高生产效率的同时降低人的工作量。

四是实现全产业链的信息整合，使整个生产系统协同优化，让生产系统变得更加动态和灵活，进一步提高生产效率并降低生产成本。

五是利用数据寻找用户价值的缺口，开拓新的商业模式等。

3. 工业大数据的发展历程

汤姆·达文波特（Tom Davenport）教授在哈佛商业评论的一篇文章《数据分析 3.0：在新时代里数据将会助力消费者产品和服务》为我们理解工业大数据的发展提供了良好的基础。工业大数据及其应用主要经历了以下三个发展阶段，如表 2-1 所示。

第一阶段（1990—2000 年）。很多公司开始在产品和设备上安装传感器和传输设备，用于对设备进行远程状态监控，以便可以在问题发生后及时响应，帮助用户避免因故障造成的损失。

1987 年，美国通用汽车（General Motors）收购了休斯电气公司（Hughes Electronics Corporation），应用各自领域的专业技术优势和经验在 1992 年开发出了“安吉星”（Onstar）系统。该系统最初的功能主要是远程监控和危机处理，如当用户丢失钥匙时帮助其远程打开车门、汽车发生问题时进行远程诊断筛选、汽车发生碰撞后提供紧急救援服务。这也是汽车领域利用远程数据采集为用户提供服务的第一次尝试。

另一个代表产品是奥蒂斯电梯公司（OTIS）的远程电梯维护系统（Remote Elevator Maintenance，REM）。早在 1995 年奥蒂斯电梯公司就利用监控数据对电梯进行远程维护。那时电梯最大的问题就是经常打不开门，把乘客关在电梯里，而维修人员赶到现场进行故障排除需要一个小时左右的时间。为了及时消除故障，奥蒂斯电梯公司有一个庞大的维护人员团队，对每个城市的高层电梯进行定期的巡检，但由此带来了高昂的人力成本。于是奥蒂斯电梯公司通过远程电梯维护系统监控每一台电梯的平均开门时间和电气设备的重要参数，判断电梯发生故障的风险，为维护团队提供巡检的优先级排序和预防性维护决策支持，在承担较低的人力成本条件下最大限度地避免了电梯的故障。

第二阶段（2000—2010 年）。一些企业开始建立大数据中心，为客户提供产品使用和管理的解决方案。

阿尔斯通（Alstom）的车载诊断系统能够在高铁运行时监控车辆关键部件的运行状况。一旦发现异常，车载诊断系统就可以对故障进行远程诊断，并派遣维护人员在车辆的下一个站点进行维修，从而最大限度地保障列车的运行率。车载诊断系统还可以通过车载的震动传感器对铁轨进行监控，避免了以往人工检查的低效和安全隐患。

John Deere 的精智农业管理系统通过农机设备采集土壤数据为用户提供精确的土壤管理和作物产量管理的信息服务。

这个阶段各个公司都在思考如何以产品为载体为用户提供服务，商业模式也因此发生了改变。因为企业发现卖设备能够赚到的钱已经很少了，不如把设备租给用户从而赚取服务费用，于是就产生了产品的租赁体系和长期服务合同，其代表是 GE 所提出的“Power by the Hour（时间 × 能力）”的盈利模式，企业卖的不再是设备，而是为客户提供使用设备的能力。

第三阶段（2010 年至今）。各个企业的核心开始从“单点对多点”的数据中心模式转变成以用户为核心的平台式服务模式。将用户与数据中心之间的连接变成了用户与用户之间的连接，形成了基于社区、以用户为核心的服务生态体系，而用户需求的核心也不再以使用为导向，而是以使用过程中的价值为导向。

优步（Uber）自己并不直接为用户提供驾乘服务，而是把客户联系在一起，这时就不是租赁的体系了，而是一个商业的社交网络或服务网络，这样服务的潜力就可以做到无限大。客户端随时服务的观念（On-Demand Service）及个性化的自服务模式开始兴起，服务和价值的载体开始从产品慢慢转向平台。

表 2-1　工业大数据分析及应用的三个阶段

	第一阶段	第二阶段	第三阶段
时间	1990—2000 年	2000—2010 年	2010 年至今
核心技术	远程监控、数据刺激和管理	大数据中心和数据分析软件	数据分析平台
问题对象 / 价值	以产品为核心的状态监控，问题发生后及时处理，帮助用户避免因故障造成的损失	以使用为核心的信息服务，通过及时维修和预测性维护降低发生故障的风险	以用户为中心的平台式服务，实现了以社区为基础的用户主导的服务生态体系
商业模式	以产品为主的附加服务	产品租赁体系和长期服务合同	按需的个性化自服务模式，分享经济
代表性企业和产品	美国通用汽车的“安吉星”系统、奥蒂斯电梯公司的远程电梯维护系统	阿尔斯通的车载诊断系统、John-Deere 的精智农业管理系统	优步

4. 互联网大数据与工业大数据的应用分析对比

工业大数据有别于传统的互联网产生的社会和媒体大数据，具有更强的专业性、关联性、流程性、时序性和解析性等特点，如表 2-2 所示。

表 2-2　互联网大数据与工业大数据的应用分析对比

	互联网大数据	工业大数据
数据量要求	大量样本数	尽可能全面地使用样本
数据质量要求	较低	较高，需对数据的质量进行预判和修复
对数据属性意义的理解	不考虑属性的意义，只分析统计显著性	强调特征之间的物理关联
分析手段	以统计分析为主，通过挖掘样本中各个属性之间的相关性进行预测	具有一定逻辑的流水线式数据流分析手段，强调跨学科技术的融合，包括数学、物理、控制、人工智能等
分析结果准确性要求	较低	较高

因此，有别于互联网大数据，工业大数据分析技术的核心是要解决重要的“3B”问题。

（1）隐匿性，即需要洞悉特征背后的工业机理。要得到可靠的分析结果，需要排除来自各方面的干扰。排除干扰是需要“先验知识”的，而所谓的“先验知识”就是机理。在数据维度较高的前提下，人们往往没有足够的数据用于甄别现象的真假。“先验知识”能帮助人们排除那些似是而非的结论。这时，领域中的机理知识（Domain Know-how）实质上就起到了数据降维的作用。从另外一个角度看，要得到“因果性”的结论，分析的结果必须能够被领域的机理所解释。事实上，由于人们对工业过程的研究往往相对透彻，多数现象确实能够找到机理上的解释。

（2）碎片化，即需要避免断续，注重时效性，主要是指各种类型的碎片化、多维度工程数据，包括设计制造阶段的概念设计、详细设计、制造工艺、包装运输等各类业务数据，以及服务保障阶段的运行状态、维修计划、服务评价等类型数据。甚至在同一环节，数据类型也是复杂多变的，如在运载火箭研制阶段，将涉及气动力数据、气动力热数据、载荷与力学环境数据、弹道数据、控制数据、结构数据、总体实验数据等，其中包含结构化数据、非结构化数据（文件）、高维科学数据、实验过程的时间序列数据等多种数据类型。工业大数据不仅采集速度快，而且要求处理速度快。越来越多的工业信息化系统以外的机器数据被引入大数据系统，特别是针对传感器产生的海量时间序列数据，数据的写入速度达到了百万数据点 / 秒～千万数据点 / 秒。数据处理的速度体现在设备自动控制的实时性，更要体现在企业业务决策的实时性，也就是工业互联网所强调的基于“纵向、横向、端到端”信息集成的快速反应。

与此同时，工业大数据的价值又具有很强的实效性，即当前时刻产生的数据如果不迅速转变为可以支持决策的信息，其价值就会随时间流逝而迅速衰退。这也要求工业大数据的处理手段具有很高的实时性，对数据流需要按照设定好的逻辑进行流水式的处理。

（3）低值性，即需要提高数据质量、满足低容错率。工业应用中因为技术可行性、实施成本等原因，很多关键的量没有被测量，没有被充分测量或者没有被精确测量（数值精度）。同时，某些数据具有固有的不可预测性，如人的操作失误、天气、经济因素等，这些情况往往导致数据质量不高，是分析和利用数据最大的障碍，对数据进行预处理以提高数据质量也常常是耗时最多的工作。因此，工业大数据一方面需要在后端的分析方法上克服数据低值性带来的困难，另一方面更需要从前端的数据获取上以价值需求为导向制定数据标准，进而在数据与信息流通的平台中构建统一的数据环境。

因此，简单地照搬互联网大数据的分析手段，或是仅仅依靠数据工程师，解决的只是算法工具和模型的建立，无法满足工业大数据的分析要求。工业大数据分析并不仅依靠算法工具，而是更加注重逻辑清晰地分析流程和技术体系（工业机理）。这就好比一个很聪明的年轻人如果没有成体系的思想和逻辑思维方式，很难成功地完成一件复杂度高的工作。而很多专业领域的技术人员由于接受了大量与其工作相关的思维流程训练，具备了清晰的思考能力及完善的执行流程，往往更能胜任复杂度较高的工作。

二、数据感知（获取）技术

面向不同场景，数据感知可分为“硬感知”和“软感知”。“硬感知”主要利用设备或装置进行数据的收集，收集对象为物理世界中的物理实体，或者是以物理实体为载体的信息、事件、流程等。而“软感知”使用软件或者各种技术进行数据收集，通常不依赖物理设备进行收集，收集的对象存在于数字世界。

当然，这一切的最终目的是生成企业级的感知数据，形成数字孪生的基础，满足企业利用工业互联网、智能控制、人工智能、机器学习对数字孪生对象进行仿真分析、控制并优化制定战略目标的需求，帮助企业动态把握组织所处的环境，帮助管理者实时了解企业的运营情况，为企业数字—智能化变革提供建议，并通过这些数字化的手段持续变革创新、获取业务价值。

1. 基于物理世界的“硬感知”能力

数据采集方式主要经历了人工采集和自动采集两个阶段。自动采集技术仍在发展中，不同的应用领域所使用的具体技术手段也不同。基于当前技术水平和应用场景，我们将“硬感知”分为九类，每一类感知方式都有自身的特点和应用场景，如图 2-4 所示。基于物理世界的“硬感知”是将物理对象镜像到数字世界中的主要通道，是构建数据感知的关键，是实现人工智能的基础。

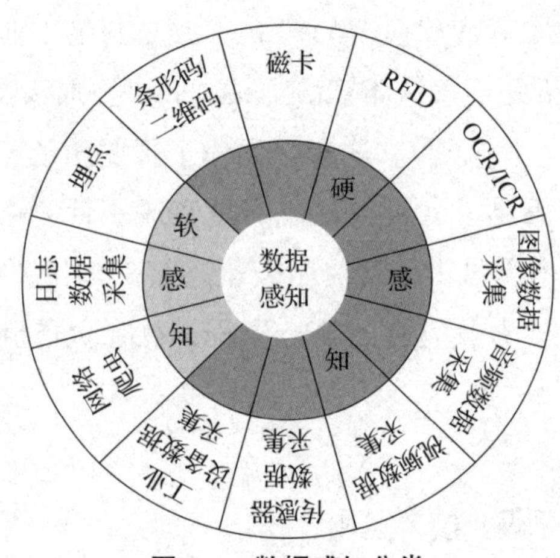

图 2-4　数据感知分类

（1）条形码 / 二维码。条形码（Bar Code）是将宽度不等的多个黑条和空白，按一定的编码规则排列，用以表达一组信息的图像标识符，通常一维条形码所能表示的字符集不过 10 个数字、26 个英文字母及一些特殊字符。

二维码是用某种特定的几何图形按一定规律在平面上分布的黑白相间的、记录数据符号信息的图形；在代码编制上巧妙地利用构成计算机内部逻辑基础的“0”“1”比特流的概念，使用若干个与二进制相对应的几何图形来表示文字数值信息，通过图像输入设备或光电扫描设备自动识别以实现信息自动处理。它具有条码技术的一些共性：每种码制有其特定的字符集；每个字符占有一定的宽度；具有一定的矫正功能等。二维码拥有庞大的信息携带量，能够把使用一维条码时存储于后台数据库中的信息包含在条码中，可以直接阅读条码得到相应的信息，并且二维码还有错误修正及防伪功能，增加了数据的安全性。

（2）磁卡。磁卡是一种卡片状的磁性记录介质，利用磁性载体记录字符与数字信息，用来保存身份信息。磁卡由高强度、耐高温的塑料或纸质涂覆塑料制成，防潮、耐磨且有一定的柔韧性，携带方便，使用较为稳定、可靠。依据使用基材的不同，可分为PET卡、PVC卡和纸卡；依据磁层结构的不同，又可分为磁条卡和全涂磁卡两种。

磁卡的优点是成本低、易于推广，但缺点也比较明显，如卡的保密性和安全性较差，使用磁卡的应用系统需要有可靠的计算机系统和中央数据库的支持。

（3）无线射频识别（Radio Frequency Identification，RFID）。无线射频识别是一种非接触式的自动识别技术，通过无线射频方式进行非接触双向数据通信，利用无线射频方式对记录媒体（电子标签或射频卡）进行读写，从而达到识别目标和数据交换的目的。

基于特别业务场景的需求，在RFID的基础上发展出了近场通信（Near Filed Communication，NFC）。NFC本质上与RFID没有太大区别，在应用上的区别如下。

一是NFC的距离小于10厘米，所以具有很高的安全性，而RFID距离从几米到几十米都有。

二是NFC仅限于13.56兆赫的频段，与现有非接触智能卡技术兼容，所以很多的厂商和相关团体都支持NFC。而RFID标准较多，难以统一，只能在特殊行业有特殊需求的情况下采用相应的技术标准。

三是RFID更多地被应用在生产、物流、跟踪、资产管理上，而NFC则在门禁、公交、手机支付等领域发挥着巨大的作用。

（4）光学/智能字符识别。光学字符识别（Optical Character Recognition，OCR）是指电子设备（如扫描仪或者数码相机）检查纸上打印的字符，通过检测暗、亮的模式确定其形状，并将其形状翻译成计算机文字的过程。

智能字符识别（Intelligent Character Recognition，ICR）是一种更先进的OCR。它植入了计算机深度学习的人工智能技术，采用语义推理和语义分析，根据字符上下文语句信息并结合语义知识库，对未识别部分的字符进行信息补全，解决了 OCR 的技术缺陷。

一个 OCR 识别系统从影像到结果输出，须经过影像输入、影像预处理、文字特征抽取、对比识别，最后经人工校正将认错的文字更正，将结果输出。

目前 OCR 和 ICR 技术在业界有较为成熟的解决方案供应商，企业不需要自行研发就可以完成相关技术的部署和数据的采集。

（5）图像数据采集。图像数据采集是指利用计算机对图像进行采集、处理、分析和理解，以识别不同模式的目标和对象的技术，是深度学习算法的一种实践应用。图像数据采集的步骤如图 2-5 所示。

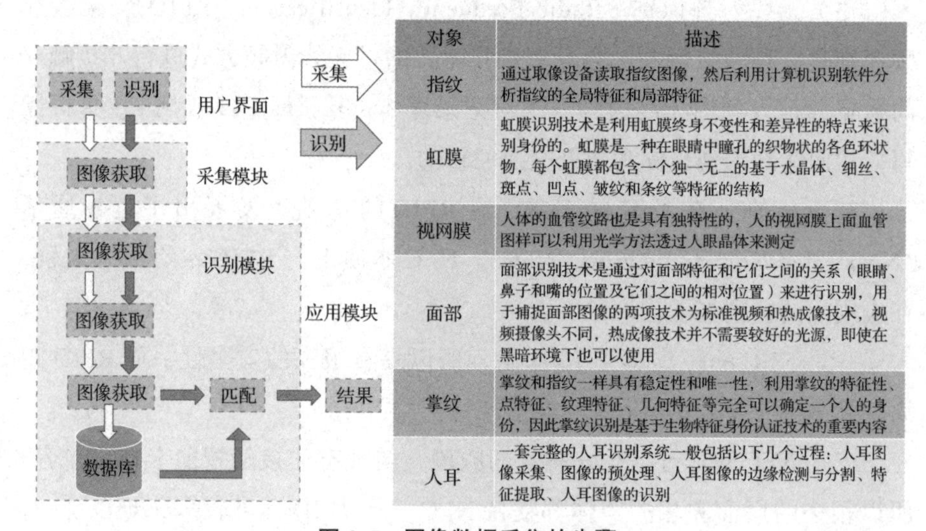

对象	描述
指纹	通过取像设备读取指纹图像，然后利用计算机识别软件分析指纹的全局特征和局部特征
虹膜	虹膜识别技术是利用虹膜终身不变性和差异性的特点来识别身份的。虹膜是一种在眼睛中瞳孔的织物状的各色环状物，每个虹膜都包含一个独一无二的基于水晶体、细丝、斑点、凹点、皱纹和条纹等特征的结构
视网膜	人体的血管纹路也是具有独特性的，人的视网膜上面血管图样可以利用光学方法透过人眼晶体来测定
面部	面部识别技术是通过对面部特征和它们之间的关系（眼睛、鼻子和嘴的位置及它们之间的相对位置）来进行识别，用于捕捉面部图像的两项技术为标准视频和热成像技术，视频摄像头不同，热成像技术并不需要较好的光源，即使在黑暗环境下也可以使用
掌纹	掌纹和指纹一样具有稳定性和唯一性，利用掌纹的特征性、点特征、纹理特征、几何特征等完全可以确定一个人的身份，因此掌纹识别是基于生物特征身份认证技术的重要内容
人耳	一套完整的人耳识别系统一般包括以下几个过程：人耳图像采集、图像的预处理、人耳图像的边缘检测与分割、特征提取、人耳图像的识别

图 2-5　图像数据采集的步骤

（6）音频数据采集。语音识别技术也被称为自动语音识别（Automatic Speech Recognition，ASR），可将人类语音中的词汇内容转换为计算机可读的输入，如二进制编码、字符序列或文本文件。

目前音频（Audio）数据采集技术在业界也有较为成熟的解决方案供应商，可以很便捷地完成技术的部署和数据的采集，采集来的声音作为音频文件存储。音频的获取途径包括下载音频、麦克风录制、MP3 录音、录制计算机的声音、从 CD 中获取音频等。

（7）视频数据采集。视频（Video）是动态的数据，内容随时间而变化，声音与运动图像同步。通常视频信息体积较大，集成了影像、声音、文本等多种信息。

视频的获取方式包括网络下载、从 VCD 或 DVD 中捕获、从录像带中采集、利用摄像机拍摄，以及购买视频素材、屏幕录制等。

（8）传感器数据采集。传感器是一种检测装置，能感受到被检测的信息，并能将检测到的信息按一定规则变换成信号或其他所需形式的信息输出，以满足信息的采集、传输、处理、存储、显示、记录等要求。信号类型包括 IEPE 信号、电流信号、电压信号、脉冲信号、I/O 信号、电阻变化信号等。

传感器数据采集的主要特点是多源、实时、时序化、海量、高噪声、异构、价值密度低等，数据通信和处理难度都较大。

（9）工业设备数据采集。工业设备数据是对工业机器设备产生数据的统称。在机器中有很多特定功能的元器件（阀门、开关、压力计、摄像头等），这些元器件接受工业设备和系统的命令开、关或上报数据。工业设备和系统能够采集、存储、加工、传输数据。工业设备目前应用在很多行业，未来会有越来越多的联网设备。

工业设备数据采集的应用广泛，如可编程逻辑控制器（PLC）现场监控、数控设备故障诊断与检测、专用设备等大型工控设备的远程监控等。

2. 基于数字世界的“软感知”能力

物理世界的“硬感知”是将物理对象构建到数字世界中的主要通道，是构建数字孪生的关键，而已经存在于数字世界中的那些分散、异构信息，可通过“软感知”能力加以利用。目前“软感知”比较成熟，并随着数字原生企业（Digital Native Enterprise）的崛起而得到广泛的应用。

（1）埋点。埋点（Event Tracking）是数据采集领域尤其是用户行为数据采集领域的术语，指的是针对特定用户行为或事件进行捕获、处理和发送的相关技术。埋点的技术实质是监听软件应用运行过程中的事件，当需要关注的事件发生时进行判断和捕获。

埋点的主要作用是能够帮助业务和数据分析人员打通固有信息墙，为了解用户交互行为、扩宽用户信息和前移运营机会提供数据支撑。在产品数据分析的初级阶段，业务人员通过自有或第三方的数据统计平台了解App用户访问的数据指标，包括新增用户数、活跃用户数等。这些指标能帮助企业宏观地了解用户访问的整体情况和趋势，从总体上把握产品的运营状况，通过分析埋点获取的数据，制定产品改进策略。

埋点技术在当前主要有以下几类，每一类都有自己独特的优缺点，可以基于业务的需求匹配使用。

第一，自定义埋点是目前比较主流的埋点方式，业务人员根据自己的统计需求选择需要埋点的区域及埋点方式，将埋点数据部署在自己公司的服务器上，通过定制的埋点方案，获取业务方想要的数据。

第二，可视化埋点通过可视化页面设定埋点区域和事件ID，从而在用户操作时记录操作行为。其中最常见的就是GrowingIO的“圈选埋点”，由业务人员通过访问分析平台的圈选功能来“圈”出需要对用户行为进行捕捉的控件，并给事件命名。圈选完毕后，这些配置会同步到各个用户的终端上，按照圈选的配置自动进行用户行为数据的采集和发送。

第三，全埋点是在部署软件开发工具包（Software Development Kit，SDK）时做统一的埋点，将App或应用程序的操作全部采集下来。无论业务人员是否需要埋点数据，全埋点都会将该处的用户行为数据和对应产生的信息全采集下来。

（2）日志数据采集。日志数据采集（Log Data Collection）是实时收集服务器、应用程序、网络设备等生成的日志记录。日志数据采集的最大作用就是通过分析用户的访问情况，提升系统的性能，从而提高系统的承载量，及时发现系统的承载瓶颈，识别运行错误、配置错误、入侵尝试或安全问题等。

在企业的业务管理中，基于IT系统建设和运作产生的日志内容，可以将日志分为三类。因为系统的多样化和分析维度的差异，日志管理面临着诸多的数据管理问题。

一是操作日志，指系统用户使用系统过程中一系列的操作记录。此日志有利于备查及提供相关安全审计的资料。

二是运行日志，用于记录网元设备或应用程序在运行过程中的状况和信息，包括异常的状态、动作、关键的事件等。

三是安全日志，用于记录在设备侧发生的安全事件，如登录、权限等。

（3）网络爬虫。网络爬虫（Web Crawler）又称网页蜘蛛、网络机器人，是按照一定的规则自动抓取网页信息的程序或者脚本。

搜索和数字化运营需求的兴起，使网络爬虫技术得到了长足的发展，爬虫技术作为网络、数据库与机器学习等领域的交汇点，已经成为满足个性化数据需求的最佳实践。Python、Java、PHP、C# 等语言都可以实现爬虫，特别是 Python 中配置爬虫的便捷性，使爬虫技术得以迅速普及，也促成了政府、企业、个人对信息安全和隐私的关注。

三、数据处理技术

数据处理是智能制造的关键技术之一，其目的是从大量的杂乱无章、难以理解的数据中抽取并推导出某些对特定的人有价值、有意义的数据。常见的数据处理流程包括数据清洗、数据融合、数据分析及数据存储，如图 2-6 所示。

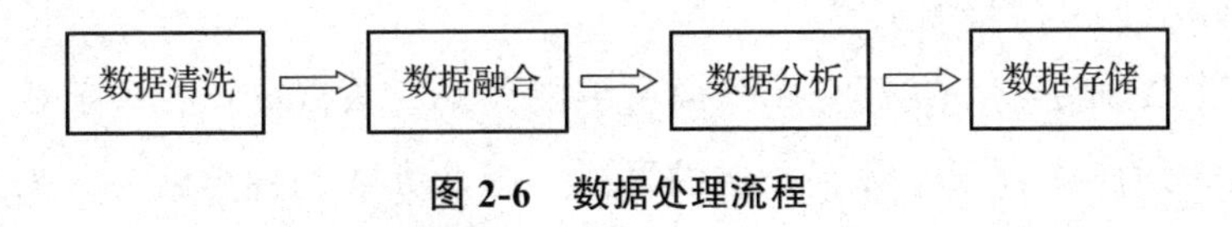

图 2-6　数据处理流程

1. 数据清洗

数据清洗也称为数据预处理，是指对所收集数据进行分析前的审核、筛选等必要的处理，并对存在问题的数据进行处理，从而将原始的低质量数据转化为方便分析的高质量数据，确保数据的完整性、一致性、唯一性和合理性。考虑到工业大数据具有高噪声的特性，原始数据往往难以直接用于分析，无法为智能制造提供决策依据。因此，数据清洗是实现智能制造、智能分析的重要环节之一。数据清洗包括三部分内容：数据清理、数据变换及数据归约。

（1）数据清理。数据清理指通过人工或者特定的规则对数据存在的缺失值、噪声、异常值等影响数据质量的因素进行筛选，并通过一系列方法对数据进行修补，从而提高数据质量。数据清理工作一般在计算机的帮助下完成，包括数据有效范围的清理、数据逻辑一致性的清理和数据质量的抽查，其目的是不让有错误或有问题的数据进入运算过程。

缺失值是指在数据采集过程中，因为人为失误、传感器异常等原因造成的某一数据丢失或不完整。常用的处理缺失值的方法包括人工填补、均值填补、回归填补、热平台填补、期望最大化填补、聚类填补等。近年来，随着人工智能方法的兴起，基于人工智能算法的缺失值处理方法逐渐受到关注，例如，利用人工神经网络、贝叶斯网络对缺失的部分进行预测等。

噪声是指数据在收集、传输过程中受到环境、设备等因素的干扰，产生了某种波动。常用的去噪方法包括平滑去噪、回归去噪、滤波去噪等。

异常值是指样本中的个别值，其数据明显偏离其余的观测值。然而，在数据预处理时，异常值是否需要处理，需要视情况而定。因为有一些异常值真的是因为生产过程出现了异常导致的，这些数据往往包含更多有用的信息，常用的异常值检测方法有人工界定、3σ 原则、箱型图分析、格拉布斯（Grubbs）检验测法等。

（2）数据变换。数据变换指通过平滑聚集、数据概化、规范化等方式将数据转化成适合用于数据挖掘的形式。工业大数据种类繁多，来源多样的数据往往具备不同的表达形式，通过数据变换可以将所有的数据统一成标准化、规范化、适合数据挖掘的表达形式。

（3）数据归约。数据归约指在不影响分析结果准确性的前提下最大限度地降低数据量。工业大数据具有海量特性，大大增加了数据分析和存储的成本。通过数据归约，可以有效地降低数据体量，减少运算和存储成本，同时提高数据分析效率。常见的数据归约方法包括特征归约（特征重组或者删除不相关特征）、样本归约（从样本中筛选出具有代表性的样本子集）、特征值归约（通过特征值离散化数据描述）等。

2. 数据融合

数据融合是指将各种传感器在空间和时间上的互补与冗余信息根据某种优化准则或算法组合产生一致性的解释和描述。其目的是基于各传感器检测信息分解人工观测信息，通过对信息的优化组合导出更多的有效信息。工业大数据存在多源的特性，同一观测对象在不同传感器和系统下存在着多种观测数据。通过数据融合可以有效地形成各个维度之间的互补，从而获得更有价值的信息。常用的数据融合方法可以分为数据层融合、特征层融合及决策层融合。这里需要明确，数据归约是针对单一维度进行的数据约简，而数据融合则是针对不同维度之间的数据进行的。

3. 数据分析

数据分析是指用适当的统计方法对收集来的数据进行分析，将它们加以汇总、理解并消化，以求最大化地开发数据的功能，发挥数据的作用。数据分析是为了提取有用的信息和形成结论而对数据加以详细研究和概括总结的过程，是智能制造的重要环节之一。与其他领域的数据分析不同，工业大数据分析需要融合生产过程中的机理模型，以“数据驱动加机理驱动”的双驱动模式进行数据分析，从而建立高精度、高可靠性的模型来真正解决实际的工业问题。

现有的数据分析技术依据分析目的可以分为探索性数据分析和定性数据分析，根据实时性可以划分为离线数据分析和在线数据分析。

探索性数据分析是指通过作图、造表、用各种形式的方程拟合，计算某些特征量等手段探索规律性的可能形式，从而寻找和揭示隐含在数据中的规律。定性数据分析则是在探索性分析的基础上提出一类或几类可能的模型，然后通过进一步的分析从中挑选一定的模型。

离线数据分析用于计算复杂度较高、时效性要求较低的应用场景，分析结果具有一定的滞后性。而在线数据分析则是对数据进行在线处理，实时性相对较高，并且能够随时根据数据变化修改分析结果。

4. 数据存储

数据存储是指将数据以某种格式记录在计算机内部或外部存储介质上进行保存，其存储对象包括数据流在加工过程中产生的临时文件或加工过程中需要查找的信息。在数据存储中，数据流反映了系统中流动的数据，表现出动态数据的特征；数据存储反映系统中静止的数据，表现出静态数据的特征。工业大数据具有体量大、关联复杂、时效要求高等特点，对数据存储技术提出了很高的要求。在制造业中，数据处理通常基于常用的数据分析和机器学习技术。工业大数据平台是制造业数据处理的主要载体，也是未来推动制造业大数据深度应用，提高产业发展的重要基石。以 GE、IBM 为首的国际知名企业都已在工业大数据平台上取得了不错的应用效果。目前，我国部分企业已经具备自主研制的工业大数据平台，在工业大数据平台的工业大数据采集、工业大数据存储、工业大数据分析关键技术上已经有所突破。

创新视点 2

数据分析帮助夺冠，科技足球怎么打

科技快速发展，数据分析不再是大企业的专利。近年来足球队通过物联网（IoT）及穿戴式设备，从训练、比赛中捕捉和分析赢球的方法。足球队开始将数据分析融入管理与团队训练，也有越来越多的俱乐部利用数据打造一支精英队伍，协助球队脱颖而出。

AI News 报道指出，目前不少足球队采用大数据、传感器、GPS 设备和光学追踪（Optical Tracking）实时掌握球员动态，将比赛提升到另一个层次。光学追踪甚至可以每秒 25 次精确定位球员在球场上的位置与球、对手和队友的状况。在训练过程中，穿戴式设备可以测量球员的身体数据、疲劳程度等，所收集到的数据用来为用户打造个性化的培训计划。

此外，教练还可在比赛期间分秒不差地了解每个球员的表现，提升换人战术。

据了解，足球场上使用大数据分析、人工智能技术能够同时处理来自多个装置的数据，以衡量并预测各种数据，最后将数据导入云端平台。

1. 从数据分析看足球

对教练来说，安排阵型、先发球员与掌握对手的情报是重要的参考信息，通过 GPS 装置、训练日志、信息可视化、网络科学等技术，改变打法或控制节奏，从而增加获胜的可能性。

根据里斯本大学（University of Lisbon）与马德里理工大学（UPM）的研究分析数据显示，2018 年巴塞罗那（FC Barcelona）对皇家马德里（Real Madrid CF）的一场比赛，团队数据能协助教练用量化的方式，辨别不同类型的战术模式、球员传球路径和互动等。

2. 实时数据与预测分析助夺冠

预测分析能对未来赛事进行分析，帮助教练根据下一场的对手改变阵型及换人的战术。近年来球队也开始参考期望进球值（xG）来衡量球员射门的品质和次数，进而归纳出队伍或球员的预期进球数。xG 采用的算法包含目标的距离、角度等因素，教练使用这个指标预测球员的最佳位置与比赛模式来增加夺冠的概率。

资料来源：作者根据多方资料汇编。

四、数据流动与数据驱动

1. 数据流动

加工一个机械零件，当然要知道其工艺。工艺设计和产品设计之间肯定存在数据流动，工艺设计需要零件的设计数据作为输入源，主要包含特征类型、材料、尺寸规格、精度等级、粗糙度和加工阶段等，如图 2-7 所示。在确定加工特征的设计数据后，对该特征的工艺规划数据进行定义。加工特征的工艺规划数据包括该特征的加工方法、机床（机床代码、机床名称）、刀具（刀具号、刀具名称、刀具直径和刀具材料）、工装（夹具和量具）和切削参数（主轴转速、切削速度、进给量和切削深度）等相关数据。其中，特征的加工方法根据特征的类型、加工精度和表面粗糙度综合判断来获得；确定了特征的加工方法后，再根据特征类型、加工方法等数据获得所需要的机床、刀具、工艺装备和切削参数等数据，这些数据都是确定且静态的。

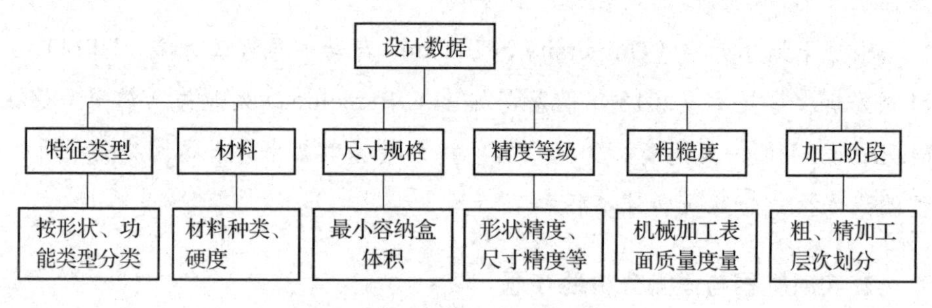

图 2-7 设计数据与工艺设计

假如在一个车间里，决定加工某个零件，进行生产准备时一定需要知道一些信息或数据，如生产计划信息、计算机辅助设计工艺（Computer Aided Process Planning，CAPP）里传来的工序信息（各种工序对应的尺寸、几何、精度、机床、刀夹具、量仪等）、数控程序信息等。有些信息还有进一步细分的数据，如刀具的编号、名称、类型、规格、厂家、磨损状态等，机床的换刀时间、等待时间、零件装夹时间、托板交换时间、运行时间、平均无故障时间……当类似的信息或数据具备时，就可以安排生产。同样，这些信息也都是确定的、静态的数据，数据的流动是单向的，它们各自按部就班地流向需要的地方。基于这种按部就班的数据流动而安排的生产计划工作似乎应该非常有序，这种有序是一种设计有序。早期推行信息化工作的企业也基本满足于此种状况，即信息化水平多停留在设计有序的层次。

然而，现实情况远没有这么简单。就车间生产而言，物流有可能突然出现异常，工装有可能出现异常，刀具可能磨损和崩刀，设备也可能出现故障，加工中出现质检信息异常，工人可能发生误操作，工人出勤状况临时变动……所有这些，只要有一个因素发生足以导致实际生产偏离设计的计划。在一个多品种、小批量的车间里，发生上述某一两个因素应该是大概率事件。如果消极地等待异常排除后再按原计划执行，势必贻误生产，因此，必须根据实际情况重新调整计划。如何调整？计划人员当然可以拍脑袋，但肯定不是最佳方案。如希望人工制定最佳方案，绝非易事。假设某设备发生故障，首先必须了解以下信息或数据：什么设备？什么异常情况？什么时候发生的？异常严重程度如何？有哪些处理方式？如果此台设备存在的问题不能迅速解决，则需要考查计算机辅助工艺设计的信息，考虑有无替代工具和设备。如果选择可能的替代设备，替代设备当前的工作状况怎样？对其工作有哪些影响？在替代设备上加工对工夹具、刀具要求有什么变化？新的工夹具和刀具等实际供给情况如何？当涉及的因素太多时，计划人员就会感觉犹如一团乱麻，不如拍脑袋了事。假如出现多种异常情况，则复杂程度呈现指数上升。很容易看到：仅仅依据确定的、静态的数据及单项的流动而产生的“设计有序”不能带来“运行有序”。

2. 数据驱动

数字—智能技术的发展当然不会止步于设计有序，因为企业生产的目标是希望运行有序。既然静态的数据不足以反映真实情况，为什么不考虑动态数据？既然单向的数据流动不足以反映异常后的事物关联，为何不通过数据的融合解决此问题？数字—智能技术即通过动态的、融合的数据去驱动生产计划调度，从早期的确定性调度进化到随机调度，从静态调度进化到动态调度。确定性调度是指与生产调度相关的参数在进行调度前都已预知的调度。随机调度针对的情况是指诸如加工时间、交货期等生产调度参数中至少有一个是已知的随机变量。静态调度是指所有待安排加工的工件在开始调度时均处于待加工状态，即假定调度环境是确定的、已知的，因而进行一次调度后，各作业的加工即被确定，在调度执行过程中不再改变。动态调度是指作业依次进入待加工状态，各种作业不断进入系统接受加工，同时完成加工的作业又不断离开。与此同时，还要考虑作业环境中不断出现的动态扰动（设备损坏、作业加工超时、交货期提前和紧急订单插入等），需要在执行调度过程中跟踪车间的实际状况对调度方案进行修改和更新。简而言之，欲使生产真正运行有序，就必须考虑实际的、动态的变化，必须考虑那些不确定性的因素，因而这种考虑是基于动态多元数据的融合与关联分析。

不妨把这种不同于确定的、静态的数据流动，而是通过不确定的、动态的数据融合与关联分析的方法视为数据驱动的方法。可以推而广之，智能制造与早期的制造信息化最基本的区别恐怕就在于数据驱动和数据流动。它们的区别如表 2-3 所示。

表 2-3 数据流动与数据驱动的区别

数据流动	数据驱动
静态	动态
确定性	不确定性
数据完整性	不要求数据完整性
非融合	融合
单项流动	复合流动
输入数据有序	输入数据有序 + 无序
设计有序	运行（结果）有序
满足既有活动	可能驱动新的活动
常规数据	常规数据 + 非常规数据

3. 完整性和不完整性信息

数据驱动与数据流动的区别有时候在于是否能利用不完整信息。缺乏数据融合和关联分析的数据流动模式面对不完整信息时可能束手无策，而具有数据融合和关联分析的智能方法就有可能通过不完整数据去驱动某一活动和进程。

我们通常掌握的社会中或过程中的很多信息其实是不完整的，大量的不完整信息实际上都未得到充分利用。在没有数字—智能技术手段的时代，如果得到一条不完整信息，因为难以进一步去了解更多的相关信息，于是这条不完整信息很可能就被忽略了。但是数字—智能技术手段能够帮助人们进一步搜寻信息以使不完整信息趋于完整。此外，通过对相关信息的进一步分析可以使人们得出难以凭感觉获得的认知或决策建议。

设想一个应用场景。在新冠肺炎疫情期间，某企业（一个微电子器件 OEM 制造商）CEO 提出一个问题：疫情对公司有多大影响？CEO 获得或感觉到一个信息，疫情将给企业带来不利影响。但这条信息是不完整的，什么样的影响？影响到何种程度？因为在疫情之初，影响并未充分显现出来，即便已经充分显现，CEO 或其他人也未必能进行详尽的分析。假如企业有一个商业智能系统，可以搜寻疫情期间社会上很多相关的数据，它获得的信息就会相对完整，进而可以搜寻到相对更完整的大数据进行智能分析，可以比人更准确地判断疫情的发展趋势。于是它得出判断：因为疫情，政府可能要求公司停产；停产大概延续的时长；国际订单可能取消，取消数量的预估；由于各国防控疫情，国际航班大幅减少，使得国际快递的交付出现问题；本企业的支付能力可能变化……即便说，智能系统做出的某些判断，人也有可能感觉到，但人的感觉更模糊一些。而智能系统的判断因为基于更详尽的数据分析，推出的结果有定量的判断，比人的感觉更符合实际状况。随着疫情的蔓延，智能系统又可以对不完整的数据进行分析，预测疫情在国外蔓延后对本企业的影响。总之，智能系统总是比实际情况早一步提出预警，辅助企业针对形势的变化而做出正确的决策。

在数字—智能化时代，工业大数据就是原材料 + 石油。智能制造的关键之一就是要重视数据驱动的作用，而不是停留在数据流动的水平。

五、数据驱动产品和服务创新

1. 让产品产生数据

在传统的产品上安装传感器，会使产品不仅具有使用功能，而且还能产生数据。数据通过无线通信技术传输到服务器，便能产生巨大的价值，如提高新产品设计水平、优化工艺、维保预测等。劳斯莱斯公司（Rolls Royce）采用这一模式，成功实现了利润增长和商业模式变革。几年前，劳斯莱斯公司与四五家企业合作，在发动机里安装很多传感器，一台劳斯莱斯航空发动机里的传感器已达 800 多个。通过这些传感器采集的数据，可以知道每个发动机零部件的生命周期。当一个零部件到了需要更换的时候，它就可以通知飞机整机制造商和航空公司提供更换和维修服务。

大数据分析能为企业带来一系列新的技术工具，帮助企业掌握这些规律。然而，企业面临的挑战是智能互联产品本身产生的数据及相关的内外部数据往往是非结构化的。这些数据的规格五花八门，包括传感器数据、地理位置、温度、交易及维修保养记录等。传统的数据汇总和分析工具，如电子表格和数据库工具都无力管理格式如此繁杂的数据。一种名为“数据湖”（Data Lake）的解决方案正日趋流行，它可以将各种不同的数据流以原始的格式存储起来。在“数据湖”中，人们可以用一系列新型数据分析工具对这些数据进行挖掘。这些工具主要分为四种类型：描述型、诊断型、预测型和对症型，如图 2-8 所示。

2. 数据驱动协同设计过程

协同设计是当下企业产品开发技术进步的一个重要方向，它是把计算机支持的协同工作与先进制造技术相结合，对产品设计过程进行有效支持。协同设计不仅需要不同领域的知识和经验，还要有综合协调这些知识经验的有效机制来融合不同的设计任务。企业中某一项目的设计团队协同完成某一任务，项目的信息和文档从一开始创建时就放到共享平台上，被项目组的所有成员查看和利用。现在已经出现一些支持协同工作的软件平台，下面以 Teambition 为例说明。

Teambition 成立于 2011 年，其 iPhone 应用还被苹果公司评为 2015 年度最佳应用，其主要特点如下。

（1）把标准流程执行到位，始终保持交付品质。使用 Teambition 为各类设计项目建立精细的标准化流程，每一个细分任务都可以执行到位。所有成员遵照标准流程来创作作品，保证客户体验和交付品质始终如一。

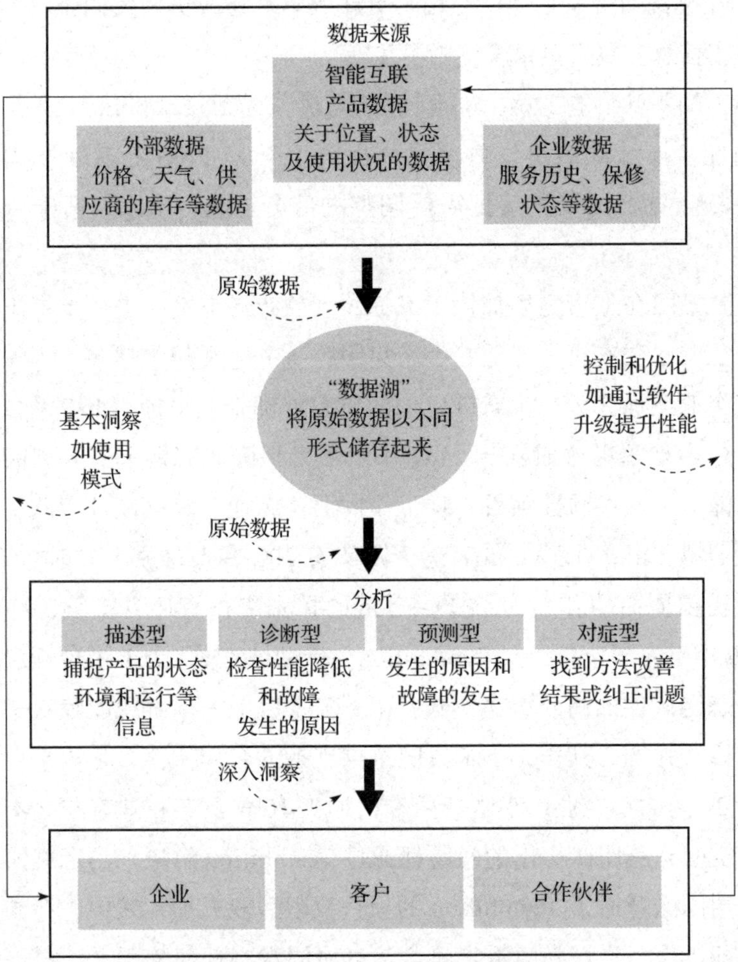

数据来源
智能互联
产品数据
关于位置、状态
及使用状况的数据
外部数据
价格、天气、供
应商的库存等数据
企业数据
服务历史、保修
状态等数据
原始数据
“数据湖”
将原始数据以不同
形式储存起来
基本洞察
如使用
模式
控制和优化
如通过软件
升级提升性能
原始数据
分析
描述型
捕捉产品的状态
环境和运行等
信息
诊断型
检查性能降低
和故障
发生的原因
预测型
发生的原因和
故障的发生
对症型
找到方法改善
结果或纠正问题
深入洞察
企业
客户
合作伙伴

图 2-8 “数据湖”解决方案驱动产品创新

（2）可视化的需求排期，随时协同进展。通过创建和指派任务，轻松管理全部设计需求，项目看板可以直观呈现完成进度，每位成员的工作量一目了然，随时跟踪项目进展。

（3）每位成员都能合理规划工作时间。不必担心遗漏任务或者错过节点，每位成员都可以在 Teambition 的工作台上轻松查看手头所有任务，依据截止时间有序安排工作。

（4）文件沉淀在项目中统一管理。别再让设计资产散落在邮件、云盘和个人电脑中，使用 Teambition 把文件沉淀在每一个项目中，所有成员都能够轻松找到所需文件。使用“更新版本”与成员轻松同步共享最新文件，版本信息和更新记录都清晰可见。

（5）“圈点”让改稿沟通轻松直观。借助 Teambition 强大的“圈点”功能，设计部的协作效率大幅提升。JPG、PNG 等多种格式的图片支持在线预览，可以直接把需要调整的部分“圈”出来，精准传达修改意见。

小米集团在上市之后加快了 IoT 领域的布局节奏，进一步推出小米温度计、空调、洗衣机……随着小米集团跨入的品类越来越多，不仅背后的生态链企业愈加庞大，生态链以外的更多外部企业也加入 IoT 平台，面临的协作效率难题也愈加复杂。IoT 平台需要保障生态链上所有智能化产品的联网能力，这些软件项目管理工作需要跨企业、跨软硬件团队，工作条线复杂且涉及组织庞大。IoT 整个团队有 200 多人，最多的时候有 50 多个项目需要同时协作。为了让生态链的扩张变得有序且持续，小米集团在 2016 年引入了协作工具 Teambition。借助该工具，IoT 平台开启了与数百家生态链伙伴的高效协作模式。以 IoT 平台上一款“智能晾衣架”项目的合作模式为例，其作为小米集团重点支持的合作伙伴，是位于浙江的一个只有 20 人的小企业，小米集团专门抽出 10 位员工在北京与之沟通和合作，跨空间、跨团队协作的问题都通过 Teambition 解决。小米集团为这个外部公司团队开通了 Teambition 的项目权限，双方加入其中，在同一个看板上一起工作，进展随时看得见，信息协同没有任何障碍。这样不仅提升了效率，而且省去了差旅费，节约了成本。

IoT 平台部的项目几乎都需要与外部合作伙伴共同完成，小米团队可以把合作伙伴成员邀请到一个具体项目中，在统一组织体系中，Teambition 成为“一切协作开始的地方”。在可视化的看板上，按照项目流程建立任务阶段，小米集团和合作伙伴成员可以随时协同所有事务，知道在每个阶段具体做哪些事情、谁在负责、是否完成等。比如，在“产品方案沟通”阶段，小米集团需要提供产品功能建议书，而智能硬件合作伙伴需要提供产品功能说明，产出物可以上传到任务中保存，随时查看。

从平台的特点和案例中不难看出，整个协同设计过程都靠数据驱动，不仅是最初的数据触发了协同设计活动，而且在设计活动中产生的动态数据也不断驱动设计过程。

3. 数据驱动企业战略

让数据驱动企业成为企业战略，就是说，要成为数据驱动型企业（Data-Driven Enterprise）。如何成为数据驱动型企业？想要完成数据转型，企业需自上而下明确数据对业务的决定性作用。在此基础上，应随时可供访问和操作——这是在技术支持之下才能达到的境界，也是一种“让数据易于访问”的企业文化。数字优先（Digital First）的企业明白数据驱动的必然性，并将其作为企业一切行为的组织原则。成熟的企业会通过将数据与业务流程相关联、营造数据驱动的企业文化、将数据洞察灵活运用并建立必要的基础技术设施，也可以达成技术驱动。

（1）将数据与业务异常相关联。数据的力量取决于使用方式。企业须明确定义数据的意义，将其应用于更广泛的流程中。成功的企业通常会确保其业务战略和创新计划是建立在数据驱动决策（Data-Driven Decision Making）之上的。前提之一是将数据视为一种资产，能够直接影响公司的业绩。

Adobe 软件公司建立了一种数据驱动营运模式（DDOM），用于运营数字业务。DDOM 状态界面能够显示企业的整体运营状况，并记录客户发现、试用、购买和续约产品的全过程，如同一个数据驱动的涡轮增压 CRM 系统。通过 DDOM，Adobe 软件公司在建立详细客户模型的过程中，不仅可以参考交易记录，还可以参考行为习惯、经验洞察和数字触点。因此，企业可以更精准地预测客户会在什么情况下考虑更换供应商，或者考察某客户是否适用 Adobe 软件公司的其他产品，因而让公司采用正确的行动，如在正确的时机进行交叉销售或向上销售等。

（2）培养数字文化。能否成为一个数据驱动的企业，取决于企业所有员工的支持，让每个人都根据数据调整自己的思维方式和工作方式。在更大的组织范围内维持员工的热情可能会很困难，尤其是在改革的过程中往往需要说服那些不同意该模式的领导。将员工做决策时的思维模式从“基于直觉转变为基于数据”，绝非只是改变一下管理名字或者简单培训即可实现的。这种转型需要从根本上改变员工日常的思考方式和工作方式，包括培养数据文化、加深员工对数据所有权的认知、使用数据指导工作流程或质量改进等。

（3）在实际工作中运用数据洞察。数据访问不应仅限于管理人员，目标应该是把所有有效的数据送到需要的地方和一线员工手中。为了真正将数据分析和应用嵌入主流思想和行为中，企业需要研究如何将数据洞察预先注入现有的业务流程当中。

Geotab 是一家加拿大通信公司，其提供用于跟踪和管理车队的 GPS 系统。该公司监控生产状态和性能、产品的安全状态、账单结算等每个决策都是基于数据的。一旦从这些数据中提出有效信息和见解，它们就会被反馈到随处可见的公司大屏幕上，向需要的团队提供实时报告。更方便的是，团队可以在状态界面上进行查询和运行数据，这样就可以获得他们所需要的意见和见解。若某个新的客户行为提示企业存在比表面看起来更严重的问题，那么其团队可以快速采取措施并解决问题，因为企业状态界面同时显示“树林和树木”——概述和细节。例如，某年 8 月，实时客户支持指标显示得克萨斯州突然出现异常，没过多久，客户支持团队就意识到供应商 SIM 卡在该州的高温下弯曲变形，主要原因是使用了错误的塑料材料。Geotab 立即向制造商反馈了这个问题，使其得到快速解决，为客户提供了高品质的服务。

（4）构建必要的技术支持和基础设施。选择合适的技术将对企业的数据运用产生重大的影响，特别是在提取有针对性的数据和应用方面——使它们能够打破“数据孤岛”，抓取底层数据，并将其与其他数据来源进行整合，以发现对企业有帮助和有意义的数据信息。另一个纳入考虑的因素则是使数据处理过程简易化的技术，如人工智能（AI）、机器学习（ML）和增强现实（AR）。在生成更细致入微的数据洞察和使用创新技术运行数据方面，这些工具发挥着关键作用。例如，人工智能和机器学习可与物联网相结合，以监控新增的大批量数据反馈，或与社交媒体聆听工具相结合，旨在衡量不断变化的市场趋势和客户偏好。

4. 数据驱动商业智能决策

1996年，全球最具权威的IT研究与顾问咨询公司高德纳（Gartner）提出了商业智能（BI）的概念，商界由此掀起了一股基于数据库的革命浪潮，真正的商业智能时代到来了。2007年，SAP收购法国Business Objects公司，推出SAP HANA商业智能方案。该方案由数据仓库、查询报表、数据分析、数据挖掘、数据备份等组成，帮助企业提升财务会计、资源计划、产品生产与品质，以及供应链、客户关系等经营性管理上的效率。公开数据显示,《财富》世界500强中有80%以上的公司都在使用SAP管理系统。

中国香港有一家叫Deep Knowledge Ventures（DKV）的创投公司，5年前“聘请”了一名叫作“瓦投”（VITAL）的“AI董事”，它是英国Aging Analytics公司研发的AI投资系统。“AI董事”的专长是基于大数据机器学习，能在毫秒内分析、判断、决策那些无法被人类分析师观察到的趋势。公司高级合伙人德米特里·卡明斯基（Dmitry Kaminskiy）指出，“瓦投”把投资决策中复杂的调查自动化了。也就是说，“瓦投”做了人们做不了的“针对海量信息的逻辑分析”。这相当于靠强大的计算机分析系统确保投资决策“做正确事”。除投资决策外，“AI董事”还颠覆了传统投资管理流程。比如，对相关项目融资、临床试验、知识产权及前几轮融资等各种信息，“AI董事”负责分析、判断。基于“AI董事”的数据分析，董事会全体成员（包括“AI董事”）投票；一旦涉及“AI董事”的专属领域——老年医疗，没有它的发话，其他董事不做决策，这时的“AI董事”更像一个董事会主席。至今，在“AI董事”的帮助下，DKV已经完成多个项目的投资，包括Insilico Medicine 、Pathway Pharmaceutical、Vision Genomics等初创公司。

六、勿为迷幻的数据所驱动

前述的数据驱动作用对企业而言至关重要，那么是不是有了数据就一定能够发挥前述的驱动效应呢？有大数据及其智能分析工具，人的认知就不重要了吗？其实一个很自然的问题会摆在我们面前，如果数据本身有问题呢？我们会为大数据所惑吗？其中最基本的问题应该是，发挥数据驱动作用的前提是什么？

1. 数据治理与数据质量

在企业信息化应用的早期，一些企业的 ERP 系统常常不能发挥有效作用。其中原因不尽相同，但通常不是 ERP 系统本身的问题。部分企业的 ERP 系统未能起到预期的作用，原因在于基础数据问题。

如果企业层的管理和底层设备运行管理之间存在一个断层，那么就很难向 ERP 系统及时提供其所需要的数据。车间有很多数据（如设备运行时间、停滞时间、产能、废品原因、设备利用率、生产效率）需要向 ERP 系统反馈，这些数据是不是都收集了？有的企业向 ERP 系统提供的信息可能不完整。另外，底层的车间数据反馈和上层的 ERP 系统的数据识别间的迟滞到底有多少？信息的迟滞本身也是数据质量问题。一般来说，这些问题解决需要一个好的制造执行系统（MES）。MES 属于 ERP 计划层和车间层操作控制系统之间的执行层，主要负责生产管理和调度执行。它不单是车间生产系统的执行层，而且作为上、下两个层次之间的信息传递且连接现场层和经营层的桥梁。它能够向上提供诸如订单执行与跟踪、质量控制、生产调度、物料投入产出等信息，保证 ERP 系统及时获取有效的数据，使工作效率更高。所以，可以想象，如果没有 MES 或者没有一个好的 MES，ERP 系统所需的基础数据质量就不能保证，ERP 系统的作用就会大打折扣。

除数据的缺失或不及时外，数据失真也是企业中常见的数据质量问题。失真又称“畸变”。有时信号在传输过程中，因为某些电子元器件本身的非线性特性或噪声干扰导致与真实信号或标准相比而发生偏差；有的数据失真是因为原始真实数据经过计算机或人为原因的改变，造成数据结果与真实数据发生偏差。

企业中的数据最好是依据流程实时自动更新的，不是事后输入的或者加工过的。比如，订单数据是与需求相连的，在采购系统上生成后围绕订单的入库及验收记录，一直到财务的付款记录都是在线批准后自动生成的。若是人为干预和单独输入，出错的可能性会增大，且易发生信息迟滞。另外，数据应当尽可能依据标准化的流程而产生。有些公司和部门会强调所谓个性化和精细化的管理，往往制定所谓“新流程”。其实“新流程”已经意味着非标准化了，对于数据质量的保证也是不利的。考虑流程再造的同时，应该考虑尽可能简化数据获取的过程。

总之，企业中数据驱动作用发挥的前提是要有符合质量的数据，错误的、失真的及其他形式的不符合质量要求的数据，就像迷幻的数据，只能产生迷失的结果。因此，企业的数字—智能化制造需要数据治理。

图 2-9 是数据治理体系的一般性框架。从数据治理体系中最顶层的管理策略，到中间层的核心管理内容，再到底层的系统和技术支撑，自上而下展现了数据治理体系中的主要组成部分。

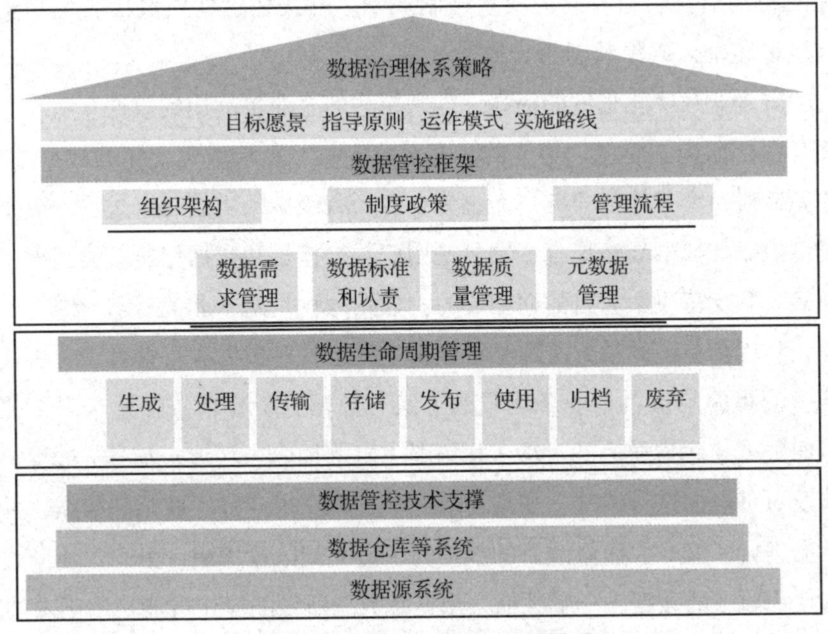

图 2-9 数据治理体系的一般性框架

开展数据治理，需要回答以下几个核心问题。

（1）有什么数据？这是数据治理要回答的最基本的问题，但未必每个机构都能很好地回答并应对。机构有什么样的数据，这是开展数据治理的对象。要想了解机构有什么数据，或者说需要什么数据，那么就需要梳理数据，建立数据需求统筹和管理机制。

（2）数据由谁负责？机构内有几种角色，即数据所有者、数据采集者、数据使用者、数据管理者、数据实现者。数据所有者一般是数据主管的业务部门，对数据质量负最终责任，但同时也拥有对该数据的最终解释权，是数据在企业范围内唯一的所有人。

（3）对数据有何要求？完成数据的责任认定之后，就要对数据提出标准化和规范化的要求，并建立数据标准和规范。

（4）如何保证数据达到要求？有了数据要求后，就需要保证在日常业务和经营管理活动中，数据能够遵循这些标准和要求，建立数据质量管理机制。数据质量管理应涵盖数据的全生命周期，包括数据的采集、处理和加工、传输和存储、应用和展现及销毁和退出等。在各个阶段，都可在数据标准的基础上确定不同的质量控制规则，并按照这些质量控制规则进行数据质量监控，确保数据符合质量要求。

随着企业数字化程度的提高，越来越多的企业可能用到数据仓库。数据仓库是一个面向主题的、集成的、相对稳定的、反映历史变化的数据集合。它不是针对一个具体的业务，而是为企业所有级别的决策制定过程，提供所有类型数据支撑的战略集合，主要是用于数据挖掘和数据分析，为消灭“信息孤岛”和支持决策为目的而创建的。数据分析是基于业务需求，结合历史数据，利用相关统计学方法和某些数据挖掘工具对数据进行整合、分析，并形成一套最终解决各个业务场景的方案。数据分析要求数据是干净、完整的，而数据仓库最核心的一项工作就是 ETL（抽取—转换—加载）过程。其中涉及对脏数据进行清洗。如某种情况下，当一个业务正在访问数据，并且对数据进行了修改，而修改后的数据尚未提交到数据库中，另一个业务也访问或使用原来的数据——脏数据，依据脏数据所做的操作可能是不正确的。

2. 认知偏差

第二次世界大战期间，美国空军想研究如何通过加固飞机的某些部位，而使飞机更加安全。当时美军通过分析返回的飞机，认为弹孔越多的地方越应该被加固。然而，著名统计学家亚伯拉罕·沃德教授（哥伦比亚大学统计系的创始人）却持反对意见。他认为那些返回的飞机都属于幸存者，正是因为他们已经幸存了，所以那些有弹孔的地方反而不应该被加固。在这个问题中，沃德教授通过幸存飞机表面的弹孔，总结出了它们背后幸存的实质原因。对实际情况的调查说明沃德教授的分析是正确的。所以，什么是统计思维？那就是透过现象看本质，其中现象就是数据，本质就是规律，统计思维就是通过概率分布、数学模型等系统地量化和分析数据背后的规律和随机性。统计是一个工具，但是当年故事中多数人的统计思维却存在认知偏差，即只看到幸存者，没有关注被击落的飞机。现实生活中类似的例子比比皆是。如很多人以一些成功者所做的故事告诉人们成功的要素和经验，殊不知可能干过同样事情的很多人并非成功。这就告诉我们：在利用数据的时候需要审视事物的本质或内在联系，不能被某些现象所迷惑。

3. 光荣与陷阱

谷歌的工程师们很早就发现，搜索某些字词有助于了解流感疫情：在流感季节，与流感有关的搜索就会明显增多；到了过敏季节，与过敏有关的搜索就会显著上升。2008 年谷歌推出了谷歌流感趋势（GFT），这个工具根据汇总的谷歌搜索数据，近乎实时地对全球当前的流感疫情进行估测。2009 年在 H1N1 爆发几周前，谷歌公司的工程师在 Nature 上发表了一篇论文，介绍了 GFT 成功预测了 H1N1 在全美范围内的传播，甚至具体到特定的地区和州，并且判断非常及时，令公共卫生部门的官员们和计算机科学家们备感震惊。与习惯性滞后的官方数据相比，谷歌流感趋势成为一个更有效、更及时的指标。这个工具最初运行表现良好，许多国家的研究人员已经证实，其流感样疾病（ILI）的估计是准确的。2013 年 2 月，GFT 再次上了头条，但这次不是因为谷歌流感跟踪系统又有什么新的成就。2013 年 1 月，美国流感发生率达到峰值，谷歌流感趋势的估计比实际数据高两倍。从 2011 年 8 月到 2013 年 9 月的 108 周中，谷歌开发工具超估流感流行高达 100 周。2012—2013 年与 2011—2012 年的同季节相比，它高估了流感流行趋势超过 50%。谷歌的尝试及其最初的成效无疑是光荣的，但 GFT 后续的表现又让我们看到了大数据的陷阱。

（1）陷阱 1：大数据自大。哈佛大学大卫·拉择（David Lazer）等学者提醒大家关注“大数据自大”（Big Data Hubris）的倾向，即认为自己拥有的数据是总体。这里的关键是，企业或者机构拥有的这个称为总体的数据，与研究问题关心的总体是否相同。在 GFT 案例中，“GFT 采集的搜索数据”这个总体，与“某流感疫情涉及的人群”这个总体恐怕不是同一个总体。除非这两个总体的生成机制相同，否则用此总体去估计彼总体难免出现偏差。

进一步说，由于某个大数据是否为整体与研究问题密不可分，在实证分析中，往往需要人们对科学抽样下能够代表总体的小数据有充分认识，才能判断、认定单独使用大数据进行研究会不会犯大数据自大的错误。

（2）陷阱 2：算法演化。相比于大数据的自带问题，算法演化问题（Algorithm Dynamics）就更为复杂，对大数据在实证运用中产生的影响也更为深远。现实中大数据的采集也会遇到类似问题，因为大数据往往是公司或者企业进行经营活动之后被动出现的产物。以谷歌公司为例，其商业模式的主要目标是更快地为使用者提供准确的信息。为了实现这一目标，数据科学家与工程师不断更新谷歌搜索的算法，让使用者可以通过后续谷歌推荐的相关词快捷地获得有用信息。这一模式在商业上非常必要，但是在数据生成机制方面，却会出现使用者搜索的关键词并非出于使用者本意的现象。这就产生了两个问题：第一，由于算法规则在不断演化，而研究人员对此不知情，今天的数据和明天的数据往往不具有可比性。第二，数据收集过程的性质发生了变化。大数据不再只是被动记录使用者的决策，而是通过算法演化，积极参与到使用者的行为决策中。在 GFT 案例中，2009 年以后，算法演化导致搜索数据前后不可比，特别是“搜索者键入的关键词完全都是自发决定的”这一假定在后期不再成立。这样，用 2009 年建立的模型去预测未来，就无法避免因过度拟合问题而表现较差了。

（3）陷阱 3：看不见的动机。在算法演化过程中，数据生成者的行为变化是无意识的，他们只是被“页面”引导，点出一个个链接。如果在数据分析中不关心因果关系，那么就无法处理人们有意识的行为变化影响数据根本特征的问题。这一点，对于数据使用者和数据收集机构都同样不可忽略。如今，社交媒体的数据大大丰富了各界对于个体的认知，这一看法通常建立在一个隐含假定上，即人们在社交媒体中分享的信息都是真实、自发，不受评级机构和各类评级机构标准影响的。但是，在互联网时代，人们通过互联网学习的能力大大提高。如果人们通过学习评级机构的标准而相应改变社交媒体的信息，就意味着大数据分析的评估标准已经内生于数据中。这时，必须仔细地为人们的行为建模，否则难以准确抓住数据生成机制的质变。

从数据生成机构来看，他们对待数据的态度也可能发生微妙的变化。例如，过去社交媒体企业记录和保存客户信息的动机仅仅是本公司发展业务的需要，算法演化也是单纯为了更好地服务消费者。但随着大数据时代的推进，很多企业逐渐意识到，自己拥有的数据逐渐成为重要的资产。除了可以在一定程度上给使用者植入广告增加收入之外，还可以在社会上产生更为重要的影响力。这时就不能排除数据生成的机构存在为了自身的利益，在一定程度上操纵数据的生成与报告的可能性。比如，在脸书等社交媒体上的民意调查，就有可能对一个国家的政治走向产生影响。而民意调查语言的表述、调查的方式可以影响调查结果，企业在一定程度上就可以根据自身利益来操纵民意了。简而言之，天真地认为数据使用者和数据生成机构都是无意识生产大数据，忽略了人们行为背后趋利避害的动机的大数据统计分析，可能对于数据特征的快速变化迷惑不解。

总之，在大数据应用的问题上，一定要意识到数据陷阱存在的可能性，要采取相应的措施避免落入数据陷阱（Data Trap）。有的专家提出一些解决办法，如大数据和小数据齐头并进，对之感兴趣的读者可以进一步查阅有关的资料。

第三节　数字孪生

数字孪生（Digital Twin，又称数字双胞胎、数字映射、数字镜像）最早的概念模型由美国密歇根大学教授 Michael Grieves 博士于 2002 年 10 月在美国制造工程协会管理论坛上提出。2013 年，美国空军将数字孪生和数字线程作为游戏规则改变者列入其《全球科技愿景》。

数字孪生是以数字化方式创建物理实体的虚拟模型，借助数据模拟物理实体在现实环境中的行为，通过虚实交互反馈、数据融合分析、决策迭代优化等手段，为物理实体增加或扩展新的能力。高德纳公司在2019年十大战略科技发展趋势中将数字孪生作为重要技术之一，其对数字孪生的描述为：数字孪生是现实世界实体或系统的数字化体现。

数字孪生技术是制造业迈向工业4.0战略目标的关键技术，通过掌握产品信息及其生命周期过程的数字思路将所有阶段（产品创意、设计、制造规划、生产和使用）衔接起来，并连接到可以理解这些信息并对其做出反应的生产智能设备上。

一、数字孪生的模型

1. 数字孪生的概念模型

数字孪生五维概念模型（见图2-10）首先是一个通用的参考架构，能适用不同领域的不同应用对象。其次，它的五维结构能与物联网、大数据、人工智能等新信息技术集成与融合，满足信息物理系统（Cyber Physical System，CPS）集成、信息物理数据融合、虚实双向连接与交互等需求。最后，孪生数据（DD）集成融合了信息数据与物理数据，满足信息空间与物理空间的一致性与同步性需求，能提供更加准确、全面的全要素/全流程/全业务数据支持。服务（Ss）对数字孪生应用过程中面向不同领域、不同层次用户、不同业务所需的各类数据、模型、算法、仿真、结果等进行服务化封装，并以应用软件或移动App的形式提供给用户，实现服务的便捷与按需使用。连接（CN）实现物理实体、虚拟实体、服务及数据之间的普适工业互联，从而实现支持虚实实时互联与融合。虚拟实体（VE）从多维度、多空间尺度及多时间尺度对物理实体进行刻画和描述。

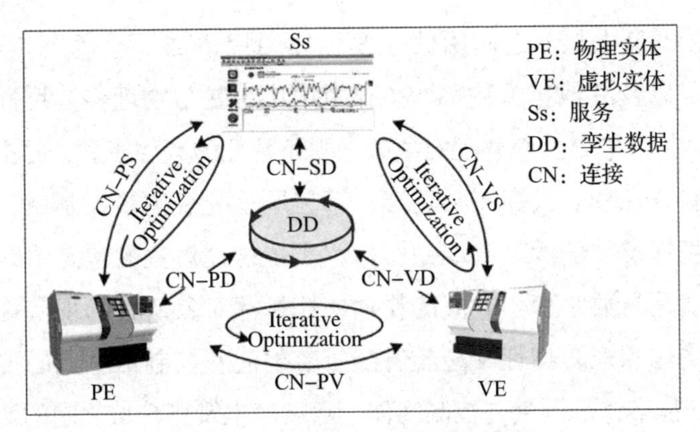

图 2-10　数字孪生五维概念模型

2. 数字孪生的系统架构

基于数字孪生的概念模型，并参考 GB/T 33474—2016 和 ISO/IEC 30141：2018 两个物联网参考架构标准及 ISO：23247（面向制造的数字孪生系统框架）标准草案，图 2-11 给出了数字孪生系统的通用参考架构。一个典型的数字孪生系统包括用户域、数字孪生体、测量与控制实体、现实物理域和跨域功能实体共五个层次。

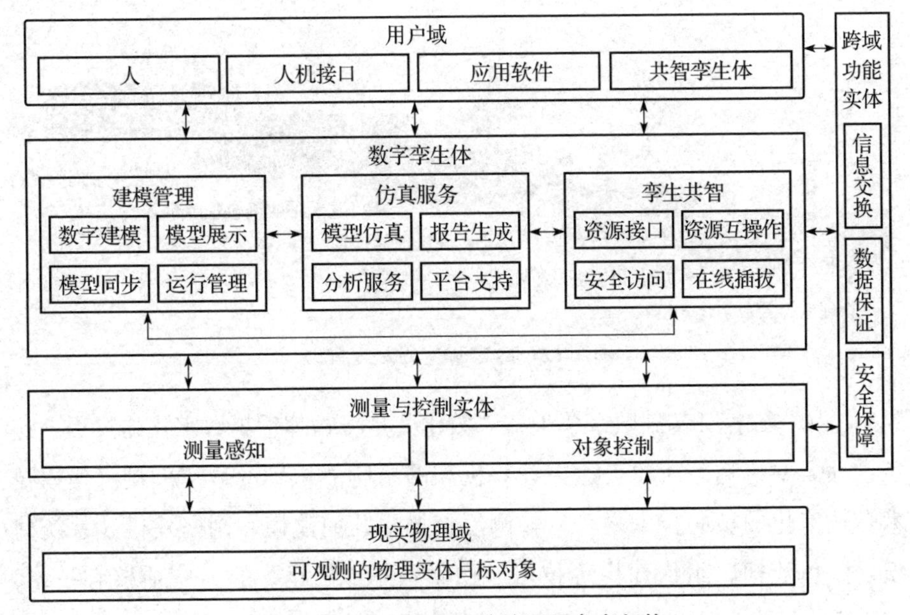

图 2-11　数字孪生系统的通用参考架构

第一层（最上层）是使用数字孪生体的用户域，包括人、人机接口、应用软件，以及其他相关数字孪生体。第二层是与物理实体目标对象对应的数字孪生体。它是反映物理对象某一视角特征的数字模型，并提供建模管理、仿真服务和孪生共智三类功能。第三层是处于测量控制域、连接数字孪生体和物理实体的测量与控制实体，实现物理对象的状态感知和控制功能。第四层是与数字孪生对应的物理实体目标对象所处的现实物理域，测量与控制实体和现实物理域之间有测量数据流和控制信息流的传递。第五层是跨域功能实体。测量与控制实体、数字孪生及用户域之间的数据流和信息流动传递，需要信息交流、数据保证、安全保障等跨域功能实体的支持。

3. 数字孪生的成熟度模型

数字孪生不仅是物理世界的镜像，接收物理世界的实时信息，也要反过来实时驱动物理世界，而且进化为物理世界的先知、先觉甚至超体。这个演变过程称为成熟度进化，即数字孪生的生长发育将经历“数化”（基础数字孪生）、“互动”（被动数字孪生）、“先知”（动态数字孪生）、“先觉”（半智能数字孪生）和“共智”（智能数字孪生）五个过程，如图 2-12 所示。

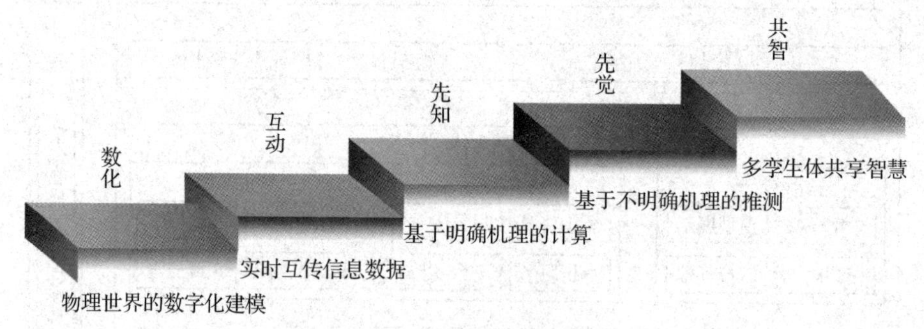

图 2-12　数字孪生成熟度模型

（1）“数化”（基础数字孪生）。“数化”是将物理世界数字化的过程。这个过程需要将物理对象表达为计算机和网络所能识别的数字模型。建模技术是数字化的核心技术之一，如测绘扫描、几何建模、网格建模、系统建模、流程建模、组织建模等技术。物联网是“数化”的另一项核心技术，将物理世界本身的状态变为可以被计算机和网络所能感知、识别和分析。

（2）“互动”（被动数字孪生）。“互动”主要是指数字对象及其物理对象之间的实时动态互动。物联网是实现虚实之间互动的核心技术。数字世界的责任之一是预测和优化，同时根据优化结果干预物理世界，所以需要将指令传递到物理世界。物理世界的新状态需要适时传导到数字世界，作为数字世界的新初始值和新边界条件。另外，这种互动包括数字对象之间的互动，依靠数字线程来实现。

（3）“先知”（动态数字孪生）。“先知”是指利用仿真技术对物理世界的动态预测。这需要数字对象不仅表达物理世界的几何形状，更需要在数字模型中融入物理规律和机理。仿真技术不仅建立物理对象的数字化模型，还要根据当前状态，通过物理学规律和机理来计算、分析和预测物理对象的未来状态。

（4）“先觉”（半智能数字孪生）。如果说“先知”是依据物理对象的确定规律和完整机理预测数字孪生的未来，那“先觉”就是依据不完整的信息和不明确的机理，通过工业大数据和机器学习技术预感未来。如果要求数字孪生越来越智能，就不应局限于人类对物理世界的确定性知识，因为人类本身就不是完全依赖确定性知识来领悟世界的。

（5）“共智”（智能数字孪生）。“共智”是通过云计算技术实现不同数字孪生之间的智慧交换和共享，其隐含的前提是单个数字孪生内部各构件的智慧首先是共享的。所谓单个数字孪生是人为定义的范围，多个数字孪生单体可以通过“共智”形成更大和更高层次的数字孪生体，这个数量和层次可以是无限的。

二、数字孪生的核心技术

从数字孪生概念模型和数字孪生系统可以看出：建模、仿真和基于数据融合的数字线程是数字孪生的三项核心技术。

1. 建模

数字建模技术起源于20世纪50年代，建模的目的是将我们对物理世界或问题的理解进行简化和模型化。数字孪生的目的或本质是通过数字化和模型化，消除各种物理实体，特别是复杂系统的不确定性。所以建立物理实体的数字化模型或信息建模技术是创建数字孪生、实现数字孪生的源头和核心技术，也是“数化”阶段的核心。

数字孪生的模型发展分为四个阶段，这种划分代表了工业界对数字孪生模型发展的普遍认识，如图 2-13 所示。

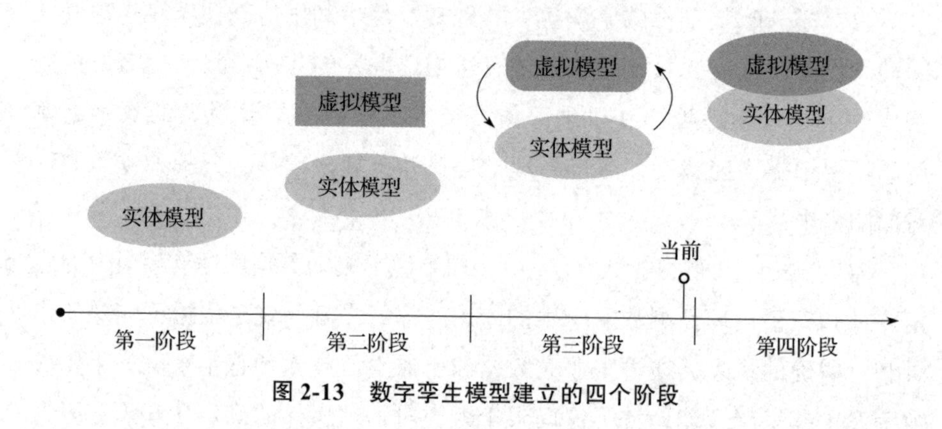

图 2-13　数字孪生模型建立的四个阶段

第一阶段是实体模型阶段，没有虚拟模型与之相对应。NASA（美国国家航空航天局）在太空飞船飞行过程中，会在地面构建太空飞船的双胞胎实体模型。这套实体模型曾在拯救阿波罗 13（Apollo13）的过程中起到了关键作用。

第二阶段是实体模型有对应的部分实现了虚拟模型，但它们之间不存在数据通信。其实这个阶段不能称之为数字孪生的阶段。一般准确的说法是实物的数字模型，如设计成果二维 / 三维模型，同样使用数字形式表达了实体模型，但两者之间并不是个体对应的。

第三阶段是在实体模型生命周期里，存在与之对应的虚拟模型，但虚拟模型是部分实现的，这个就像是实体模型的影子，也可称之为数字影子模型。在虚拟模型和实体模型间可以进行有限的双向数据通信，即实体状态数据采集和虚拟模拟模型信息反馈。

第四阶段是完整的数字孪生阶段，即实体模型和虚拟模型完全一一对应。虚拟模型完整表达了实体模型，并且两者之间实现了融合，实现了虚拟模型和实体模型间自我认知和自我处置，相互之间的状态能够实时保持同步。

值得注意的是，有时候先有虚拟模型，再有实体模型，这也是数字孪生技术应用的高级阶段。

人们很容易认为一个物理实体对应一个数字孪生体，如果只是几何的，这种说法尚能成立。但是因为人们需要认识实体所处的不同阶段、不同环境中的不同物理过程，一个数字孪生体显然难以描述。如一台机床在加工时的震动变形情况、热变形情况、刀具与工件相互作用的情况……这些情况自然需要不同的数字孪生体进行描述。

不同的建模者从某一个特定视角描述一个物理实体的数字模型，似乎应该是一样的，但实际上可能有很大差异。前述一个物理实体可能对应多个数字孪生体，但与某个特定视角相对应的数字孪生体似乎是唯一的，实则不然。差异不仅是模型的表现表达形式，更重要的是孪生数据的细粒度（Fine Grit）。如在所谓的智能机床中，人们通常通过传感器实时获得加工尺寸、切削力、振动、关键部件的温度等方面的数据，以此反映加工质量和机床的运行状态。不同的建模者对数据的取舍肯定不一样。一般而言，细粒度数据有利于人们更深刻地认识物理实体及其运行过程。

2. 仿真

仿真技术是应用仿真硬件和仿真软件通过仿真实验，借助某些数值计算和问题求解，反映系统行为或过程的仿真模型技术。仿真技术在20世纪初已有初步应用，如在实验室中建立水利模型，进行水利学方面的研究。20世纪四五十年代，航空、航天和原子能技术的发展推动了仿真技术的进步。20世纪60年代，计算机技术的突飞猛进提供了先进的仿真工具，加速了仿真技术的发展。从技术角度看，建模和仿真是一对伴生体。如果说建模是将我们对物理世界和问题的理解模型化，那么仿真就是验证和确认这两种理解的正确性和有效性。只要模型正确，并拥有了完整的输入信息和环境数据，就可以基本正确地反映物理世界的特性和参数。所以，数字化模型的仿真技术是创建和运行数字孪生体、保证数字孪生体与对应物理实体实现有效闭环的核心技术。

仿真是工业 3.0 时代推动工业技术快速发展的核心技术之一，已经被世界上众多企业广泛应用到工业各个领域中。近年来，随着工业 4.0 新一代工业革命的兴起，新技术与传统制造的结合催生了大量新型应用，工程仿真软件也开始与这些先进技术结合，在研发设计、生产制造、试验运维等各环节发挥重要作用。按照这样的发展态势，物理世界可以像电影《黑客帝国》那样事无巨细地仿真和模拟。梳理与数字孪生紧密相关的工业制造场景所涉及的仿真技术如下。

（1）产品仿真：系统仿真、多体仿真、物理场仿真、虚拟实验等。

（2）制造仿真：工艺仿真、装配仿真、数控加工仿真等。

（3）生产仿真：离散制造工厂仿真、流程制造仿真等。

数字孪生是仿真应用的新巅峰。在数字孪生成熟的每个阶段，仿真都扮演着不可或缺的角色："数化"的核心技术——建模总是和数据仿真联系在一起，或是仿真的一部分；"互动"是半实物仿真中司空见惯的场景；"先知"的核心技术就是仿真；很多学者将"先知"中的核心技术——工业大数据视为一种新的仿真范式；"共智"需要通过不同孪生体之间的多种学科耦合仿真才能让思想碰撞，才能产生智慧的火花。数字孪生也因为仿真在不同成熟阶段中无处不在而成为智能化的源泉和核心。

3. 数字线程

数字孪生应用的前提是各个环节的模型及大量的数据，那么类似于产品的设计、制造、运维等各方面的数据，如何产生、交换和流转？如何在一些相对独立的系统之间实现数据的无缝流动？如何在正确的时间把正确的信息用正确的方式连接到正确的地方？连接的过程如何追溯？连接的效果如何评估？这些正是数字线程要解决的问题。CIMdata 推荐的定义："数字线程（Digital Thread）"指一种信息交换的框架，能够打通原来多个竖井式的业务视角，连通设备全生命周期数据（也就是其数字孪生模型）的互联网数据流和集成视图。数据线程通过强大的端到端的互联网系统模型和基于模型的系统工程流程来支撑和支持，如图 2-14 所示。

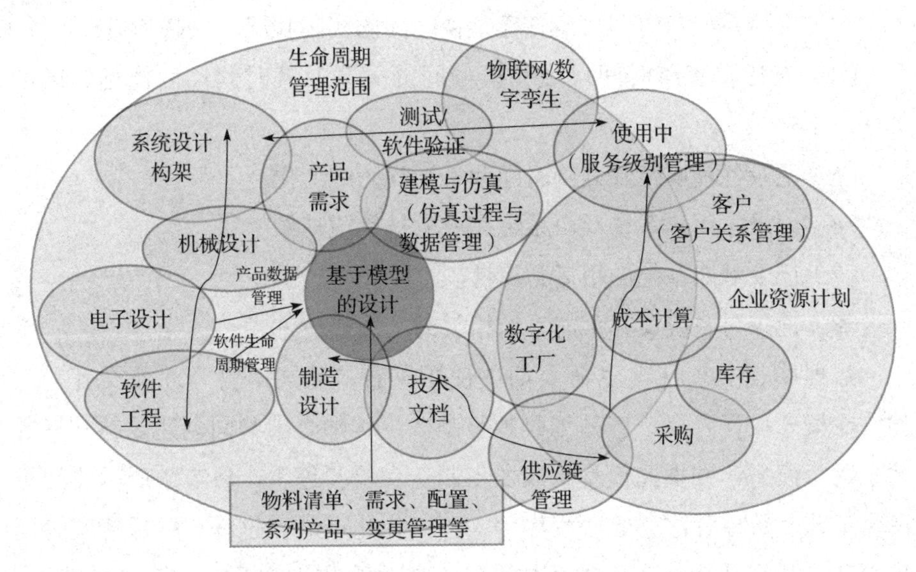

图 2-14　数字线程

数字线程是与某个或某类物理实体对应的若干数字孪生体之间的沟通桥梁，这些数字孪生体反映了该物理实体不同侧面的模型视图。数字线程与数字孪生体的关系如图 2-15 所示。

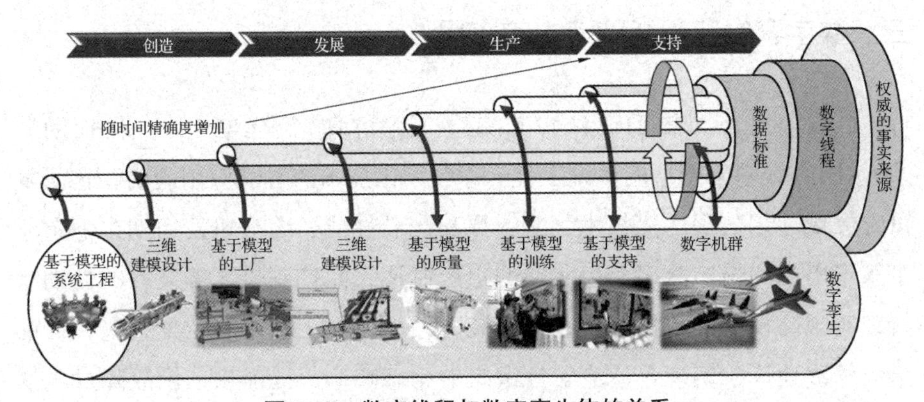

图 2-15　数字线程与数字孪生体的关系

在数字孪生的概念模型中，数字线程表示为模型数据融合引擎和一系列数字孪生体的结合。在数字孪生环境下实现数字线程的需求如下。

（1）能区分类型和实例。

（2）支持需求及其分配、追踪、验证和确认。

（3）支持系统跨时间尺度各模型视图间的实际状况、关联和追踪。

（4）支持系统跨时间尺度各模型间的关联及其时间尺度模型视图的关联。

（5）记录各种属性及其随时间和不同视图的变化。

（6）记录作用于系统及由系统完成的过程或动作。

（7）记录赋能系统的用途和属性。

（8）记录与系统及其赋能系统相关的文档和信息。

数据线程必须在全生命周期中使用某种“共同语言”才能交互。例如，在概念设计阶段，产品工程师与制造工程师必须共同创建能够共享的动态数字模型，并据此模型生成加工制造和检验等生产环节中所需要的可视化工艺、数控程序、验收程序等，不断优化产品和过程，并保持实时同步更新。数字线程能有效地评估系统在其生命周期中当前和未来的能力，在产品开发之前，通过仿真的方法提早发现系统性能缺陷，优化产品的可靠性、可制造性、质量控制，以及整个生命周期中应用模型实现可预测维护。

三、数字孪生在智能制造中的应用

CAD（计算机辅助设计）/ CAE（工程仿真）/ CAM（计算机辅助制造）/MBSE（基于模型的系统工程）等数字化技术的普遍应用表明，在研发设计领域使用数字孪生技术，能够提高产品性能，缩短研发周期，为企业带来丰厚的回报。数字孪生驱动的生产制造，能控制机床等设备的自动运行，实现高精度的数控加工和精准装配；根据加工结果和装配结果，提前给出修改建议，实现自适应、自组织的动态响应；提前预估出故障发生的位置和时间进行维护，提高流程制造的安全性和可靠性，实现智能控制。

特斯拉对每一辆售出的车都建立数字孪生体。未来，特斯拉和其他汽车公司还会继续发展自动驾驶汽车。不难想象，驾驶条件的数据（白

天 / 黑夜、天气等）、道路性质（弯道、上下坡等）和驾驶者行为，以及事故发生情况等数据都将被聚合起来进行分析，从而驱动某一型号汽车性能的提升与改善。来自单辆汽车的数据被分析后可用来微调车辆的情况。对于常规的非自动驾驶模式，除车的数字孪生模型外，还可以建立驾驶者数字孪生模型，以便在困难情况下基于特定的驾驶者行为反应，能使汽车驾驶进一步微调。在汽车的新产品开发中，公司可通过其正在运行的具有千千万万里程的汽车数据去模拟汽车性能和驾驶者反应，以评估设计改变的效果。一般地，收集产品的使用信息和用户行为及反应数据，可建立仿真模型，辅助设计决策，平衡不同设计方案的优劣，且预测市场接受的程度。总之，通过对各种情况下的车辆数据和驾驶者数据的聚集融合并进行仿真，能够驱动汽车的新产品开发或者创新设计。

数字孪生将单个专业技术集成一个数据模型，并将产品生命周期管理软件（PLM）、生产运营系统（MOM）和全集成自动化（TIA）集成在统一的数据平台下，也可以根据需要将供应商纳入平台，实现价值链数据的整合。西门子公司认为，数字孪生体是智能制造的“心脏”。在西门子的数字孪生体应用模型中，产品数字孪生、生产数字孪生和设备（性能）数字孪生形成了一个完整的解决方案体系，如图 2-16 所示。

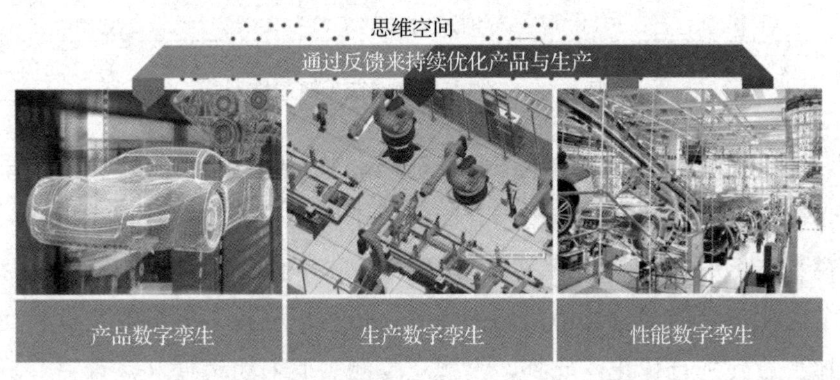

图 2-16　西门子的数字孪生（产品 + 生产 + 设备）

下面仅列举数字孪生机床在智能制造中的典型应用案例。

机床是制造业中的重要设备。随着客户对产品质量要求的提高，机床也面临着提高加工精度、减少不良率、降低能耗等严苛的要求。在欧盟领导的欧洲研究和创新计划项目中，研究人员开发了机床的数字孪生体，以优化和控制机床的加工过程。除了常规的基于模型的仿真和评估之外，研究人员使用开发的工具监控机床加工过程，并进行直接控制。采用基于模型的评估，结合监视数据，改进制造过程的性能。通过控制部件的优化来维护操作、提高能源效率、修改工艺参数，从而提高生产率，确保机床重要部件在下次维修之前都保持良好状态。图 2-17 为数控机床数字孪生概念模型。

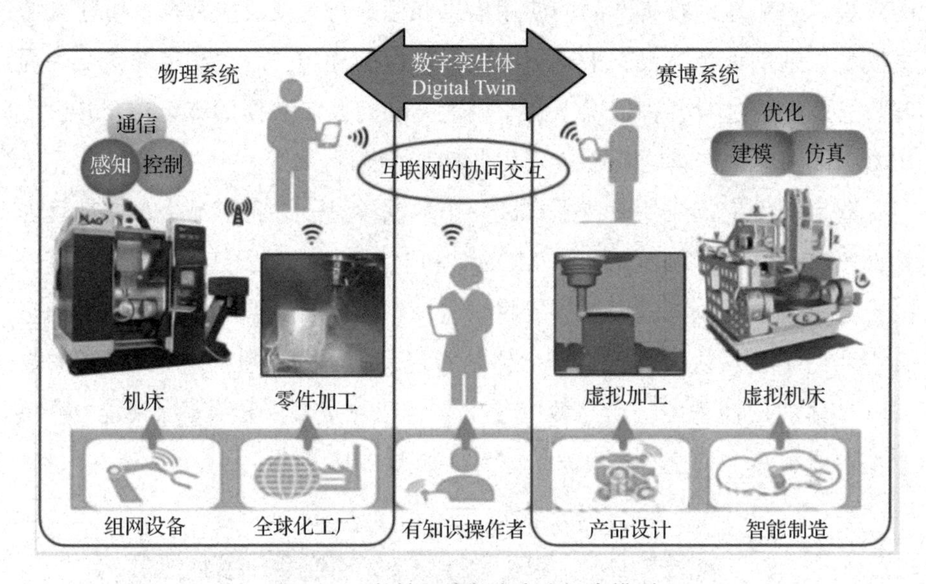

图 2-17 数控机床数字孪生概念模型

在建立机床的数字孪生体时，利用 CAD 和 CAE 技术建立了机床动力学模型、加工过程模拟模型、能源效率模型和关键部件寿命模型。这些模型能够计算材料去除率和毛边的厚度变化及预测刀具破坏的情况。除了优化刀具加工过程中的切削力外，还可以模拟刀具的稳定性，允许对加工过程进行优化。此外，模型还预测了表面粗糙度和热误差。机床数字孪生体能把这些模型和测量数据实时连接起来，为控制机床的操作提供辅助决策。机床的监控系统部署在本地系统中，同时将数据上传至云端的数据管理平台，在云平台上管理并运行这些数据。图 2-18 为数字孪生机床的液压控制系统。

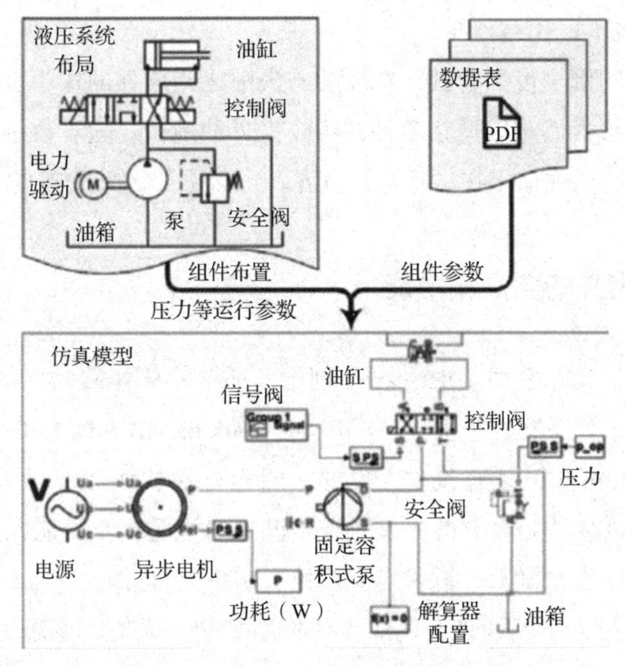

图 2-18　数字孪生机床的液压控制系统

第四节　软件定义

2012 年 8 月 5 日，“好奇号”火星探测器进入火星大气层，在 7 分钟内自行将时速从约 2 万千米骤降至零并成功着陆。这一切成功的背后在于“好奇号”9 万个零件被制造出来之前，已在计算机上完成了设计、模拟、仿真和验证全过程，而着陆过程是在火星极端环境下、基于 8000 次虚拟仿真、在 50 万行软件代码操纵下实现的最佳方案。

特斯拉官网有这样的描述：“ Tesla 车辆会定期通过 Wi-Fi 网络接收空中软件更新，不断增加新功能并完善现有功能。当有可用更新时，车辆的中央触摸屏将会显示通知。您可选择立即安装更新，或指定时间稍后安装。”“通过 OTA（空中下载技术）空中软件更新，车辆可以不断增加新功能并完善现有功能，让您的爱车随着时间的推移变得更安全、更强大。”特斯拉在软件定义的汽车（Software Defined Vehicle，SDV）商品化路上的确领先了一步。

从上面的例子可以看到，在成功与失败之间软件的作用多么重要。然而，这些例子依然难以概括软件在当今世界的地位。随着数字—智能技术的快速发展，软件似乎在“定义”世界，当然也“定义”制造。

一、软件定义的含义和功能

2011 年，网景公司（Netscape）创始人马克·安德森（Marc Andreessen）率先发声：软件正在吞噬世界（Software Eats the World）！ C++ 语言发明者 Bjarne Stroustrup 也曾说“人类的文明运行在软件之上”。的确，数字比特的海洋（软件）似乎正在成为当今世界的主题。当智能无处不在，软件一定无所不在。随后，软件定义网络（SDN）、软件定义存储（SDS）等新理念和新技术不断涌现，商业步伐不断加快。人们需要思考一个问题：在万物互联（IoE）时代，当越来越多的产品成为智能产品的时候，“软件定义”的理念是否会从 IT 产品走向工业品？ IT 产业的竞争规则是否会延伸到制造领域？我们反复思考的问题是，什么是软件？软件的本质是什么？软件如何支撑和定义制造业？说软件定义制造，肯定不是指扳手、螺丝刀都是软件定义的，也并非说设备和工艺不再重要。无论数字—智能技术多么先进，基本的工艺和装备永远是重要的，因为产品要靠它们生产出来；人也是最重要的，甚至某些传统的手工工艺也未必都能去掉。之所以说软件定义制造，不只是因为制造中要用到很多软件，而是软件在制造中的作用越来越关键，软件越来越能体现产品和企业的竞争力。只要我们略微细察，软件的确已经渗透到制造业的方方面面，且成为制造业的核心能力。图 2-19 为软件支撑智能制造示意图。

一部 300 多年的工业革命发展历史，就是一部人类社会如何创造新工具，更好地开发资源、不断地解放自己的发展史。第四次工业革命推动了人类生产工具从能量转换工具到知识和智能工具的演进，从开发自然资源到开发信息资源的拓展，从解放人类体力到解放人类脑力的跨越。其背后的逻辑在于构建一套赛博—实体空间的闭环赋能体系：物质世界运行—人类认知世界—认知知识化—知识模型化—模型算法化—算法代码化—代码软件化—软件优化世界和创新物质世界运行，如图 2-20 所示。

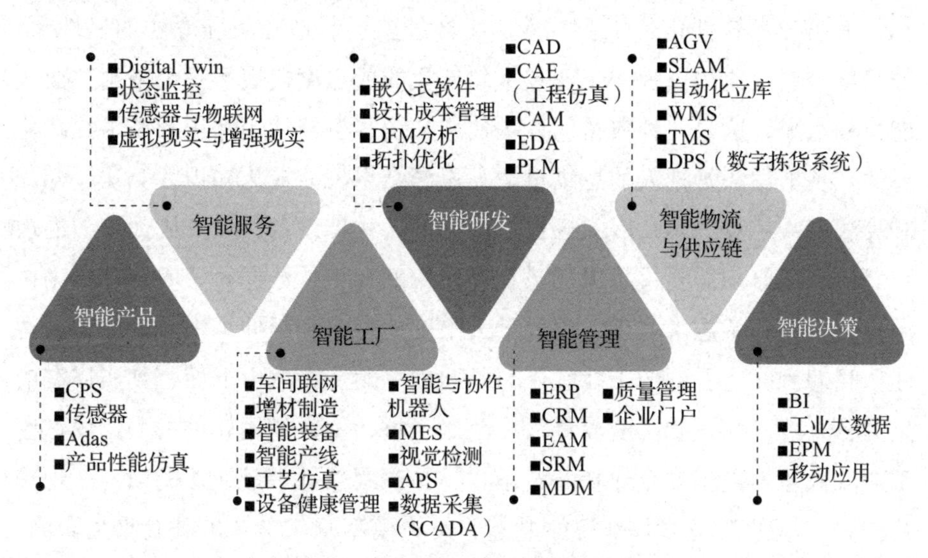

图 2-19　软件支撑智能制造示意图

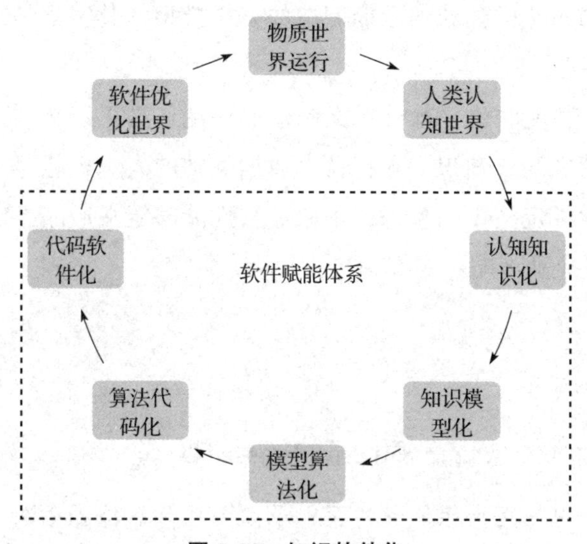

图 2-20　知识软件化

如何对工业化进程中的海量工业知识进行提炼、沉淀、积累和复用，一直是衡量一个国家工业化发展水平的重要标志之一。中国如何获得海量的工业技术与知识，则是一个关乎整个工业发展的重大问题。因此，“工业技术软件化”作为工信部倡导的一个重要工程被提出，同时组建产学研一体化的“工业技术软件化联盟”学术组织。

工业技术软件化是工业技术、工艺经验、制造知识和方法的显性化、数字化和系统化的过程。工业技术软件化的成熟度代表了一个国家工业化能力和水平，这是一种典型的人类使用知识和机器使用知识的技术泛在化过程。基本做法是把人的思维过程与思考结果沉淀成为知识和算法，知识和算法嵌入芯片，芯片嵌入硬件，硬件嵌入物理设备。软件成为知识的最佳载体，把原本需要人思考的过程和使用的知识、数据等录入计算机，按照人的思路和意志来处理，由此最大限度地存储和延伸了人类的知识与智能。我们目前能看到的工业软件只是冰山一角。在冰山下面，其实还有大量的自有技术知识和工业软件没有公之于世，不在商用软件之列。而这些工业软件才是真正的企业核心竞争力，是通用软件中最缺乏的内容。现在德国、美国的工业发展（智能制造）架构模型从工业 4.0 到工业互联网，都属于“功能导向”。因为不管用什么维度来展现、用什么尺度来衡量，看似模式不同、花样翻新的智能制造的架构模型，其实都是在提供“以功能为核心的服务”。

在数字—智能时代，软件定义制造的内涵：真正定义制造的是软件中所沉淀的人的经验、知识、才智及由数据驱动的人工智能等。企业应该建立强烈的“软件定义”的意识，争取让软件能够定义产品、定义质量、定义性能、定义企业战略、定义市场……

创新视点 3

西门子的华丽超越

在制造业中一直叱咤风云的西门子如今已赫然位居全球十大软件公司之列，也是最大的工业软件公司之一。看看西门子的软件历程。

2007 年，西门子斥资 35 亿美金，购买了年利润仅为 1.1 亿美金的 UGS 公司。通过结合西门子在实体领域的自动化及 UGS 在虚拟领域的 PLM（产品生命周期）软件方面的专业知识，西门子成为全球唯一一家能够在客户的整个生产流程中为其提供集成化软件和硬件解决方案的公司。

2008年，西门子收购德国的Innotec，其主要功能是厂房布局规划及实际工厂的运行模拟。

2009年，西门子收购MES厂商Elan Software Systems公司。

2010年，西门子整合Simatic IT。

2011年，西门子收购拥有领先的复合材料分析工具的Fibersim Vistagy公司。

2012年，西门子收购质量管理软件厂商IBS AG公司。

2012年，西门子收购产品成本管理解决方案公司Perfect Costing Solutions GmbH。

2012年，西门子收购Kineo CAM，其解决方案可通过优化运动、避免碰撞和规划路径等功能，帮助不同行业的客户实现生产效率最大化。

2012年，西门子收购VR Context International S.A.，提供3D仿真可视化浸入式虚拟现实（VR）来实现人机的交互。

2013年，西门子收购LMS——唯一一家能够同时提供机电仿真软件、测试系统及工程咨询服务的解决方案提供商。

2013年，西门子收购TESIS PLMware，其解决方案主要是实现SAP/Oracle和TC的无缝链接。

2013年6月，西门子并购英国APS厂商Preactor。

2014年，西门子发布“2020公司愿景”，明确了专注于电气化、自动化和数字化增长领域，成立数字化工厂集团，加大了对工业云和工业大数据的投入。

2014年，西门子收购美国Camstar，其特色在于大数据分析能力。

2014年年底，西门子搭建跨业务新数字化服务平台Sinalytics。

2015年6月，Omneo PA大数据分析软件被正式推出，拉开了西门子大数据与云服务的大幕。

2016年，西门子收购CD Adapco——在流体分析等领域有独到竞争优势的CAE软件供应商。

2016 年 1 月，西门子收购 Polarion 公司，旨在增强对系统驱动的产品开发过程的支持。

2016 年 8 月，西门子收购英国 3D 打印工业组件开发商 Materials Solutions。

2016 年 11 月，西门子收购 Mentor Graphics（美国公司）——EDA 三大巨头之一，扩展其现有的工业软件产品组合，提升西门子的数字化制造能力。

当然，在大力布局软件的同时，西门子也在一步步剥离非核心的硬件业务，不断瘦身。

蓦然回首，不知不觉之间西门子已经华丽转身。目前西门子的软件实力已经涵盖设计、分析、制造、数据管理、机器人自动化、检测、逆向工程、云计算和大数据等领域，全面发掘包括制造业在内的数字化发展潜力，集成目前最先进的生产管理系统及生产过程软件和硬件，如产品生命周期（PLM）软件、制造执行系统（MES）软件及全集成自动化（TIA）技术。

软件使西门子华丽超越！

资料来源：作者根据多方资料汇编。

二、软件定义产品功能和性能

软件定义产品功能和性能主要体现在以下三个方面。

1. 软件定义产品的功能

在电子产品功能发展演进的历史进程中，软件日益成为产品功能构成的核心要素。在过去的 60 多年，计算设备每 10 年都会开发出新的产品形态，从大型机、小型机、微型机、笔记本、智能手机一直到智能穿戴，伴随着硬件性能的持续提升，软件版本的升级即产品功能的演进，操作系统定义了不同时代计算机的基本功能。传统功能手机向智能演进的标志是构建一个新的基于移动互联网的操作系统，一部智能手机的功能是否强大更多取决于 App 是否丰富：从社交游戏到商务旅游，从电子商务到音乐娱乐，从办公系统到视频会议，无所不及。对许多电子产品而言，软件功能即产品功能。

2. 软件增强产品性能

与软件直接定义计算、网络、存储等电子产品功能不同，软件与传感器、芯片、网络等技术一起持续提升传统产品的效能。在装备制造领域，数控机床在过去的60多年经历了六代产品的演进更替，而数控系统在提升产品效能方面的作用不断加强，数控系统的算法直接决定了数控机床的效能。在军工设备领域，飞机早已成为超级复杂的计算系统：美国的F22战斗机机载软件有200多万行代码，F35机载软件拥有高达900万行代码，每次飞行都是一次数亿行软件代码支撑的复杂计算过程。从这个角度来讲，飞机的战斗力越来越依赖于软件的性能。在医疗设备领域，CT机等大型医疗设备对病灶的识别精确度主要取决于软件的图像识别和数据处理能力，全球CT机的竞争核心是算法、软件的竞争。

3. 软件拓展产品边界

产品智能化的过程是传统功能边界不断拓展的过程，也是软件支撑能力不断提升的过程。德国工业4.0平台的科学顾问委员会主席海纳·安德尔认为，工业4.0的基础是嵌入式系统、传感器、执行系统，集成为可以被识别、定位、交互、优化的产品及信息物理系统。这种万物互联的新架构释放了产品的潜能，从航空发动机、汽车、工程机械等复杂的产品，到智能水杯、智能牙刷等日常消费品，都可以从万物互联的云世界汲取营养，促使产品自我进化和演进，使产品功能的边界不断拓展。

伴随信息通信技术的创新和扩散，产品的发展将具备软件版本的特征。这个进程具有三个基本特征：普适性、渐进性和系统性。普适性意味着从长期来看所有的产品都将是智能互联产品；渐进性意味着产品的智能化是一个不断升级的过程，只有起点，没有终点；系统性意味着产品功能部件、智能部件与连接部件日益融合为一个有机整体。

我们不妨从汽车说起。

2019 年 1 月，大众公司 CEO Herbert Diess 博士在达沃斯“世界经济论坛年会”上说：“在不远的将来，汽车将成为一个软件产品，大众也将会成为一家软件驱动的公司。”

1976 年汽车开始装入软件，20 世纪 90 年代中期计算机迅速地用于汽车中。到 2006 年，宝马（BMW）7 系列汽车上有 270 个与用户交互的功能部署在 67 个嵌入式平台上，软件二进制代码有 65 兆之多。汽车是一个具有大众化、使用灵活多变、批产和车型分散等特性的领域。具体表现在以下几个方面：①不同的用户（包括司机、乘客、保养人员）具有广泛的要求；②车辆和使用人员会提出特定的维护场景；③用户越有钱，对关键功能和舒适程度的要求越高；④从城市、乡村道路到野外，对系统的运行环境具有不同的特殊要求，期望汽车中的软件能自动适应；⑤功能的多样性，从嵌入式实时控制到信息娱乐，从舒适功能到辅助驾驶，从能源管理到软件下载功能，从安全气囊到自动诊断和错误日志等。

汽车软件的复杂性、广泛性，以及对环境的适应性需求越来越大，导致了汽车对软件工程具有特殊的要求，其主要体现在以下几个方面。

（1）多媒体、信息通信、人机界面（HMI）：这类系统一般是软实时的，并能够通过事件离散或数据处理与车外的 IT 系统交换信息。

（2）人体 / 舒适软件：由控制程序主导的典型软实时、时间离散处理。

（3）安全电子系统的软件：硬实时的、基于事件离散的、严格的安全要求。

（4）动力传动系统和底盘控制软件：硬实时的、控制算法主导的离散的事件处理。

（5）基础软件：软实时和硬实时，基于事件的软件，对车辆的整个 IT 系统进行管理，如诊断软件或软件升级系统等。时至今日，汽车的车载软件已经日渐增多。

随着智能互联、自动驾驶、电动汽车及共享出行的发展，软件、计算能力和先进传感器正逐步取代发动机的统治地位。与此同时，这些电子系统的复杂性也在提高，以当今汽车包含的软件源代码行数（SLOC）为例，2010 年主流车型的 SLOC 约为 1000 万行，到 2016 年达到了 1.5 亿行左右。软件在D级车（或大型乘用车）的整车价值中占10%左右，预计将以每年11%的速度增长，到2030年将占整车内容的30%。数字化汽车价值链上的所有企业均在尝试从软件和电子技术带来的创新中获利，如图2-21所示。

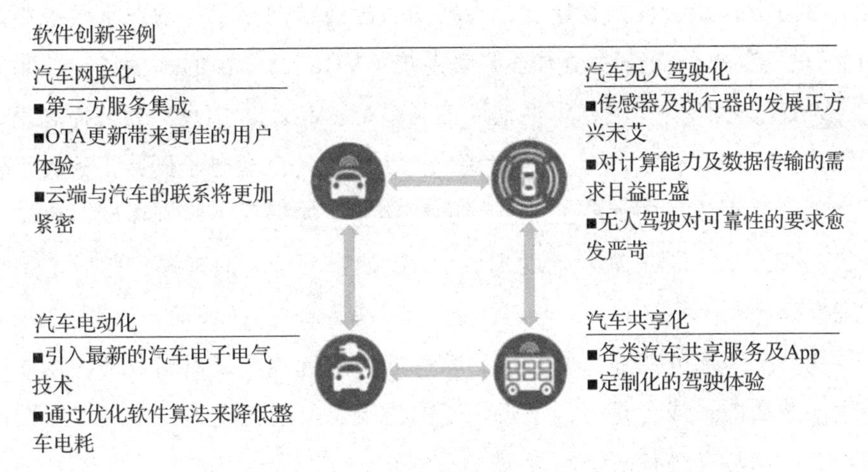

图2-21　软件推动汽车行业创新

软件公司和其他数字技术企业正在从目前的二级、三级供应商逐步成为整车汽车企业的一级供应商。它们超越了功能和应用程序App的范围，进一步涉足操作系统，加深在汽车“技术栈”中的参与度。同时，传统的汽车电子系统一级供应商正在大胆杀入IT巨头所在的功能与应用程序领域。

技术在发展，人们对汽车功能和性能的追求似乎没有止境。近些年来，汽车行业对自动驾驶乃至无人驾驶的探索即是如此。

自动驾驶及无人驾驶给汽车增加了诸多新的功能，几乎所有的新功能都是靠软件“定义”的。尽管功能的执行需要硬件，但决策靠软件，正是在此意义上，软件定义了那些新功能。如一个自适应巡航系统，汽车需要根据前车位置和速度来决定自己的跟车速度，以及要不要切换跟车目标，其决策过程就是逻辑判断，都要依靠软件。现在汽车中一般都有电子控制单元（ECU），被有些人称之为“行车电脑”，其用途就是控制汽车的行驶状态及实现其各种功能。电子控制单元主要利用各种传感器、总线的数据采集与交换，判断车辆状态及司机的意图，并通过执行器来操控汽车。电子控制单元中又有很多软件系统：发动机管理系统（EMS）主要控制发动机的喷油、点火、扭矩分配等功能；自动变速箱控制单元（TCU）常用于某些自动变速器中，根据车辆的驾驶状态采用不同的档位策略；用于稳定控制的系统，如博士公司的车身电子稳定控制系统（ESP）（可以使车辆在各种状态下保持最佳的稳定性，在转向过度或转向不足的情况下效果更加明显），日产的车辆行驶动力学调整系统（VDC），丰田的车辆稳定控制系统（VSC），本田的车辆稳定性辅助控制系统（VSA），宝马的动态控制稳定控制系统（DSC），等等。不难看到，这个时代的汽车电子创新多数属于软件创新。至于汽车中那些五花八门的新功能，如娱乐、语音控制、汽车与手机的交互、远程解锁、辅助驾驶、AR 导航、自动泊车等，背后全是软件在支撑。

从汽车的部分功能可以看出，软件的作用远不只是提高效率，还能够产生新的功能，或者是行为逻辑判断的决策者。因此说软件定义了汽车的新功能，则是言之有据了。

三、软件定义加工生产

加工生产当然是最具"制造"特征的过程，也就是把原材料转换成有用物品的基本物理或化学过程。在智能工厂中，加工和生产的控制也是靠软件的。

1. 软件定义加工

说到加工，离不开工作母机（机床），定义加工的软件自然多与机床相关。互联网、大数据、云计算、物联网等新一代信息技术也为机床智能化、加工智能化提供了重大机遇。智能机床是利用自主感知获取与机床、加工、工况、环境有关的信息，通过自主学习与建模生成知识，并能应用这些知识进行自主优化与决策，完成自主控制与执行，实现加工制造过程的优质、高效、安全、可靠和低耗的多目标优化运行，如图 2-22 所示。

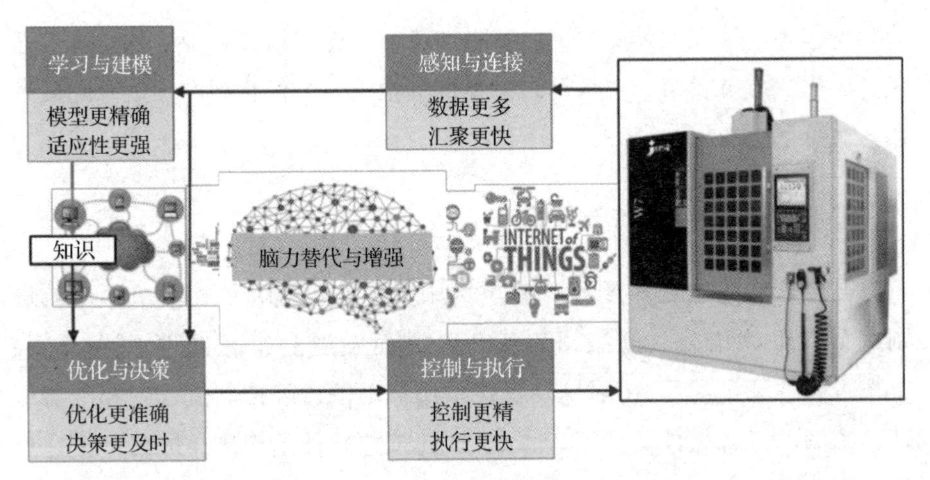

图 2-22　智能机床

智能机床中的几大模块，如感知与连接、学习与建模、优化与决策、控制与执行，其关键都在于软件。以工艺参数优化为例，工艺参数影响着零件的加工质量、效率、机床和刀具等制造资源的寿命等。如利用数控加工过程数据，建立机床的工艺系统响应模型，验证基于大数据的加工工艺知识学习、积累与运用方法的可行性与有效性。其具体过程为：以 BP 神经网络作为描述该机床工艺系统响应规律的模型，模型的输入端为切削深度、切削半径、材料去除量、进给速度、切削线速度五个工艺参数，输出端为主轴功率，如图 2-23 所示。

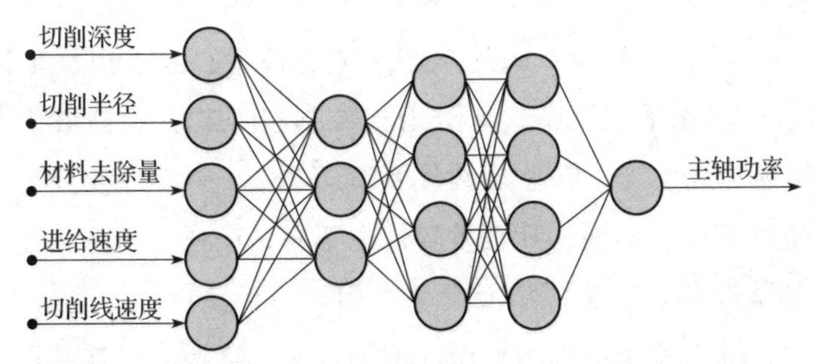

图 2-23　表征工艺参数—主轴功率响应的 BP 神经网络模型

选择改型机床实际生产常见的零件进行加工，记录加工时的指令域大数据。从其中的主轴功率数据中分离出稳态数据作为神经网络的输出端训练样本，生长出一个仿真该机床车削主轴功率的模型。新的加工零件（形状和工艺参数都不同的零件）在实际加工前，先在该模型中进行仿真、迭代、优化。结果表明，在满足约束条件的情况下，优化后的加工时间较优化前缩短了 27.8%。

2. 工控软件定义工业过程控制

工控软件的出现伴随计算机技术用于工业控制开始，经历了用二进制编码、汇编语言、高级语言编程，进而发展到组态软件（Configure Software），至今天用 AutoCAD 直接采用标准的过程控制流程图和电器原理系统图的组态软件。采用 AutoCAD 的工控软件是直接在屏幕上设计过程控制流程图和电气原理系统图，然后由计算机自动生成执行程序，这样就不要求控制工程师有很多计算机软件编程的知识和技巧，甚至可以说不需要以前严格意义上的软件设计工作，就可以完成工控软件的开发。这不仅使工控软件开发的质量和效率大大提高，而且可以使控制工程师无须将大量的精力和时间耗费在烦琐的编程工作中，而是把更多的注意力放在控制策略和工厂自动化的需求分析和研究中。尽管当前许多自动化系统的工控软件还是采用文本或专用图形的组态方式，但无疑采用 AutoCAD 的工控软件将成为工控软件的主流。

以前，绝大多数工控软件是由各自动化系统设备制造商针对其特定的硬软件环境下开发的。

在一个工厂中有各种不同的生产工艺和设备，要求根据不同的对象选用不同的自动化系统设备，如可编程控制器（PLC）、分散型控制系统（DCS）、现场总线系统（FCS）、数控系统（CNC）等。即使同类的自动化系统，设备制造厂商不同，其工控软件也不同，往往一个部门或一个人要同时了解和掌握几种本质或功能都基本相同的工控软件，这给用户购买、集成、开发、维护带来极大的不便，增加了人力资源的消耗和投资。能否在大家熟悉的 Windows 操作系统下开发出一种不受硬件制约、适用于广泛的自动化系统设备的工控软件？这样对用户来说只需要熟悉一种或少数几种工控软件，于是软 PLC、软 DCS 的思想和产品就诞生了。20 世纪 90 年代以 Wonderwue 公司的 InTouch 为代表的人机界面可视化软件开创了在

Windows 下运行的工控软件的先例，到今天已发展成为能提供从工厂底层操作人员开始的自下而上的工厂信息系统。归纳起来，工控软件的发展方向有如下特点。

（1）集顺控、模拟量调节、计算功能为一体。

（2）全面采用 AutoCAD 编程技术。

（3）工控软件与工厂信息化有机结合。

（4）工控软件的通用性。

四、软件定义市场

1. 软件和互联网定义市场

在 20 世纪末，从小就喜欢科学、动手能力极强的年轻人杰夫·贝佐斯（Jeff Bezos）在车库里创造了亚马逊公司（Amazon）。1986 年，贝佐斯从美国名校普林斯顿大学（Princeton University）毕业，很快就进入纽约一家新成立的高科技公司。两年后，贝佐斯跳槽到一家纽约银行信托公司，管理价值 2500 亿美元资产的计算机系统，25 岁时便成为这家银行信托公司有史以来最年轻的副总裁。1994 年，在一次上网冲浪时，贝佐斯偶然进入一个网站，看到一个数字——2300%，这是每年互联网使用人数的增长速度。贝佐斯看到这个数字后眼里放光，希望自己做网络浪尖上的弄潮儿，几周后他便踏上了创业之路。

在公司起步阶段，为了让亚马逊在传统书店如林的市场中站稳脚跟，贝佐斯花了一年时间建立网站和数据库。同时对网络界面进行了人性化的改造，给客户舒适的视觉效果、方便的选取服务。当然，还有 110 万册的可选书目。而在设立数据库方面，他更是小心谨慎，仅软件测试就用了三个月。

时间证明了贝佐斯的正确做法彻底颠覆了原来的市场。这个案例体现了软件的力量：网站和数据库的建立要靠软件；网络界面的人性化、舒适的视觉效果靠软件实现；方便的选取服务靠软件体现……软件的这些作用定义了公司被客户接受的程度。

2. 软件定义定制市场

只要看看手机市场，就能明白 App 的作用。安装在智能手机上的 App 软件，能够完善原始系统的不足与个性化，使手机功能更丰富，为用户提供更好的使用体验。现在世界主要的手机操作系统有苹果公司的 iOS 和谷歌公司的 Android（安卓）系统，它们都有各自的 App 生态。2019 年 App Store 的年度用户总支出达到了创纪录的 542 亿美元，比 2018 年的 466 亿美元增长了 16.3%，足见 App 形成的市场之大。可以想象，仅有好的手机硬件系统，而没有形成好的 App 应用生态，是很难在手机市场中立足的。这就是苹果、谷歌等非常重视 App 应用生态的原因所在。

对于一些细分领域的市场，App 的作用也非常重要。2016 年 5 月，谷歌在 I/O 开发人员会议上发布 Awareness API 技术。2017 年 2 月 6 日，谷歌的开发团队宣布引入 Snapshot API 技术。这款技术能够追踪和收集用户的日常活动信息，包括到访地点、餐厅甚至天气。Coded Couture 也采用了这项高科技实现功能，能通过研究用户的生活方式和日常活动等信息，定制出个人专属的裙装。用户可以自由选择服装的材质、颜色、装饰和廓形及穿衣场合等。谷歌与 Ivyrevel 团队花了一年多的时间开发这款应用程序。在此之前，从未有公司真正实现服装领域类似形式的数字化定制，通过数据分析将用户的个性和偏好植入服装设计过程中，这在整个时尚行业都是独一无二的。这款基于安卓系统的应用程序命名为“数字高级时装定制”，通过谷歌的 Awareness API 和 Snapshot API 进行数据追踪。App 的应用对于扩大时装市场显然有相当大的作用。

3. 软件定义用户体验

很多产品都有人机交互界面，这种情况下界面设计在很大程度上“定义”了用户体验的优劣。用户体验是指用户在与系统交互时的感觉，是产品在真实生活中的行为和被用户使用的方式。Twitter 界面设计师这样描述自己：“我不是网页设计师，而是用户体验设计师。”什么是软件产品的灵魂？用户体验就是产品的灵魂，是产品的最终评判者。被用户认可是一款软件成功的最基本条件。无论对于个人级还是行业级的产品，其灵魂就是价值和品质。例如，面向少年儿童的网站要考虑是否有趣和引人入胜，是否富有启发性；面向年轻人的网站要考虑是否有时尚感和趣味性，是否有美感和愉悦感。人类通过感知系统、认知系统和反应系统进行信息处理并做出行动。再如，在界面设计时应考虑感知系统的特点，图形界面应尽量减少用户不必要的眼球移动，设计易于浏览的格式和布局等。良好的设计应尽量减少用户反应系统的负荷，如减少鼠标和键盘间的过多切换等。

以用户为中心的设计（UCD）是在设计过程中以用户体验为设计与决策中心，强调用户优先的设计模式。交互设计大师比尔·莫格里奇（Bill Moggridge）曾阐释：技术不是交互设计的本质，使用者在交互过程中获取的情感体验更为重要。理解用户的情绪和情感，对于创造和再现用户体验是必要的。情感呵护体验层面是指用户使用完软件界面后，对使用经历产生的美好回忆、满意度、品牌印象、价值认同感等情感因素。情感化界面设计的目标是“使人愉悦”，这是设计情感的思想价值所在。

情感化界面设计的一个重要概念是视觉思维。美国格式塔心理学美学代表人物鲁道夫·阿恩海姆（Rudolf Arnheim）在《视觉思维》（*What is Visual Thinking*）一书中提出了视觉思维理论。他认为，任何一种思维活动都能从知觉活动中找到。视觉思维也称为审美直觉心理学，它在设计中的作用如下。

（1）视觉思维引导信息获取。在复杂的环境中，视觉思维引导人类通过最短路径进行有效信息的选择和获取。如果界面中的信息元素搭配不当，会使用户产生错误的视觉意象，产生视觉思维误导。所以，如果界面中加入过多的视觉信息元素，信息呈现没有主次，使用户难以对信息进行准确选择，将会导致思维中断。

（2）视觉思维促使意象的形成。人类通过短暂的视觉记忆，对视觉选择后的有效信息进行信息关联，形成有助于理解信息的意象。例如，看到“文房四宝”四个字，脑海中就会呈现笔、墨、纸、砚的形象。

（3）视觉思维启发用户联想与想象。人类能够凭借视觉感知和生活经验，对形成的视觉意象进行分析、简化、概括、加工、整理、联想与想象。

软件界面也是通过视觉元素组合，如文字、造型、色彩、材质等，来向用户传递设计理念和情感。如果设计中能融入用户渴望的情感，就能从视觉情感方面吸引用户，这个设计也就有了生命。美好的界面设计体现的是软件工作者的心境高度，唤醒的是人们从内到外的美好感觉，是软件工作者与用户超时空的心灵契合与心灵对话。

五、工业 App

提到 App，很多人马上会想到智能手机发明之后移动 App 的爆发性发展态势。因为免费或费用低廉、操作简便，App 很受欢迎，亦随之成为应用软件发展的一种新形态。这类 App 与工业 App 不是一个概念，即使后者也可能有移动版本。工业 App 是软件，又不是软件。说它是软件，因为它是工业技术和知识的软件（或数字化的）表现形式；说它不是软件，因为它的主要开发者不是软件工程师，而是“工业人”，其主要依赖的不是软件技术，而是“工业人”的专业知识和经验（Know-How）。相对于传统工业软件，工业 App 具有轻量化、定制化、专用化、灵活和复用的特点。用户复用工业 App 而被快速赋能，机器复用工业 App 而快速优化，工业企业复用工业 App 实现对制造资源的优化配置，从而创造和保持竞争优势。

工业 App 的出现促进了工业技术沉淀、传播和应用效率的极大提升。目前，知识的形成方式有两种。一种是大量的工业知识靠人形成，保存在人脑、图文文献等载体中。这种方式不利于传承，不利于持续改进，不利于知识管理。要解决这些问题，不仅要把人脑中的隐性知识外化为显性知识，还要将知识标准化、代码化，固化在软件中。另一种是大量的知识隐藏在数据之中，需要通过统计、分析、机器学习等方法对现有的工业大数据进行分析与挖掘，找到故障模式、缺陷特征、最佳工艺参数等，将其固化在软件中。封装了工业知识的工业 App，对人和机器快速高效赋能，突破了知识应用对人脑和人体所在时空的限制，最终直接驱动工业设备及工业业务，在赛博空间（Cyber Space）形成强大数字劳动力，机器替代人使用知识，极大地促进了社会生产力的发展。图 2-24 为工业技术应用范式的升级过程。

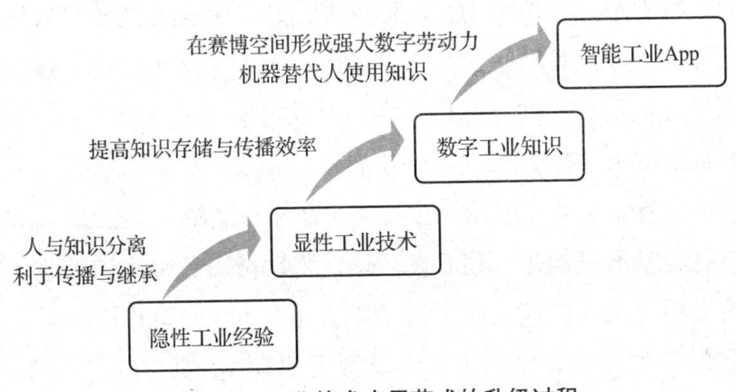

图 2-24 工业技术应用范式的升级过程

工业 App 基于工业互联网平台和传统工业软件而发展。传统工业软件正在加快云化改造迁移，实现工具平台化。工业 App 同时向工业互联网平台发展，最终都将汇聚于工业互联网平台。传统工业软件即 CAX、ERP、MES、项目管理等研发设计工具、运营管理软件和组织协同软件及嵌入式软件。人们利用 CAX、ERP、MES、PLM、PDM 等工具平台或引擎，生成、管理、复用工业知识，包括工业机理、模型知识、工艺知识等，以及关于如何使用这些工具的知识。工业 App 在传统工业软件的基础上，实现工业知识的封装、共享、交易和复用。

工业互联网带来工业数据的爆发式增长，大数据与机器学习方法正在成为工业互联网平台的标准配置。工业 App 可由工业大数据驱动，调用大数据与机器学习微服务或能力，替代人工积累经验，并自动发现知识，实现自诊断、预测与优化、决策支持。

工业 App 可采用微服务架构实现灵活构建。微服务是一个新兴的软件架构，就是把一个应用程序分解为功能粒度更小、完全独立的微服务组件，这使它们拥有更高的敏捷性、可伸缩性和可用性。工业 App 可采用微服务技术，并通过工业互联网平台实现网络化调用，形成了一种可重复使用的微服务组件，推动工业技术、经验、知识和最佳实践的模型化、软件化与再封装。基于微服务架构松耦合、易开发、易部署、易扩展等特点，工业 App 可以实现灵活组态、持续更新和快速部署，从而发展成工业软件的新阶段。

工业互联网平台定位于工业操作系统，是工业 App 的重要载体，工业 App 则支撑了工业互联网平台智能化应用。缺乏工业 App 的工业互联网平台就如同缺乏应用程序的计算机一样。很难想象让人使用一台没有应用程序的计算机来解决一些实际问题会怎样。

从长远来看，工业互联网平台将为工业操作系统提供工业 App 等工业应用的支撑，其通过构建应用开发环境，借助微服务组件和工业应用开发工具，帮助用户快速构建定制化的工业 App。不管是过程驱动类工业 App 建模需要的各种专业领域引擎，还是数据驱动类工业 App 的数据建模引擎，都通过工业互联网平台来提供。工业 App 通过工业互联网平台这个工业操作系统，实现工业资源的调用以完成各种应用。工业 App 在工业互联网平台上运行，产生了大数据，随后对大数据进行机器学习和深度学习，最后数据经过提炼、抽取、处理、归纳后形成了数字化的工业知识，最终进一步完善工业 App。

工业 App 是实现工业互联网平台价值的最终出口。其面向特定工业应用场景，推动工业技术、经验、知识和最佳实践的模型化、软件化和封装，形成海量工业 App；用户通过对工业 App 的调用实现对特定资源的优化配置。工业 App 基于工业互联网平台，进行共建、共享和网络化运营，支撑制造业智能研发、智能生产和智能服务，如图 2-25 所示。

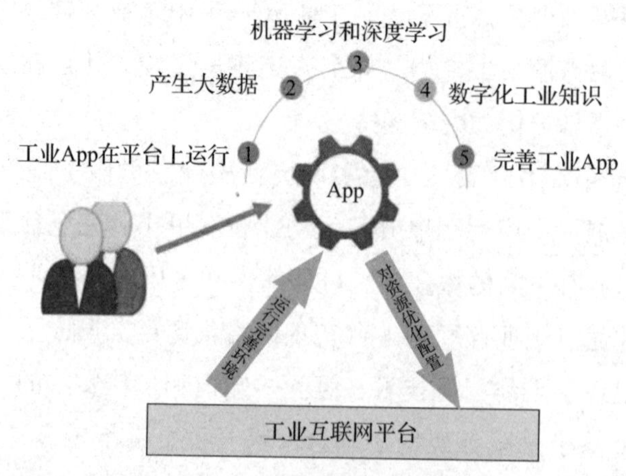

图 2-25　工业 App 与工业互联网平台

第五节　智能控制与云机器人

一、智能控制的发展与特点

20世纪40年代以来，控制科学的理论和技术得到了迅速的发展，经典的控制理论主要研究单变量系统，且一般是单输入输出。60年代以后，由于电子计算机技术的发展和生产发展的需要，现代控制理论得到重大发展。至此，被控对象的研究转向多输入、多输出的多变量系统，分析的数学模型主要采用状态空间描述法。近年来，由于航天航空、机器人、高精度加工等技术的发展，一方面，系统的复杂程度越来越高，另一方面，面对控制的要求也日趋多样化和精确化，原有的控制理论难以解决复杂系统的控制问题，尤其是面对模型不确定、非线性程度高、任务复杂的被控对象，传统的控制方法往往难以奏效。传统的控制方法存在以下几点局限性。

（1）缺乏适应性，无法应对大范围的参数调整和结构变化。

（2）需要基于控制对象建立精确的数学模型。

（3）系统输入信息模式单一，信息处理能力不足。

（4）缺乏学习能力。

智能控制是控制理论与人工智能的交叉结果，是经典控制理论在现代的进一步发展，其解决问题的能力和适应性相较于经典控制方法有显著提高。由于智能控制是一门新兴学科，正处于发展阶段，因此尚无统一的定义，存在多种描述形式。美国IEEE（电气和电子工程师协会）将智能控制归纳为：智能控制必须具有模拟人类学习和自适应的能力。中南大学的蔡自兴教授认为，智能控制是一类能独立地驱动智能机器实现其目标的自动控制，智能机器是能在各类环境中自主地或交互地执行各种拟人任务的机器。

1967年，美国的学者门德尔（J.M.Mendel）首先提出智能控制（IC）这一术语。1971年，普渡大学美籍华人傅京逊（K.S.Fu）教授从发展学习控制的角度首次正式提出智能控制的概念，即二元论。傅京逊把智能控制归纳为自动控制（AC）和人工智能（AI）的交集，它主要强调人工智能中“智能”的概念与自动控制的结合，即

$$IC=AC \cap AI$$

1977年，美国学者萨里迪斯（G.M.Saridis）在此基础上引入运筹学（OR），从机器智能的角度出发，扩展了傅京逊的二元理论，并提出了三元论的智能控制概念，即

$$IC=AI \cap AC \cap OR$$

1996年，蔡自兴教授把信息论（IT）引入智能控制学科结构，在国际上率先提出了如图2-26所示的智能控制四元交集结构理论，即

$$IC=AI \cap AC \cap OR \cap IT$$

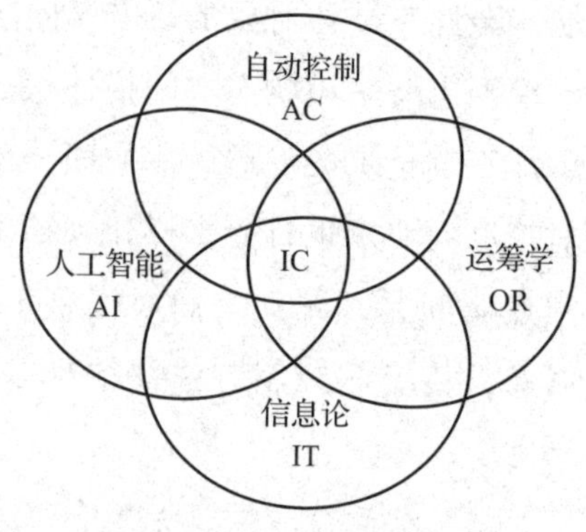

图2-26　基于四元论的智能控制

智能控制将控制理论和人工智能技术相结合，其系统主要有以下特点。

（1）智能控制系统能有效利用拟人的控制策略和被控制对象及环境信息，实现对复杂系统的有效全局控制，具有较强的容错能力和广泛的适应性。

（2）智能控制系统具有混合控制特点，既包括数学模型，也包含以知识表示的非数学广义模型，实现定性决策与定量控制相结合的多模态控制方式。

（3）智能控制系统具有自适应、自组织、自学习、自诊断和自修复功能，能从系统的功能和整体优化的角度分析和综合系统，以实现预定的目标。

（4）智能体具有非线性和变结构的特点，能进行多目标优化。这些特点使智能控制相较于传统控制方法，更适用于解决含不确定性、模糊性、时变性、复杂性和不完全性的系统控制问题。

二、智能控制的关键技术

1. 专家控制

传统控制系统排斥人的干预，控制器在面对被控对象、环境发生变化时缺乏应变能力。此外，复杂的被控对象会导致建模的困难。20 世纪 80 年代，人工智能领域专家系统的思想被引入控制系统中，与控制学科结合产生了专家控制。1986 年，瑞典学者 Karl Astrom 首先提出了专家控制的概念，成为一种重要的智能控制方法。与专家系统相比，专家控制对可靠性和抗干扰性有更高的要求，而且要求在线反馈信息。

专家控制又称专家智能控制，其控制系统一般由以下几部分组成，结构如图 2-27 所示。

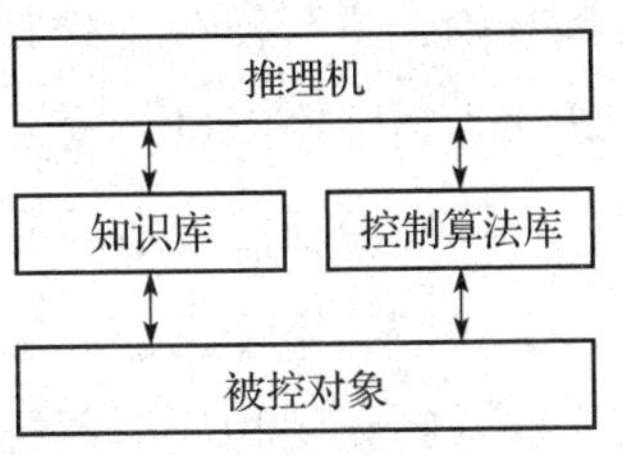

图 2-27　专家控制的基本结构

（1）知识库。知识库由事实集和经验数据、控制规则等构成。事实集包括对象的有关知识，如结构、类型及特征等。经验数据包括对象的参数变化范围、控制参数的调整范围及其限幅值、传感器特性、系统误差、执行机构特征、控制系统的性能指标及经验公式。控制规则有自适应、自学习、参数自调整等方面的规则。

（2）控制算法库。控制算法库用来存放控制策略及控制方法，如 PID、神经网络控制、预测控制算法等，是直接基本控制方法集。

（3）推理机。推理机是根据一定的推理策略（正向推理，即从原始数据和已知条件得到结论；反向推理，即根据提出的结论寻找相应的证据）从知识库中选择有关知识，对控制专家提供的控制算法、事实、证据及实时采集的系统特性数据进行推理，直到得出相应的最佳控制决策，由决策的结果指导控制作用。

按照专家控制的作用和功能，一般将专家控制器分为两种类型：

一是直接型专家控制器。该类控制器取代常规控制器，直接控制被控对象。一般情况下，其任务和功能相对简单，要求在线工作。

二是间接型专家控制器。该类控制器和常规控制器相结合，实现高层决策功能，如优化、适应、协调、组织等。一般优化适应型需要在线工作，组织协调型可以离线工作。

2. 模糊控制

模糊控制（Fuzzy Control）是将模糊集理论、模糊逻辑推理、模糊语言变量与控制理论相结合的一种智能控制方法，目的是模仿人的模糊推理和决策过程，实现智能控制。1965年，美国的Zadeh教授首次提出了模糊集合的概念。模糊控制首先根据先验知识或专家经验建立模糊规则；然后，将来自传感器的实时信号进行模糊化处理，将模糊化后的信号输入模糊规则，进行模糊推理得到输出量；最后，将推理后得到的输出量解模糊转化为实际输出量，输入执行器中。

模糊控制器包括以下几个部分。

（1）模糊化接口。模糊化接口用于将传输转化为模糊量，它首先将输入变量转化到相应的模糊集论域；然后应用模糊集对应的隶属函数将精确输入量转化为模糊值。例如，对于一个输入变量误差e，其模糊子集可以表示为e={负大，负小，零，正小，正大}。

（2）知识库。知识库由数据库和规则库组成。数据库所存放的是所有输入、输出变量的全部模糊子集的隶属度矢量值，在规则推理的模糊关系方程求解过程中，向推理机提供数据。规则库由一组语言控制规则组成，例如，IF-THEN、ELSE、ALSO等，表达了应用领域的专家经验和控制策略。

（3）推理机。推理机根据模糊规则，运用模糊推理算法，获得模糊控制量。模糊推理的方法有很多，如MAX-MIN法、模糊加权推理法、函数型推理法等。

（4）解模糊接口。系统具体控制需求的一个精确量，所以需要通过解模糊接口将模糊量转化为精确量，实现对系统精确的控制作用。模糊控制器的基本结构如图2-28所示。

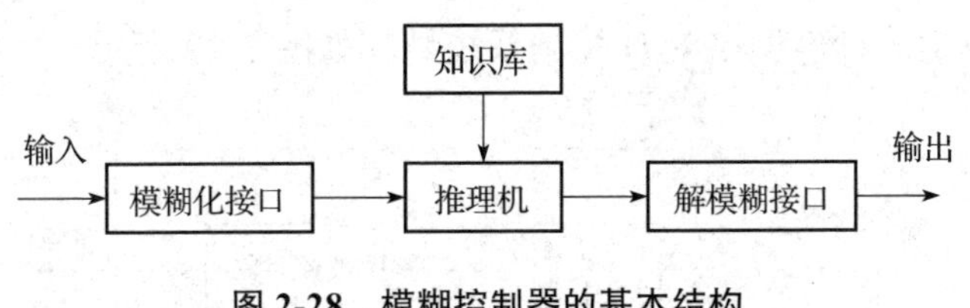

图 2-28 模糊控制器的基本结构

模糊控制系统的分类有很多种方式。例如，按照信号的识别特性，可以分为恒值和随动模糊控制系统；按照系统输入变量的多少，可以分为单变量和多变量模糊控制系统；按照静态误差，可以分为有差和无差模糊控制系统。

虽然模糊控制系统理论的发展已经经历了半个世纪，然而在实际应用层面，模糊控制还存在诸多限制。例如，模糊规则和隶属度函数的建立依赖经验，难以适应复杂系统，亟待进一步完善。

3. 神经网络控制

人工神经网络由神经元模型组成。神经元是神经网络的基本处理单元，是一种多输入、单输出的非线性元件，多个神经元构成神经网络。神经网络具有强大的非线性映射能力、并行处理能力、容错能力及自学习适应能力。因此，非常适合将神经网络用于不确定、复杂系统的建模与控制。由于神经网络本身的结构特点，在神经网络控制中，可以使模型与控制的概念合二为一。

神经网络在控制系统中往往应用于以下几种情况。

（1）建立被控对象模型，结合其他控制器对系统进行控制。

（2）直接作为控制器替代其他控制器，实现系统控制。

（3）在传统控制系统中起优化计算作用。

（4）与其他智能控制算法相结合，实现参数优化、模型推理及故障诊断等功能。

神经网络控制器一般分为两类：一类是直接神经网络控制器，它以神经网络为基础形成独立的智能控制系统；另一类为混合神经网络控制器，它利用神经网络的学习和优化能力来改善其他控制方法的控制性能。例如，一种典型的神经网络 PID 控制系统结构如图 2-29 所示。

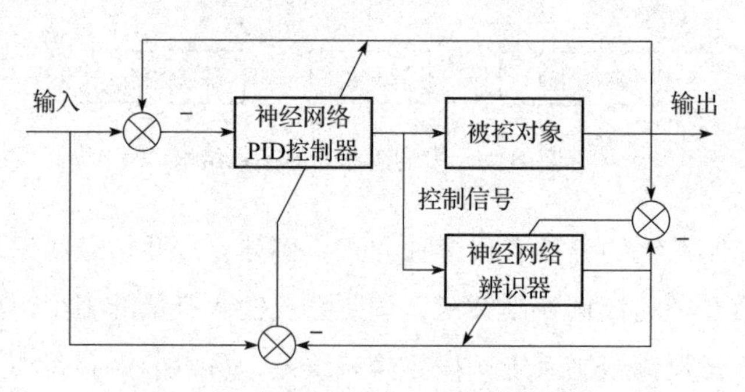

图 2-29 神经网络 PID 控制系统结构

该系统首先利用神经网络辨识器对被控对象进行在线辨识，然后利用神经网络模拟 PID 控制器进行控制。其他常用的控制方法还包括神经网络模型参考自适应控制、神经网络内模型控制、神经网络预测控制、单神经元控制等。常用的神经网络包括 BP 神经网络、经向基函数（RBF）神经网络、卷积神经网络（CNN）等。深度学习是当前人工智能研究中的热点领域，与传统神经网络相比，深度学习具有更强大的特征提取能力、良好的迁移和多层学习能力。具体到控制领域，深度学习和强化学习相结合形成的深度强化学习理论，在机器人控制、无人驾驶、任务规划等领域有广泛的应用前景。可以说，深度强化学习理论对现代控制技术的发展产生了深远的影响。

4. 学习控制

学习控制是智能控制的重要分支，旨在通过模拟人类自身的优良调节机制实现优化控制。学习控制可以在运行过程中逐步获得系统非预知信息，积累控制经验，并通过一定评价指标不断改善控制效果的自动控制方法。学习控制的算法有很多，如基于神经网络的学习控制、重复学习控制、迭代学习控制、强化学习控制等。这里主要介绍两种典型的控制方法：迭代学习控制和强化学习控制。

（1）迭代学习控制。迭代学习控制具有很强的工程背景，适用于具有重复运动性质的被控对象，通过迭代修正达到改善控制目标的目的。由于迭代学习控制不依赖于系统模型，且能以简单算法在给定时间范围内实现高精度轨迹跟踪，因此被广泛应用于工业机器人的运动控制，其基本原理描述如下。

假设期望控制输入 $U_d(t)$ 存在，且给定系统期望输出 $Y_d(t)$ 和每次运行的初始状态 $X_k(0)$，要求在给定时间 $t \in [0, T]$ 内通过多次重复运行，使系统输出 $Y_k(t)$ 趋近 $Y_d(t)$，系统控制输入 $U_k(t)$ 趋近 $U_d(t)$，k 为运行次数。第 k 次运行时，跟踪误差 $e_k(t)=Y_d(t)-Y_k(t)$。若采用开环学习策略，则设计 k+1 次控制输入为

$$U_{K+1}(t)=L[U_k(t), e_k(t)]$$

若采用闭环学习策略，则取第 k+1 次运行误差作为学习的修正项，即

$$U_{K+1}(t)=L[U_K(t), e_{k+1}(t)]$$

其中，L 为迭代学习算子。该算法利用历史输入信息和误差信息设计控制律，通过每一次运行迭代修正输入，降低误差，实现精确目标输入的跟踪。不同系统（线性或非线性等）选取不同的迭代学习控制算法，实现最优控制。典型的有 D 型迭代学习控制算法、最优迭代学习控制算法和前馈一反馈迭代学习控制算法等。

（2）强化学习控制。传统的机器学习理论没有把强化学习纳入其范围。但是在联结主义学习系统中，把算法分为三类，即监督学习、无监督学习和强化学习。强化学习介于监督学习和无监督学习之间，它不需要训练样本，但是需要对结果进行评价，通过改进评价结果满足控制目标。强化学习起源较早，1954 年马文 · 明斯基（Marvin Minsky）就已经提出“强化学习”这一术语。20 世纪 80 年代后，随着人工智能技术的兴起，强化学习研究产生大量成果，成为机器学习和人工智能研究领域的热点研究课题。强化学习的基本原理描述如下。

智能体（Agent，学习主体）通过与环境交互获得环境的状态信息，并依据环境对智能体的反馈信号，即回报，来对采取的行动策略进行评价，通过不断试错，选择得到最优控制策略。如果智能体的某个行为策略获得了环境对智能体的正向回报，则智能体以后采取这个行为策略的趋势加强；反之，若某个行为策略获得了环境对智能体的负向回报，则智能体以

后采取这个行为策略的趋势减弱。强化学习的结构如图 2-30 所示。

除了智能体与环境模型，强化学习系统还包括三个要素：策略、回报函数和值函数。策略规定了每个可能的状态，智能体可采取的动作集合，具有随机性。回报函数用来评价智能体与环境的及时互动，强化学习的目的是使得到的总体回报数值达到最大。值函数用于计算后续所获得的累积回报的期望值。强化学习建模一般基于马尔可夫决策过程（MDP），即当前状态向下一状态转移的概率和回报值只取决于当前的状态和采取的动作，而与历史状态和历史动作无关。

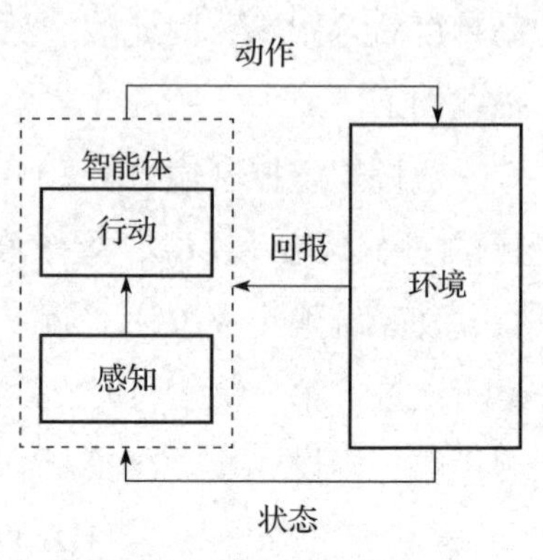

图 2-30　强化学习的结构

强化学习的算法有很多，如顺时差分算法、蒙特卡罗算法、Q 学习算法、Sarsa 算法等。近些年，人们尝试将深度学习和强化学习相结合（即深度强化学习），获得极大的成功。2016 年，谷歌公司基于深度强化学习研发的围棋软件阿尔法狗（AIphaGo）以 4∶1 的总比分战胜世界围棋冠军李世石，成为第一个战胜人类职业围棋选手的人工智能机器人。

5. 智能算法

智能算法是人们受自然界和生物界规律的启发，模仿其原理进行问题求解的算法，包含了自然界生物群体所具有的自组织、自学习和自适应等特性。在用智能算法进行问题求解过程中，采用适者生存、优胜劣汰的方式使现有的解集不断进化，从而获得更优的解集，具有智能性。1962 年，美国的约翰 · 霍兰德（John Holland）教授模拟自然界遗传机制，提出了一种并行随机搜索算法，即遗传算法（GA），获得成功。经过多年发展，大量优秀的智能算法被广泛应用于各个领域，如一些经典智能算法包括差分进化算法（DE）、离子群优化算法（PSO）、模拟退火算法（SA）等。

以遗传算法为例，智能算法的应用基本流程如下：

（1）依据问题模型，确定个体的编码和解码方式，建立适应度函数。

遗传算法一般采用二进制编码。

（2）初始化。设置种群规模、终止条件和搜索空间等条件，为种群个体赋值。一般情况下，为种群个体进行随机赋值。

（3）个体评价。基于适应度函数计算个体的适应度函数值。适应度函数用来评价个体的好坏。

（4）选择。依据适应度大小，选择父辈群体执行遗传操作。适应度越高越容易被选择。

（5）交叉。从父辈群体中选取两个个体进行交叉运算，交换基因信息。

（6）变异。为防止群体趋向单一，导致收敛过快，可以依据概率将个体中某一位基因进行变异运算，以获得新种群。

（7）根据终止条件（如迭代次数）判断是否结束。若没有满足终止条件，则返回第三步。

三、智能控制在机器人控制中的应用

工业机器人被大量应用于工业生产中。近些年来，快递行业的兴起使物流机器人、无人机和其他专用机器人获得快速发展和应用。机器人种类的增多、规模的扩大和任务的多样化极大地提高了控制的要求。传统控制技术存在的缺陷，如无法应对复杂系统、适应性差、不具备学习能力等，限制了其在机器人控制中的应用。智能控制技术能很好地避免这些缺陷，更适合复杂化和多元化的任务要求，并促进机器人的应用。智能控制在机器人领域的应用集中在以下两个方面。

1. 运动控制

通过将智能控制与机器人伺服系统相结合，可以实现机器人的高精度定位和对环境的适应。结合柔顺控制算法，可以提高机器人与环境或人交互的安全性。例如，基于神经网络的视觉伺服控制器可以实现全局性的图像分析，使机器人更好地适应环境。

视觉识别和定位技术是一项涉及人工智能、图像处理、传感器技术和计算机技术等多项领域的综合技术，与工业机器人结合非常紧密，广泛地应用在工业生产中的缺陷检测、目标识别与定位和智能导航等方面。机器人能够通过视觉传感器获取环境的二维图像，传送给专用的图像处理系统，得到被摄目标的形态信息，然后根据像素分布和亮度、颜色等信息，转变成数字化信号。图像系统通过处理这些信号来抽取目标的特征进行分析决策，进而控制生产现场的机器人动作。典型的视觉应用系统如图 2-31 所示。

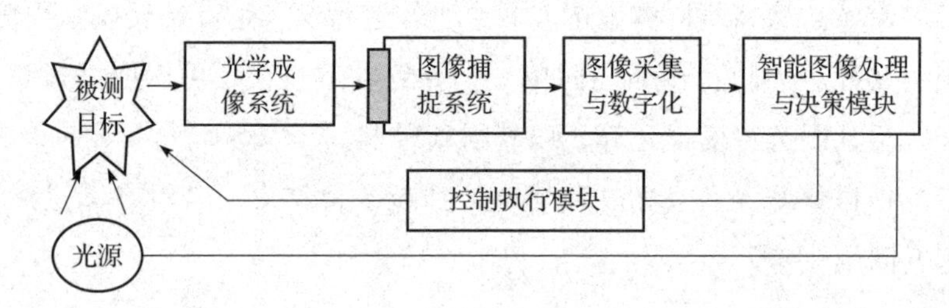

图 2-31 视觉应用系统

视觉识别和定位技术在工业机器人领域的应用主要有三个方面。

（1）视觉测量。针对精度要求较高（毫米级甚至微米级）的零部件，人的肉眼无法完成其精度测量，通过引入视觉非接触测量技术构成机器人柔性在线测量系统，能够有效获取零部件表面质量和基本尺寸信息。

（2）视觉引导。基于机器视觉技术能够快速、准确找到目标零件，并确认其位置，采用模式识别的方式，在三维图像中获取目标点或目标轨迹，引导工业机器人进行抓取、加工等操作，实现自动化作业。

（3）视觉检测。通过机器视觉检测制造工艺，识别零件的存在或缺失以保证零部件装配的完整性，判别产品表面缺陷以保证产品生产质量和效率。

视觉识别和定位技术的应用使工业机器人能够适应复杂工业环境中的智能柔性化生产，大大提高了工业生产中的智能化和自动化水平。

2. 路径规划和控制

采用智能算法对机器人的运动路径进行优化设计，可有效避免多个机器人的碰撞或干涉。同时，智能算法应用可以提高机器人的运动路径控制的精度。例如，结合模糊控制和神经网络实现机器人的自适应控制，可以有效降低控制误差。

例如，采用遗传算法规划码垛机器人的运动路径。码垛机器人需要将包装物体运送到不同的区域，在复杂的障碍环境下，需要规划一条安全、无碰撞且最短的可行路径。通过建立优化问题模型，采用智能算法可以避免复杂的求解过程，获取高质量的优化结果。这里，通过对特定环境的建模和对适应度函数的设计，采用遗传算法对该路径规划问题进行求解，可以获得最优路径，从而提升码垛机器人的工作效率，如图 2-32 所示。进一步地，通过改进遗传算法中的策略，可以提高收敛速度，获得更平滑的路径。

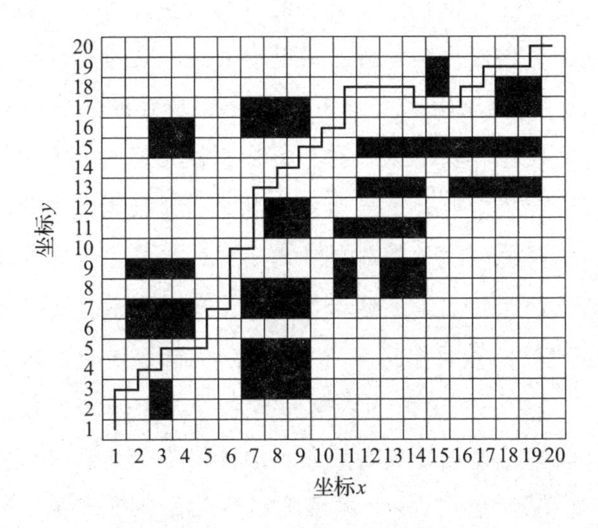

图 2-32　基于遗传算法的路径优化

创新视点 4

人工智能驱动外观质检零缺陷

以机器取代人力的视觉检测技术，堪称制造业运用 AI 技术最广泛的领域。尤其 AI 运用于检测设备的解决方案相继问世后，无论是购置成本或检测效能，都吸引业者跃跃欲试，甚至是否导入AI技术，更成为业者未来能否拿下订单的关键之一。市场快速增长的需求也刺激解决方案市场催生更多元的服务模式。

当前制造商对于引进自动化的智能检测系统有高度兴趣，业者往往会遇到几个问题。这类企业大部分因为专业人才团队不易建立，又要跟既有团队融合，以及导入周期过长等因素，面对无法跨越的门槛，企业需要引进外援。

目前在智能制造的市场上，视觉检测是应用最广泛的领域。随着制造商跃跃欲试，越来越多的问题也一一浮现，如何达到客户预期也颇具挑战。举例来说，都知道AI是由数据驱动，如何取得数据是导入AI的先决条件。以AI质量检测来说，产品的外观成像数据就是喂养AI的大数据，有的客户过去没有搜集这类资料的习惯，在正式进入影像分析前，取像环境的建置也是供应商必须具备的能力之一，这也是业者必须花更多心力投入的过程。富士康集团累积多年质检经验而独立的新创公司小柿智检，定位在一半软件、一半设备商。小柿智检在解决方案中同时整合取像环境的建置，这样的好处是不同产业的客户能够根据使用情境释放最大的弹性。比如，不同的瑕疵种类需要考虑不同的打光方式与角度，或是利用机械手臂动态或静态独立工作站取像等，这些针对成像资料搜集所建置的取像装置选型选配，往往在正式进入AI分析前，要花很多时间与客户来回沟通。

事实上，取像与搜集资料之后业者的挑战才开始。未来业者还要面临如何让AI落地、落地后怎样大规模复制到其他场景部署，以及如何管理这些大量的AI模型，甚至在跨厂区之间管理不同的设备数据等，这些挑战也刺激催生更多元的服务模式。例如，供应商势必要以模块化的形式迎合不同产业类别的客户需求，如何快速形成符合应用场景的解决方案成为供货商立足市场的因素之一。此外，通过软件加值的方式，为既有的AOI设备赋能，让制造商不需要修改现有产线设计，就能享受AI加值的效益。

随着自动化需求渐盛，AI成为制造商提升竞争力的关键。以AI质检应用来说，省多少人力并不一定是重点，目前既有的AOI设备有的也已经完全不需要人工复检，但AI可以解决AOI过杀率（Overkill）过高的问题。不管是过杀造成的重工或是被白白丢弃的良品，事实上都是一种无形的浪费，如果跳脱ROI的框架来看，这往往比节省人力更具价值。

从市场端反馈的信息来看，越来越多的终端客户也开始将供应链导入AI作为订单的附带条件，这似乎已成为一种未来的主流。有的终端客户不见得懂AI，但不得不承认的是，AI确实已在全球各行各业掀起一股潮流，除了提升产品质量，现在AI更成为一种正面宣传的手段之一。

资料来源：作者根据多方资料汇编。

四、云机器人的特点与功能

随着面对的任务与环境日益复杂化，机器人不仅局限于机械执行预制程序的自动化装置，用户希望机器人能具备一定的自主能力。这往往意味着机器人需要运行更为复杂的算法，保存更为强大的数据，以及更高的能耗、更大的体积和昂贵的价格。如何在各种客观条件下提高机器人的自主行为能力，解决资源受限与能力提升之间的矛盾，是机器人研究者和实践者当前所面临的重要挑战之一。云机器人依靠云端计算机集群的强大运算和存储能力，能够给机器人提供具有感知智能的“大脑”。将机器人与云计算相结合，可以增强单个机器人的能力，使其执行复杂任务和服务，同时，使分布在世界各地具有不同能力的机器人通过开展合作、共享信息资源，完成更大、更复杂的任务。这将广泛扩展机器人的应用领域，加速和简化机器人系统的开发过程，有效降低机器人的制造和使用成本。这对于家庭机器人、工业机器人和医疗机器人的大规模应用具有极其深远的意义。比如，在云端可以建立机器人的“大脑”，包括增强学习、深度学习、视觉识别和语音识别、移动机器人未知环境导航（如街道点云数据3D重构、SLAM、路线导航）、大规模多机器人协作、复杂任务规划等功能。

云机器人在云端管理与多机器人协作，以及自主运行的能力、数据共享与分析方面有极大的优势。

1. 云端管理与多机器人协作

当工厂或仓库中使用大量工业机器人时，需要机器人具有多种拓展的功能。为保障整个现场各设备的协同运行，需要利用统一的软件平台进行管理，与各种自动化设备通信，如传送带、行吊、机床和扫描仪等。

采用本地化的方式管理机器人和自动化设备可能需要多个服务器，而云端技术能够提供强大的处理能力，不需要在本地部署成本高昂的服务器。在云端面对海量机器人都能实现数据的处理和调度管理。在工厂生产线上，机器人将与许多自动化设备进行协同工作，此时，信息交互和共享将变得极为重要。不同的机器人与云端软件进行通信，云端“大脑”对环境信息进行分析，能够更好地将任务分配给类型正确的机器人，系统实时掌控每一个机器人的工作状态，指定距离最近的机器人去执行任务。管理者不需要到现场进行监督，通过云端就可以在远方进行操作和管理，提升了工作效率。

2. 自主运行的能力

传统的机器人都是由管理者进行示教后，根据程序完成指定的任务。但传统机器人在面对具有高数据密度的场景，如语音视觉识别、环境感知与运动规划时，由于搭载的处理器性能较低，无法有效应对复杂任务。因此，在工作过程中可能会因遇到障碍而停机，甚至发生事故破坏生产计划。

结合云端计算能力，机器人可以在拥有智能和自主性的同时，有效降低机器人的功耗与硬件要求，使云机器人更轻、更小、更便宜。一个很好的例子就是机器人的导航能力，移动机器人在仓库、物流中心和工厂生产线之间运输货物时，可以避开人员、叉车和其他设备。通过安装在机器上的激光雷达，可以对周围环境进行扫描，并将大量数据推送到云端进行处理和构建地图、规划路径，然后向下传输给本地机器人进行导航。同时这些地图和信息可以传输给其他机器人，实现多机器人之间的协作，提高货物的搬运效率。

3. 数据共享和分析

大数据分析是云计算赋予机器人的额外能力。机器人在执行任务过程中会收集大量的运行数据，包括环境信息、机器的状态和生产需求等，这些数据经过整理和分析，可以得出最佳的解决方案。

机器人每天可能产生几十 GB 的数据，这些数据需要在云端进行存储和管理，机器人产生的数据存放在云端将非常有价值。因为通过对历史数据的分析，系统可以预先判断下一步会发生什么，并做出相应的响应处理。从存储到分析，再到任务的下发，对于机器人整个过程的控制有着巨大的意义。此外，云端可以实现人工智能的服务，包括语音指令，可以进一步拉近人与机器人的距离，实现更加便利的控制。

云端的数据服务可以连接到每一个机器人和自动化设备，数据共享令机器之间更有默契。系统可以掌控机器设备的状态，给每个机器人下达不同的任务指令，让机器之间相互协作，高效地完成生产任务。

总的来说，云端技术将让机器人的效率更高、性能更好，人与机器之间的交互会更轻松。

五、云机器人的关键技术

云机器人不同于传统的机器人，其通过网络连接到云端的控制核心，获取人工智能、大数据和超高计算能力的支持，从而降低机器人本身的成本和功耗。与传统机器人相比，具有感知与互联能力的 5G 通信技术、能进行庞大记忆与计算的云计算技术，以及能够自主控制、识别、学习的人工智能技术是云机器人的关键技术。

1. 5G 通信技术

云机器人的架构来源于人类多层级的控制结构，人类大脑发出指令，通过脊髓传导至肢体肌肉，驱动骨骼进行运动，平均信息延迟在 100 毫秒以上。5G 通信技术作为新一代移动通信技术，具有灵活、可移动、高宽带、低时延和高可靠的特点。其峰值速度将超过 10GB/s，端对端的延迟将低于 1 毫秒，并允许每平方千米超过 100 万台机器人终端设备进行网络连接和处理要求。

增强移动带宽、大规模物联网业务和超可靠且超低的时延业务是 5G 网络的三大主要应用场景。以上三大应用场景使 5G 通信网络成为云机器人理想的数据通道，是云机器人实用化的关键。5G 网络强大的网络性能能够从容应对机器人对带宽和时延的挑战，而 5G 网络切片和 MEC（多接入边缘计算）能够为机器人应用提供端到端定制化的支持。

未来 5G 网络将成为一个无所不在的虚拟化基础设施，可以通过云端的超强处理和监控能力，将大量的云机器人整合在一起，从而深度渗透进工业、商业、家庭的每个角落，全方位改变社会的面貌。5G 技术将不断为机器人赋能，使其具备真正的认知和行动能力。

2. 云计算技术

云计算是一种计算模型，可以随时随地按需访问共享的、可配置的计算资源池（如网络、服务器、存储、应用程序和服务），只需最少的管理工作就可以快速配置和分发。云计算将硬件资源虚拟化、动态地扩展，它还允许提供者为用户提供几乎无限资源的访问。它汇集了所有技术（Web 服务、虚拟化、面向服务的架构、网格计算等）和用于提供 IT 功能（软件、平台、硬件）的可扩展、弹性的业务模型作为服务请求。云计算为高性能算法的部署提供了物质基础。

2007 年，谷歌在其内部网络数据规模十分强大的基础上，提出了一整套基于分布式、并行集群方式的云计算架构。网络的快速发展使所有主要的行业参与者都积极提供云解决方案，特别是 Amazon EC2、Microsoft Azure、Google 应用程序，如浪潮、阿里、腾讯和华为等企业也开始提供相应的云计算服务。云计算为用户提供了三种级别的服务。

（1）基础设施即服务（IaaS）。IaaS 是以虚拟机的形式为客户提供硬件资源，客户自己维护应用程序、数据库和服务器软件，而供应商维护云虚拟化、硬件服务器、存储和网络。

（2）平台即服务（PaaS）。PaaS 把开发环境作为一种服务提供给用户，用户在平台上开发自己的应用程序并开源给其他用户。

（3）软件即服务（SaaS）。SaaS 是用户可以远程地接入网络，即可使用服务提供商在云上部署的服务，包括 B/S 和 C/S 两种架构。

3. 人工智能技术

基于云计算的超强运算能力和 5G 的强大通信能力使人工智能技术在机器人上的应用成为可能。机器学习，尤其是深度学习，可以更广泛地应用于各个领域，云机器人将比传统机器人更有能力、更加智能。

通过 5G 通信网络和云计算平台可实现多台机器人联网，逐步应用蚁群算法（ACO）、免疫算法（IA）等多种智能算法，使机器人不断地学习，以适应生产环境的多样性，组成高度和谐的复杂生产系统，让一体化生产解决方案将成为可能。人工智能的算法和数据在人工的介入下将不断自我增强和优化，实现人机协同的增益模式。机器人本身甚至还可以通过自我学习，成为活跃的移动大数据收集器，用于存储信息并将数据上传到服务器端，从而不断强化云端的数据库，方便其他机器人使用和学习。人工智能技术还可以使云机器人具备在陌生环境下，识别周围环境和事物并实现自主运行的能力。

目前计算机视觉、图像识别等技术已相对成熟，使深度学习算法和物联网得以发展和应用，云端智能技术将在智能机器人的应用领域不断提升。

第三章

打造全价值链的灯塔工厂

站在客户的角度看，全价值链的灯塔工厂为了实现自身的使命和可持续发展，需要不断进化。人们更容易看到和感觉到与技术紧密联系的进化主要表现在三个方面：产品、制造过程和端到端价值链。

开章案例

工业富联的转型举措

工业富联（富士康工业互联网股份有限公司）是全球领先的通信网络设备、云服务设备、精密工具及工业机器人专业设计制造服务商，为客户提供以工业互联网平台为核心的新形态电子设备产品智能制造服务。2019年，工业富联入选达沃斯世界经济论坛灯塔工厂网络，成为全球首批16家灯塔企业之一。工业富联以数据为基础创造价值，通过工业互联网连接人、传感器、生产设备与机器人等数据协作，实现提质、增效、降本、减存，打造“智能制造＋工业互联网”新生态，以全价值链升级为实践路径，在优化生产体系的同时，提升端到端的运营能力。表3-1为工业富联的转型举措。

表3-1　工业富联的转型举措

消费电子行业转型的驱动力	转型举措	转型带来的效果
①市场需求：消费者需求的多变多样导致制造企业决策因素复杂、频繁调整排程，因此制造企业需要尽快实现柔性生产和智能排产规划来积极应对挑战。 ②生产推动：作业人力成本日益攀升，且大量调机和维护操作依赖人工经验，造成质量波动。企业需进一步提高自动化水平，并由经验驱动的生产模式转变为数据驱动的生产模式。 ③技术发展：人工智能、5G、云计算、智能控制、机器人等新兴技术日渐发展，为转型提供较完备的技术支持	①数据驱动价值链的高效协同，实现对制造全流程的数字化管理。 ②通过柔性自动化和工业人工智能技术，大幅提升生产效率，保障无忧生产。 ③通过建立工业互联网平台及合作伙伴生态体系形成强有力的产业协同模式，不仅可以实现企业自身价值的最大化，还能推进其他生态成员的发展。 ④建设灯塔学院（工业互联网学院），通过理念宣贯、教育培训、实践训练等方式，培养工业互联网人才，实现企业人员技能升级，推动企业数字化转型	①生产能力提升：利用大数据、5G、人工智能、机器人等整合技术，实现节省人力成本2/3、精密工具开发周期缩短30%以上、直通良率达到99.5%的目标。 ②持续推进智能制造：以工业大数据、数据建模为核心，在深厚工业制造技艺的基础上不断革新，优化公司运营效率及成本管理。 ③工业互联网产业链：深耕工业互联网领域，在现有工厂、设施、开发场域基础上，不断增加新应用场景的数量，拓宽应用场景规模；引入战略合作方共同打造工业互联网产业链

（1）工业富联转型举措一：打通业务流程的数字化平台，实现数字化流程管理，如表 3-2 所示。

表 3-2　业务流程的信息化平台建设举措

痛点	关键举措	目标	方法
订单需求预测不足，插单、急单情况频发。 订单执行状态难追溯，订单缺料、交期、生产状态不透明	订单全生命周期管理	利用大数据建立“数据湖”，实现客户订单的动态追踪	建立数据中台，利用“数据湖”搜集各个信息系统的数据信息；建立订单数据分析模式，动态分析订单状态
物料采购周期长、种类多，供应商管理难度大。 周期长导致物料库存不足，造成物料缺料	供应商管理体系	建立供应商管理体系，制定战略物料管理方案，提高库存周转率，减少停机待料的频率	统计并分析采购数据，建立供应商管理体系并制定战略物料管理方案，优化物料采购周期、材料购买方案等
库存账实不符，排产时往往需要二次核验，库存管理流程烦琐，操作过程较多	仓库管理体系	建立先进的、科学的仓库管理体系，结合精益生产原则，优化库存进出流程，降低人为错误	优化仓库流程，减少出入库环节的业务交接流程，优化物料编码，减少一料多码的情况
无法及时发现执行中的异常，影响生产效率	生产过程监控	建立可视化 可追踪、高度柔性的生产过程监控	优化生产操作过程，强化生产过程流程监控，优化信息化系统的接口和对接

以数据驱动各个运营环节的价值协同，实现管理决策科学化、生产经营精益化和资源利用高效化，同时沿端到端价值链分解数字化系统要求，利用软件系统固化业务流程，提高管理与协作效率。

（2）工业富联转型举措二：SMT 工厂自动化与智能化熄灯状态下的无人自主作业。

利用云端平台连接机器；在生产第一线配有机器人，无须特别配备工人，实现无人值守的制造；配备基于人工智能的设备自动优化系统、智能自我维护系统，减少 60% 的意外故障；使用人工智能自动测试，减少 50% 的误判；基于物联网技术的喷嘴状态监控，喷嘴寿命提高 25 倍。

工业富联的战略思维是让领域知识融合数字化，不再像过去机台或工站各做各的，彼此不串联；先由底层IIoT（工业物联网）基础架构采集数据，再让这些数据整合运营的领域知识，形成有意义信息，最终于最上层Fii Cloud平台进行AI/ML处理，产生多个适用不同场景的专业云。

（3）工业富联转型举措三：建设工业互联网平台，软硬结合实现产业链协同，如表3-3所示。

表3-3　建设工业互联网平台

技术连接： 运营技术（OT）+信息技术（IT）	安全连接： 厂端安全+云端安全	生态连接： 工业富联产业生态+腾讯互联网生态
腾讯云、工业富联双方联合研发和构建面向工业互联网的基础设施平台，多地多中心部署保障跨地域业务无缝接入，并针对工业互联网多租户、多场景、按次计费等需求，联合进行工业PaaS平台创新，形成灵活扩展，开发运营一体化的先进工业互联网平台，加速富士康工业科技能力的输出	面对工业互联网安全新挑战，结合Fii厂端安全架构和腾讯云端全链路安全能力，打造高度安全的纵深防护体系，为用户数据和平台运行提供全方位的安全保障	Fii基于“全集成”的服务理念、丰富的智造经验、完整的产业生态，与腾讯云在IaaS、社群运营、移动端开发者生态及广泛的用户联结能力形成强力互补，共同携手为产业全价值链、全要素数字化转型升级进行赋能

（4）工业富联转型举措四：灯塔学院建设发展、储备集团数字化转型骨干，如表3-4所示。

表3-4　“灯塔学院”储备集团数字化转型骨干

数字化管理专家			数字化技术专家		
专业水平	关键能力	课程	专业水平	关键能力	课程
数字化转型总指挥	系统化项目分析成果认证	数字化转型战略规划与顶层设计	数据科学家	数字化业务增值、数字化洞察力	行业数字化实践
数字化项目负责人	工业数据系统化建模	数字化项目管理、数字化组织构建	数字化资深专家	工业数据系统化建模、系统化项目分析与交付	工业人工智能建模、商业智能分析
敏捷团队经理	数字化绩效管理敏捷组织优化	敏捷数字化组织、项目敏捷管理	数字化技术专家	行业知识和DT/PT/OT/IT能力	精益/IE课程数据挖掘/行业课程

续表

数字化管理专家			数字化技术专家		
专业水平	关键能力	课程	专业水平	关键能力	课程
一线经理	技术路径设计 数字化项目推进	工业人工智能导论、统计分析、数据可视化	数据分析师	工业人工智能思维、基础数据分析	工业人工智能导论、统计分析、数据可视化

资料来源：工业富联。

"灯塔学院"（工业互联网学院）产学研三位一体，提供理论、训练及专业场景的实践；组织上百家企业研学班，帮助中小企业培育专业及实践人才。灯塔学院按照4P的人才发展体系培养数字化人才。

第一节 智能产品/产品设计数字—智能化

本章分别从智能产品/产品设计、灯塔工厂的卓越制造系统、端到端价值链的数字—智能化维度看如何建置全场景客户价值导向型灯塔工厂，如图3-1所示。

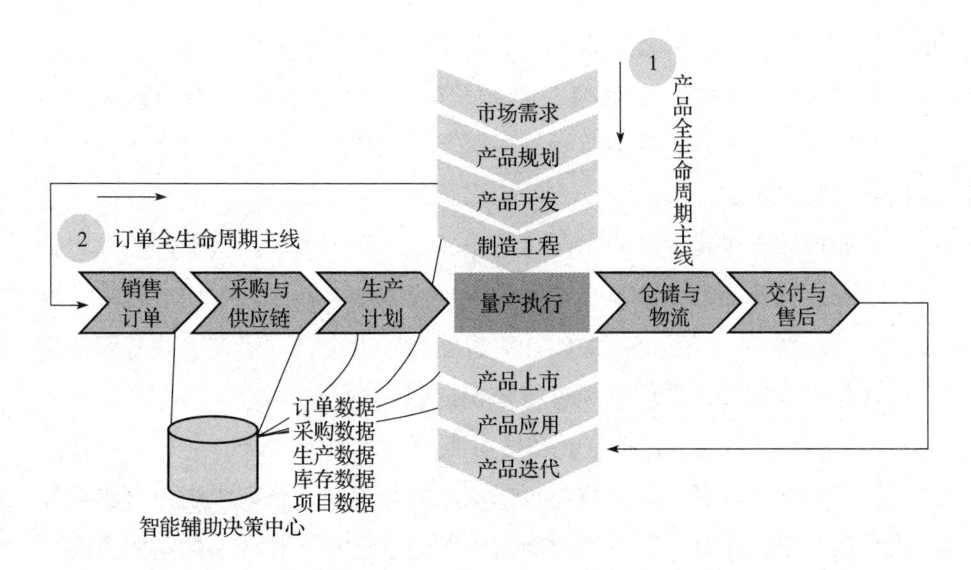

图3-1 全场景客户价值导向型灯塔工厂设计框架

不言而喻，产品是制造企业的生命线。企业的进化首先在于产品的不断进化。如果产品的进化速度跟不上技术发展和人们需求改变的速度，则产品必然退出市场，导致企业衰败甚至破产。

产品数字化、网络化、智能化的潮流势不可挡。《数字化生存》一书的作者尼古拉·尼葛洛庞帝（Nicholas Negroponte）写道："从原子到比特的转变是不可逆转和无法阻挡的。因为变化是指数级的，即昨天的微小差异，明天就很可能产生令人震惊的结果。"

从以原子为基础的产品到包含比特的产品，再到完全以比特为基础的产品，我们现在所使用的部分产品已经是纯数字化的产品，同时也有部分已变成半数字化的实体产品。

一、智能产品的目标功能进化

1. 智能产品的概念

一般来说，人工智能分为计算智能、感知智能和认知智能三个阶段。第一阶段为计算智能，是指通过快速计算获得结果而表现出来的一种智能。第二阶段为感知智能，即视觉、听觉、触觉等感知能力。第三阶段为认知智能，即能理解、会思考。认知智能是目前机器与人差距最大的领域，让机器学会推理、决策且识别一些非结构化、非固定模式和不确定性的问题异常艰难。

智能产品至今也没有一个严格的定义。现在市场上的智能产品多用计算智能和感知智能技术，这类技术的应用通常给人们带来方便或解决人难以解决的问题。一是智能产品的计算智能高于人类，可用在一些有固定模式或优化模式需要计算但无须进行知识推理的地方。如现在市场上已经有的扫地 / 拖地机器人，它拥有高精度激光导航系统（LDS），能快速、精准构建并记忆房间地图，同时搭配智能动态路径规划，合理规划拖地路径并完成清扫任务。二是智能机器对制造工况的主动感知和自动控制能力高于人类。以数控加工过程为例，机床、工件、刀具系统的振动、温度变化对产品质量有重要影响，需要自适应调整工艺参数，但人类很难及时感知和分析这些变化。因此，应用智能传感与控制技术，实现“感知—分析—决策—执行”的闭环控制，能显著提高机床的加工质量。

一般而言，一个智能产品往往包括物理部件、智能部件、互联部件和软件。

物理部件包括机械和电器零部件，如机器人的手臂、手爪、减速器、电机等。又如一个简单的智能产品扫地机器人包括外壳、边刷、主轮、主刷、万向轮、充电触片等机械电器件。

智能部件通常指传感器（尤其微传感器）、微处理器、微电子机械系统（MEMS）器件、数据储存装置、控制器等。其在复杂产品（如汽车）上的应用难以计数。图 3-2 显示了汽车应用的部分传感器。

互联部件通常指互联网接口、天线、网络、服务器及产品云等。智能互联已经在汽车中开始应用，如在线娱乐、车载社交、交通动态信息等。

软件部分自然是智能产品必不可少的，一般包括内置操作系统、数字用户界面、计算优化等。多数智能产品中都含有嵌入式软件，有些依赖智能部件的功能，还需要软件支撑。

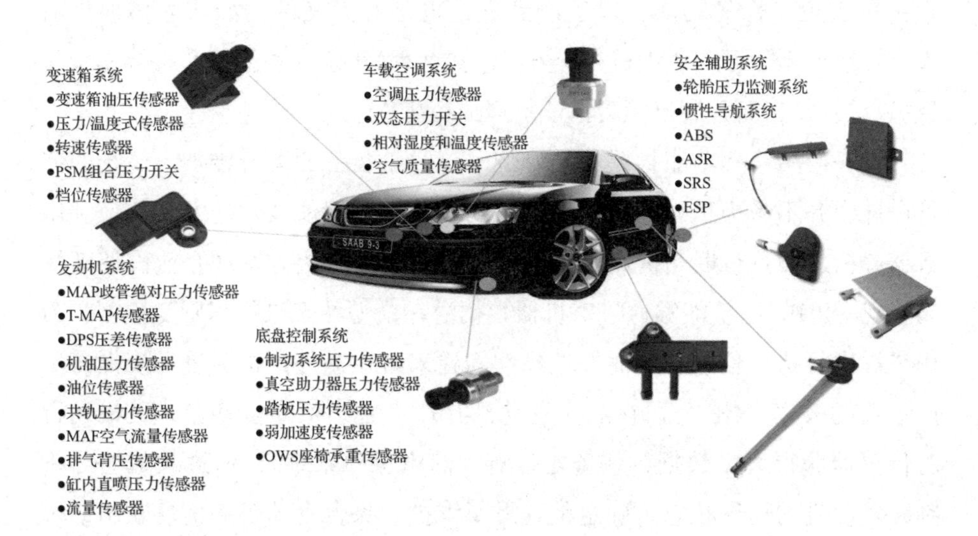

图 3-2　汽车应用的部分传感器

值得注意的是，汽车中用的互联部件、智能部件及软件都属于汽车电子产品。据统计，当前70%的汽车创新来自汽车电子创新，60%的汽车电子创新属于软件创新。

2. 智能产品的目标功能进化

产品的进化主要表现在产品功能的进化，而功能的进化首先表现在目标功能的进化。这是用户直接感受到的，每一个产品都有特定的目标功能以满足用户特定的需求。目标功能进化的主要形式有以下几种。

（1）目标功能的强化、深化。围绕产品的元功能（最基本的目标功能）目标，通过数字—智能技术的应用，提高效率、质量等。如机械加工中存在丝杠间隙、温度变化、刀具磨损等影响加工质量的因素，人们通过安装传感器测量切削力、温度、主轴功率、尺寸精度等的变化，实时进行补偿控制，以减小对加工质量的影响。法兰克（FANUC）系统以提高机床控制智能化为方向，在其新系统上标配了智能化功能群，包括智能重叠控制、智能进给轴加减速、智能主轴加减速、智能自适应控制、智能背隙（反向间隙）补偿、智能机床前端控制、智能刚性攻螺纹等。

（2）目标功能扩展。很多情况下，增加一些与元目标有联系，但并非直接属于元目标的功能，对于产品进化也是有意义的。如前述扫地机器人，扫地过程中可与主人进行交互（包括远程）。这一功能并非直接属于元目标“扫地”，而是属于元目标的扩展或衍生。

装备产品目标功能扩展的最好例子莫过于装备的运行维护。传统的装备设计中并不考虑运维问题。但正是因为数字—智能技术的发展，使利用数据分析、做预诊断与健康管理的工业资产管理解决方案在企业内逐渐受到重视。PHM系统能够通过对机器数据潜在模型状态进行识别与预测，为用户提供可执行信息，从而发现隐性问题来避免意外停机，进一步提高生产系统的效率。GE公司在航空发动机叶片上装了很多传感器，飞机飞行时传感器获得大量数据，装备之外有“健康保障系统”，通过大数据分析判断发动机的运行状态，确定是否需要维护。每台发动机的信息联网，每台机器的操作经验可以聚合为一个信息系统，以使整个机器组合加速学习，而这种加速学习的方法是不可能在单个技术上实现的。例如，从飞机上收集的数据加上位置和飞行的历史信息，可以提供大量有关各种环境下飞机性能的信息。

一个产品元目标功能的扩展，需要设计开发者对用户需求的细微关注和想象。不管是装备还是人们生活中的用品，设计开发人员都需要深入实际，细微观察和了解进一步提升产品性能的需求。不仅如此，还需要想象用户的潜在需求。在此前提下，通过新技术的应用扩展元目标功能，使产品快速、高质量地优化。

（3）目标功能边界的改变。只要对生活中的工业产品稍加细心地观察，就可以感觉到某些产品和它最初进入人们生活之中的形象已有较大不同。例如，汽车原来只是代步的工具，但今天人们可以在车上娱乐、看影像、听音乐等；可以在车上做与工作相关的事情；可以了解国家和世界大事；可以在车上知晓城市的交通、停车等各种情况……这些功能都和汽车的元功能“代步”没有关系，好在“代步”依然是汽车的元功能。

进一步留意的话，人们甚至可以发现某些产品的元目标似乎模糊了。从手机的发展历程可以看出，它的功能在不断增多。从一开始的电话、通信工具，变成今天人们生活中难以离开、能够显示某个人特定存在的物品。数字—智能化等先进技术的应用，包括众多的 App，不断赋予手机新的功能——摄影、导航、付费、购物、远程控制、社交……正如谷歌技术总监、首席未来学家雷·库兹韦尔（Ray Kurzweil）所言：“我把这台微小的安卓手机戴在皮带上，虽然它还不在我的物理身体内，但这种内外之别只不过是人为的区别罢了。它已经成为我之为我的一部分——不仅是这台手机本身，也包括它与云端的连接，以及我能在云端接入的一切资源。”电话是手机初始的元功能，但今天我们还如此认为吗？有时候它是照相机，有时候是一个小电脑，有时候是一个关于个人健康的可穿戴设备，有时候是一个身份证……既然如此，当初那个初始的元功能“电话”还是手机最主要的目标功能吗？不是！人们不知不觉地发现，本来完全不同类型产品的某些功能被移植到了手机上，手机的功能边界在哪里？

手机现象告诉我们，我们可以利用各种先进技术（尤其是数字—智能化技术）赋予某一产品全新的功能，突破产品原来的功能边界。这一现象也给产品开发、设计开发者以启示。

数字—智能化技术等能够使产品以“功能跨界”的方式进化。产品的目标功能边界在哪里？数字—智能化技术让你重新审视！

二、智能产品的基础功能要素

不同类型的产品满足不同的、特定的目标功能诉求，特定的目标功能成千上万、相互迥异。但特异的目标功能是通过一些基础的技术方案或器件实现的，在某种意义上，这些基础的技术方案或器件也完成了一定的功能，如感知、控制等，只不过这些功能只是实现目标功能的手段。本节介绍形成智能产品的某些颇有共性的基础功能要素。

1. 感知

微处理器芯片的持续发展已经到达一个转折点，仪器仪表的成本持续下降。尤其是近些年来微机电技术（Micro Electrical Mechanical System，MEMS）器件的成熟，使微传感器在很多设备和产品上（如手机、耳机、汽车）得到应用，大大提升了产品主动感知的能力。例如，图 3-2 中显示了智能汽车（尤其是无人驾驶汽车）上用到的众多传感器，有转速传感器、轮胎压力监测等。感知的目的往往是产品自身的行为控制或状态监测，也有感知获得的某些数据以供外部大系统做相关分析之用，如设备的感知数据用于车间质量分析。现在很多装备产品，尤其是大型设备，需要考虑运维，其基础便是状态感知。所谓“聪明的产品会说话”，装备需要告知自身的状态，正在进行什么工作？需要用户协同做什么？运行状态如何？通过主动感知使设备能以一个比过去更经济、更高性能的方式运行。

2. 控制

控制是多数智能产品都具有的基础功能。经典的自动控制此处不再赘述。下面简单介绍智能产品中常用的智能控制形式。

（1）补偿控制。在智能感知的基础上，基于监测到的误差，实施相应的补偿。补偿对象可以是综合的，如温度变化、振动、刀具磨损等引起加工尺寸偏差，最终施加的控制可直接针对尺寸。需要注意的是，通过一定的模型，可以实时预测补偿控制。这才是真正有智能意义的补偿机制控制。

（2）远程控制。有些设备需要远程操作，如在危险场地工作的机器人，人可以远程控制或者人机协同控制。目前很多家电的智能控制就包含远程控制功能，如对灯光照明进行场景设置和远程控制，家用电器（如电饭煲、空调）的远程控制等。

（3）交互式智能控制。可以通过语音识别技术实现智能家电的声控功能；通过各种主动式传感器（如温度、声音、动作等）实现智能家居的主动性动作响应。

（4）环境自动控制。一般的空调系统都带有环境温度自动控制。有的企业因为精密加工的需要，希望车间温度恒定在某一范围，这就需要相应的环境温度控制措施。富士康精密模具机加工车间均运用恒温系统实现良好的温度控制，通过温度、湿度传感器实时测量并报告数据，确保加工车间始终保持在（23 ± 1）摄氏度，装配车间始终保持在（23 ± 0.4）摄氏度。另外，车间货物的进出也会影响环境温度，仅靠一般的空调自动控制系统很难满足要求，需要采取特别措施。

3. 互联

微电子、物联网、无线等技术飞速发展，导致人们对互联的需求越来越强烈，生产设备之间、设备与产品、设备与人、虚拟和现实、万物之间都需要互联，无线通信、万物互联（IoE）是基本手段。

基于工业视角：工业互联网实现了工业体系的模式变革和各个层级的运行优化，如实时监测、精准控制、数据集成、运营优化、供应链协同、个性定制、需求匹配、服务增值等。

基于互联网视角：工业互联网实现了从营销、服务、设计环节的互联网新模式、新业态带动生产组织和制造模式的智能化变革，如精准营销、个性化定制、智能服务、众包众创、协同设计、协同制造、柔性制造等。

4. 记忆

记忆、识别和学习都是某些智能产品所具有的功能，从学术上讲都属于人工智能范畴的内容。关于记忆、识别和学习，这里只做粗浅的介绍，详细的内容可以参阅相关的人工智能文献。

记忆能够按照信息分析的频率和重点重新进行自适应的、动态的“数据一信息”转换，并解决海量信息的持续存储、多层挖掘、层次化聚类调用，进而达到从数据到信息的智能筛选、存储、融合、关联、调用，形成“自记忆”能力。

人工智能中有一些记忆方法，如长短期记忆网络，由被嵌入网络中的显性记忆单元组成，以记住较长时期的信息；弹性权重巩固算法，目的是让机器学习、记住并能够提取信息。

5. 识别

要识别的内容有很多，如文字识别、语音识别、图像识别……一些简单的识别技术已经走进我们的生活。如手机上的“全能扫描王”能够把图片上的文字进行识别，翻译成可以处理的 Word 文档；语音识别在家用电器中多有应用；图像识别在工业场景中的应用也日渐增多。

机器人能够通过视觉传感器获取环境的二维图像，传送给专用的图像处理系统，得到被摄目标的形态信息，然后根据像素分布和亮度、颜色等信息，转变成数字化信号，图像系统通过处理这些信号来抽取目标的特征进行分析决策，进而控制生产现场的机器人动作。随着视觉技术的发展，人工检测的精度已经远逊于机器视觉检测。机器视觉检测技术已被广泛用于产品或工艺的缺陷检测中，如用视觉体系检测 PCBA 的缺陷，或焊锡的错误、假焊等不良现象。尤其是工业高清视频经过 5G 和边缘计算与中心云相连，结合 AI 能力，其识别能力将大大提高，此技术的应用前景非常广阔。

6. 学习

从某种意义上说，学习是智能最重要的标志。真正意义上的智能产品在于是否具有学习功能。富士康集团把智能技术用于塑料注塑成型的工艺及装备，取得了非常好的效果。根据注塑产品典型的外观缺陷，如飞边、短射、划痕，构建起专有卷积神经网络结构，从大样本中提取样本图像初级特征，组合形成高级缺陷特征，解决了模板匹配等常规检测方法漏检、误检率大的问题，大幅提高了产品自动检测中的缺陷识别率。它们采用数据的自编码特征提取模型和无监督学习，克服了注射成型多工序批次过程数据时序相关、维度高的难题，实现了成型过程特征的降维。此外，富士康集团应用产品质量统计模式分析方法，实现了生产过程监控。

特别需要强调的是，智能产品的基础功能要素，尤其是记忆、识别和学习，应该充分利用开源软件。不管是大学生学习、课题实践，还是企业的项目开发，若能利用一些开源软件，则有事半功倍之效。如 Face AI 是一款入门级的人脸、视频、文字检测及识别的项目，能够实现的功能有：人脸检测、识别（图片、视频）轮廓标识、头像合成（给人戴帽子），数字化妆（画口红、眉毛、眼睛等）、性别识别、表情识别（生气、厌恶、恐惧、开心、难过、惊喜、平静七种情绪）、视频对象提取、图片修复（可用于水印去除）、眼动追踪等。教程是入门级的，通俗易懂，读者不妨延伸阅读。工程中的很多项目，其识别难度还不如人脸识别。

创新视点 1

AirPods Max 采用 9 颗 MEMS 麦克风推升降噪效能

Apple 于 2020 年 12 月推出全罩式降噪蓝牙耳机——AirPods Max，左右耳罩各采用一颗 H1 芯片，总共使用 9 颗 MEMS 麦克风来强化主动降噪效果，定价549美元。

1. AirPods Max采用业界最高9颗MEMS麦克风，推升MEMS麦克风的销量

AirPods Max总计配置9颗MEMS麦克风，为了实现更优异的降噪效果，8颗麦克风用于主动式降噪，每个耳罩搭载4颗麦克风，其中3颗麦克风朝外，以侦测环境噪音，达到前馈降噪（Feed Forward ANC）功能；另1颗麦克风朝内，用于侦测耳机内部噪音，达到反馈降噪（Feed Back ANC）功能，而Feed Forward ANC与Feed Back ANC的协同作业则形成混合降噪（Hybrid ANC）。

因AirPods Max采用9颗麦克风，超越此前在全罩式降噪蓝牙耳机的翘楚Bose 700（采用8颗麦克风）与Sony WH-1000XM4（采用5颗麦克风），位居业界首位，不仅强化了产品的降噪效果，更提升了MEMS麦克风的销量，进而推动日后耳机对MEMS麦克风技术升级的需求。

2. AirPods Max再次让消费者关注降噪效果，MEMS麦克风规格为关键

MEMS麦克风与传统驻极体（ECM）麦克风相比具有尺寸小、讯噪比高、功耗低等优点。Apple最早在iPhone 5中启用MEMS麦克风，随后包括Samsung、华为、OPPO、vivo、小米等厂商也陆续跟进，带动以智能型手机为主的电子产品均配置MEMS麦克风，而后扩展至耳机领域。

AirPods系列的MEMS麦克风与组装业务主要由歌尔声学拿下，AirPods Max也不例外，采用歌尔的（4.7×3.7×1.25）mm MEMS麦克风，相较于其他普遍使用（3.7×2.7×0.9）mm甚至更小规格MEMS麦克风产品，尺寸越大则性能与声学效果越好，讯噪比（SNR）也提高3～6dB，但成本和加工难度也随之提高。

3. MEMS 麦克风在市场上的使用越来越普及

MEMS 麦克风就是指使用微机电（Micro Electrical Mechanical System）技术做成的麦克风。MEMS 麦克风的外形较小，具有更强的耐热、抗震和抗射频干扰效能。与大多数驻极体麦克风需要手工焊接的生产方式不同，MEMS 麦克风则是可以采用全自动表面装贴（SMT）制程，最大的好处在于一旦进行大量生产之后，MEMS 的成本优势就会浮现。MEMS 麦克风不仅在生产上可简化生产流程、降低生产成本，还因为体积与各项特性能够为使用者提供更高的设计自由度和系统成本优势，所以 MEMS 麦克风在市场上的使用也越来越普及。

每一款智能型手机和平板计算机中都有 MEMS 麦克风，再加上 CMOS 影像传感器，使人们在世界各地都能看到和听到彼此的声音。最初用于制造国防和汽车应用的 MEMS，现在无处不在。例如，基于 MEMS 的环境中心和气体传感器，正变得越来越受追捧，因为人们对其环境空气的看法已经改变，居民更在乎自己呼吸的空气，无论是在房屋内部或是在室外。COVID-19 加快了以病患为中心的方法和远距监控病患的步伐，更多远距医疗、实时医疗设备和穿戴式装置，这些产品都内建 MEMS。

简单来说，穿戴式装置整合 MEMS 传感器（如压力、惯性、麦克风、热电堆等）创造了许多商机。世界正朝着语音物联网（VIoT）迈进，语音 / 虚拟个人助理（VPA）获得了更多技能，变得更加智慧和有用。

资料来源：作者根据多方资料汇编。

三、产品设计在数字空间的进化

传统上，产品设计有概念设计、初步设计、详细设计、验证等诸多过程流程。本书不从类似意义上一一探讨，读者可参考相关的专业资料（如《集成产品开发与创新管理》杨汉录等编著，企业管理出版社，2021 年 9 月）。这里仅阐述产品设计在数字空间中的进化场景及举措，如表 3-5 所示。

表 3-5 产品设计在数字空间中的进化场景及举措

打造产品全生命周期管理平台，构建数字化研发能力，实现敏捷研发、优化产品组合、提高产品质量、降低研发成本等价值；同时利用数字化研发平台大幅降低产业内合作研发的门槛，实现高集成度、高效率的跨产业链协同研发

类型	场景	举措说明
产品设计	协同研发	打通产品设计业务流及数据流，打造统一的协同研发环境，实现跨专业、职能间的信息连续传递，提高研发效率
	模块式研发	设立产品设计的模块化数据模型，利用标准化研发数据架构确保模块间业务的打通，支撑规模化运用
	数字化研发平台	将核心研发能力纳入数字化研发平台，如质量设计方法、诊断算法等，为企业内部各部门及上下游伙伴提供数字化产品研发资料
	研发时间 / 成本预测	通过历史研发数据预测研发所需时间和成本，确保产品按期交付，并提升成本控制能力
工艺设计	工艺管理平台	打通全场景产品研发平台与 ERP、MES、CRM 等系统间接口，实现平台间协同
	工艺设计知识库	将工艺设计经验量化、沉淀，融入知识库，实现复用和扩展，融入设计框架，实现自动化工艺设计流程
产品验证	数字孪生	建立产品的数字表达，将产品特性转化为多物理建模并与相应信息系统对接
	设计仿真	CAX（计算机辅助技术）仿真可提供基本的产品测试及验证，基于数字孪生与工业人工智能的仿真可根据历史产品数据预测产品表现
	VR/AR 应用	借助 VR/AR 技术模拟多种产品的使用场景，评估产品在不同环境下的适应性，提前发现问题
产品售后	产品运营分析	收集产品的运营数据，预判并提前准备备品备件，反馈信息可支撑后续产品迭代及研发
	产品质量评估	结合多样化的售后手段（包含传统客服、在线用户连接、小程序等），获取产品售后数据并评估产品表现

1. 产品生命周期管理

既然人类正在迎来一个数字和物理世界深度融合的年代，这就注定了人类的很多活动会在虚拟的世界中进行。工业正是虚实结合的前沿领域，而产品设计自然首当其冲。

实际上，借助数字工具而使产品开发过程不断进化的历程早已开始。20世纪后半期，人们就开始尝试CAD，从二维到三维，到后来的CAE、CAM。但相互独立的CAD、CAE、CAM还是不方便，于是有了集成的CAD/CAE/CAM系统。数字化技术可应用到从需求分析、概念设计、仿真分析、工艺验证，制造、质量验证，乃至运维服务及报废处理。

当各种应用越来越多且越来越复杂时，自然需要好的支撑系统，随即出现了产品数据管理（PDM）；工具的丰富又进一步开阔了人们的眼界，让人们从全生命周期去考虑产品的开发，产品生命周期管理（PLM）应运而生。多家与制造业相关的软件公司都有自己的PLM产品，如UGS、PTC、达索、CIMdata等。UGS算是早期叱咤风云于PLM市场的公司之一，2007年被西门子收购后，UGS PLM如虎添翼。图3-3是某企业的产品生命周期管理，包括各种过程管理、变更管理、项目管理、配置管理、知识管理等，其中重要的还是数据管理；包括的环节主要是设计和制造；所连接的软件有CAD、CAPP、MES、仿真分析等。显然，这还没有达到真正全生命周期的水平。

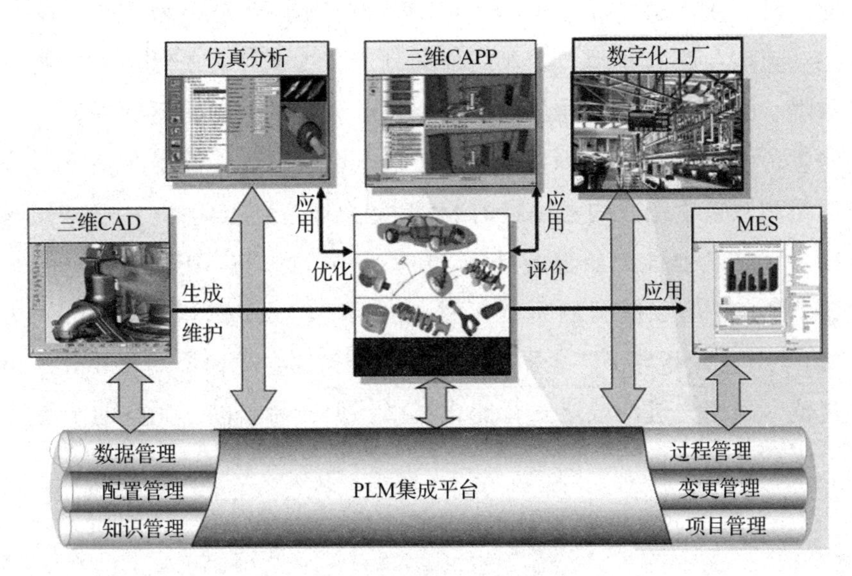

图3-3　产品生命周期管理

PLM不仅带来技术的变化，也带来理念的变化，产品开发被置于更大的系统中进行。除了传统的CAD/CAE/CAM以外，还需要考虑与其他系统的连接，如以产品数据为核心链条与ERP、CRM、SCM等软件系统有效连接在一起。PLM涉及的业务活动范围远不只是技术研发部门，或者说产品开发部门的触角不只是自身，需要前及需求管理、后达产品的维护维修。可见，具有如此意义的PLM能给产品的开发过程带来多么大的变化。

通过创建贯穿企业产品整个生命周期的产品模型、流程管理模型、企业产品管理标准规范与决策模型，并在此基础上开展与之对应的基于模型的工程（MBe）、基于模型的制造（MBM）和基于模型的服务（MBs）的实施部署。基于模型的工程、基于模型的制造和基于模型的服务作为单一数据源的数字化企业系统模型中的三个组成部分，涵盖了从产品设计、制造到服务的完整的产品生命周期业务，以基于模型的定义（Model Based Definition，MBD）为核心在企业各个环节顺畅流通和直接使用，从虚拟的工程设计到现实的制造工厂直至产品的上市营销，基于MBD的产品模型始终服务于产品生命周期的每个阶段。基于模型的企业（Model Based Enterprise，MBE）在强调MBD模型数据、技术数据包、更改与配置管理、企业内外的制造数据交互、质量需求规划与检测数据、扩展企业的协同与数据交换六个方面的同时，更加强调扩展企业跨供应链的产品生命周期的MBD业务模型和相关数据在企业内外顺畅流通和直接重用。构建完整的MBE能力体系是企业的一项长期战略，在充分评估企业能力条件的基础上，统一行动，以MBD为统一的“工程语言”，在基于模型的系统工程（Model Based System Engineering，MBSE）方法论指导下，全面梳理企业内外产品全生命周期业务流程和标准规范，采用先进的数字—智能化技术，形成崭新的、完整的产品开发能力体系。

2. 仿真分析

仿真技术的发展深刻地影响着产品的开发过程。仿真的重要性怎么强调都不过分。有人认为，在今天，没有仿真就没有工程。在产品开发的虚拟空间或数字空间中，仿真具有关键的作用。

通常认为，仿真有可能产生创新的结果，便于解决复杂问题，降低成本，提高质量，缩短产品开发周期，降低新产品的开发风险。最早用在机械设计中的三维运动学仿真，机构运动非常直观，但还不能算真正意义上的仿真。20 世纪 80 年代开始的虚拟样机（VP）的概念，是建立在计算机上的原型系统或子系统模型，在一定程度上相似于物理样机。最初的相似性表现在外形等方面，但随着技术的进步，人们希望相似性尽可能接近真实的物理样机，如功能的相似。

进入 21 世纪，学术和专业领域越来越多地出现数字样机（DP 或 DMU）的概念，与虚拟样机的概念大同小异。数字样机技术建立在机械运动学、动力学、控制、电子等多学科融合的理论基础上，以 CAX、仿真技术等为基础，将分散的产品设计开发和分析过程集成在一起，使产品设计者、制造者和使用者在开发的早期阶段能够直观、形象地观察虚拟产品且进行相应的评估。

随着数字化、智能化需求的增长，以及仿真单元技术的不断发展，一些软件商越来越注重仿真体系的建设。从系统的观点（MBSE，基于模型的系统工程）强调多物理场。也就是说，要真正深入产品运行的物理层面；范围从用户需求到产品运行的各个阶段；涉及的制造过程类别从普通机械制造到增材制造。此中难点和复杂可以想象。

从前面对 PLM 的介绍中可以感觉到，现在的设计和以前的设计概念差别颇大，现在的设计触点已经抵达产品开发中下游的部分工作。值得注意的是，有一个重要的模型成为产品开发和后面中下游各环节联系的纽带，即数字孪生模型。

与仿真存在联系的关键技术有三个：数字孪生体、衍生式设计、多领域物理统一建模。

（1）数字孪生体。前面第二章已详细介绍了数字孪生。在产品设计开发过程中，数字孪生及其仿真不仅大大缩短开发周期，而且能优化产品的运行性能。换言之，产品开发过程的优化很大程度上体现在虚拟空间或数字空间中基于数字孪生的仿真作用上。

在产品的概念和设计阶段创建数字孪生后，可以根据相应的要求仿真和验证产品属性。例如，评估产品是否稳定，是否直观易用？汽车车身是否提供尽可能低的空气阻力？电子设备是否可靠？无论涉及机械、电子、软件还是系统性能，数字孪生都可以用于提前测试和优化。其次是生产数字孪生，它涉及从工厂的机器、设备、传感器等整个生产环境的各个方面。通过在虚拟环境中仿真和调试，在实际操作开始之前，就可以识别错误和防止故障。虽然性能数字孪生是从产品或生产线的运行中获得数据，但依然需要在产品开发过程中予以考虑。性能数字孪生可以持续监控来自机器的状态数据和制造系统的能耗数据等信息，还可以执行预测性维护，以防止停机并优化能耗。图 3-4 为仿真驱动系统开发。

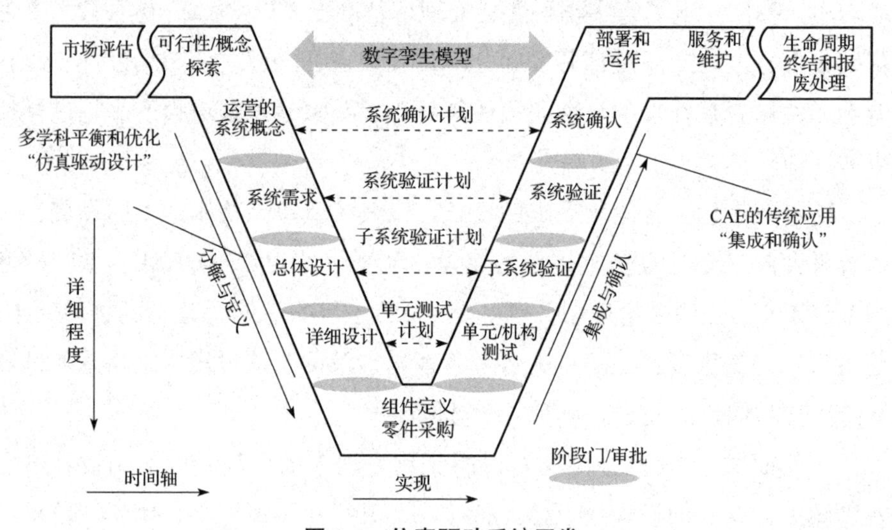

图 3-4 仿真驱动系统开发

大多数人认为呼吸是理所当然的，一个人每天大约呼吸 17000 ～ 23000 次。具有超过 25000 种呼吸产品的 Vyaire Medical 公司是医疗技术领域的全球市场领导者，其能够提供用于诊断、治疗和监测生命各个阶段呼吸状况的服务。该公司利用西门子提供的技术支持，即使用 Simcenter（集测试、仿真等功能于一体的软件）开发其产品的数字孪生，从而通过消除构建和测试物理原型的耗时过程来显著减少开发时间。在开发新产品的早期阶段，能够在模拟内部进行工作，而不是构建昂贵的物理原型，从而实现了缩短时间周期并加快工作进度的应用效果。

（2）衍生式设计。衍生式设计应该是21世纪以来设计领域令人惊喜的科技之一。传统的设计是设计者对某一对象的想象，而衍生式设计是计算机基于人设定问题框架给出可能远超出人们想象的设计。图3-5是衍生式设计制造流程，它将人工智能融入设计软件中，模仿自然的演进过程，设计者或工程师输入设计目标和其他一些参数（如材料、制造方法、成本限制）等，通过云计算软件自动给出可能的序列解决方案，并对每一个演进的迭代进行检查。该方案极大降低了设计的门槛，设计人员有可能不再需要特别的专业知识（如结构、材料等），而只需要输入问题目标和限制条件，就可以让计算机完成专业化设计。软件经过迭代产生成千上万个方案，最终设计者可以从推荐的方案中选择一个最满意的，而且其绝对超出他原来的想象力。图3-5为衍生式设计制造流程。

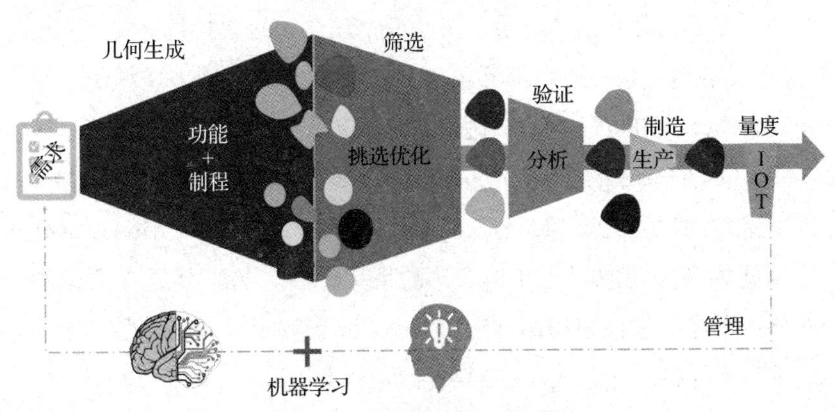

图3-5 衍生式设计制造流程

欧特克（Autodesk）公司引领了衍生式设计技术的发展，其软件已经在实践中得到成功应用。运动服装制造业——安德玛（Under Armour）与欧特克公司合作，利用衍生式设计和3D打印技术生产了一种新的能力训练鞋：UA Architech。Autodesk的Within被用于鞋底夹层的晶格结构设计，使鞋子不仅具有稳定的脚跟支撑结构，而且具有合适的力量训练缓冲。

（3）多领域物理统一建模。复杂机电系统是多领域物理（光—机—电—液—热—磁—控）综合集成系统，传统的产品开发方式是各领域设计者分别设计其相对独立的部分，然后综合在一起。设计过程中虽有总体考虑，且相互讨论协商，但终究难以掌握系统各部分耦合的复杂情况。因此，需要基于多领域知识、面向多学科协同优化的新一代数字化设计方法与技术，以及面向复杂机电系统产品的多领域建模与仿真软件及工具。

自 20 世纪 60 年代以来，国际系统控制工程与仿真界一直致力于“以一种统一形式描述不同领域物理系统”的研究，其发展可以分为两个阶段：前期基于图的统一表达形式；后期基于物理建模语言的统一表达形式。多领域物理统一建模与仿真技术对复杂机电系统设计方法和工具创新具有重要意义，对智能化、集成化复杂机电系统的协同研发具有重要的工业应用价值。

复杂机电产品设计的深度协同要求产品模型可替换、可交互、可集成。这种需求可以采取两种思路实现：一是通过不同的计算机辅助设计工具进行信息集成；二是基于一致的形式化表达实现统一建模与模型集成。前者已经在实践中反复证明存在诸多不足，多领域物理统一建模技术主要采用模型集成的方法。国际仿真界于 1997 年发布了一种开放的全新多领域统一建模语言——Modelica。2006 年 6 月，达索系统宣布了“一种基于嵌入式系统开放策略”（An Open Strategy Based Modelica for Embedded System），以 Modelica 为标准实施“知识内蕴”（Knowledge Inside），大大推动了 Modelica 技术的推广，至此成为多领域工业知识表达的事实标准。2007 年，在欧盟的资助下，欧洲汽车电子软件架构标准组织 AutoSar 启动了旨在支持模型驱动的汽车多领域功能样机及嵌入式应用的项目计划 Modelisar。

创新视点 2

潍柴：优化端到端的产品开发

潍柴动力（以下简称潍柴）主要业务板块包括动力系统、商用车及工程机械等，它是一家实现了跨职能技术互通的端到端灯塔工厂。

面对日益激烈的市场竞争，潍柴以客户满意度为导向，打造最具成本、核心技术和品质竞争力的产品。公司副总裁兼首席信息官曹志月说：“随着新技术的应用，潍柴逐渐形成了一套智能研发系统、以客户为中心的智能车联网（IoV）、精益智能生产管理方式，以及柔性自动化智能仓储，所有这些共同促使潍柴实现了端到端全价值链的互联互通。”

通过数字化快速建模、虚拟开发仿真、智能工业物联网试验，潍柴搭建了新的端到端产品开发系统，将新产品开发周期从24个月缩短至18个月。设计师可借助模块化和参数化设计，输入模型参数，随后系统将自动建议最相关的模块或自动生成新的3D和2D模型。产品设计复用率因此较传统的手工绘制方式提高了30%。

潍柴的工程师们使用虚拟仿真创建数字原型，以获取产品设计参数。这种仿真能及时发现和处理设计问题，削减了20%以上的试验成本。而操作员则可利用更多的传感器（实时采集、上传试验结果）进行试验台升级。潍柴的一款移动App可以智能控制运营，减少75%的劳动力成本，缩短20%以上的研发周期，减少20%的设计失败。测试员和调度员张彦鹏说：“我们过去只能监控实验室里的一个试验台，还必须学习使用不同的监控软件，监控参数也只能手动切换。有了这款智能试验App，我们可以在一个屏上监控和管理多个试验台……系统还可以预测试验台故障，实时将预警推送到我的手机和邮箱，帮助我提前排除故障。”

为了更好地了解发动机在实际运行过程中的性能指标，潍柴建立了车联网系统，实时收集发动机在各种工况下的转速、油耗和功率数据。在大数据分析用户的驾驶习惯、路况和发动机性能等真实数据时，客户的互联互通便与端到端产品开发形成了交互影响。潍柴研究院副院长韩峰对这种影响解释道：“传统上来说，发动机的研发主要依靠设计工程师的个人经验，大家很难完全了解发动机上市后的可靠性。但随着IT和数字技术的深入应用，传统的发动机研发方式正在被颠覆。”

潍柴对客户互联互通和端到端产品开发的重视，也反映在其售后服务上。潍柴实施了四个互联互通项目来提升服务质量。

（1）用基于应用的车联网平台为用户提供高效的服务，包括维修下单、客户支持和满意度报告。

（2）建立客户会员管理系统，通过会员制提高忠诚度、明确会员特权，并建立积分商城（含积分和兑换等动态信息）。

（3）通过远程维护指导，包括在线故障诊断、现场维修协助，为客户节省时间。如此一来，使发动机维护时间减少 15%，文件审核工作量节省 20%。

（4）通过潍柴发动机可视化 AR 模型，支持售前技术交流、发动机装配和售后维护指导。这种 AR 模型不受地理位置或实体机器限制，既可提高公司形象，还能改善培训和现场支持效果。这种端到端连接完美证明了价值链（包括客户）中各职能互联的强大作用力。

第二节　灯塔工厂的卓越制造系统

卓越制造体系是以生产制造为中心的转型升级，通过精益化—自动化—数字化—智能化的主线优化制造系统，实现极致的降本增效。以精益制造为基础，通过提升柔性自动化能力、打通工厂内外数据、推行智能化应用等路径，优化核心生产系统与外延运营环节，实现生产制造环节的提质、增效、降本、减存，如图 3-6 所示。

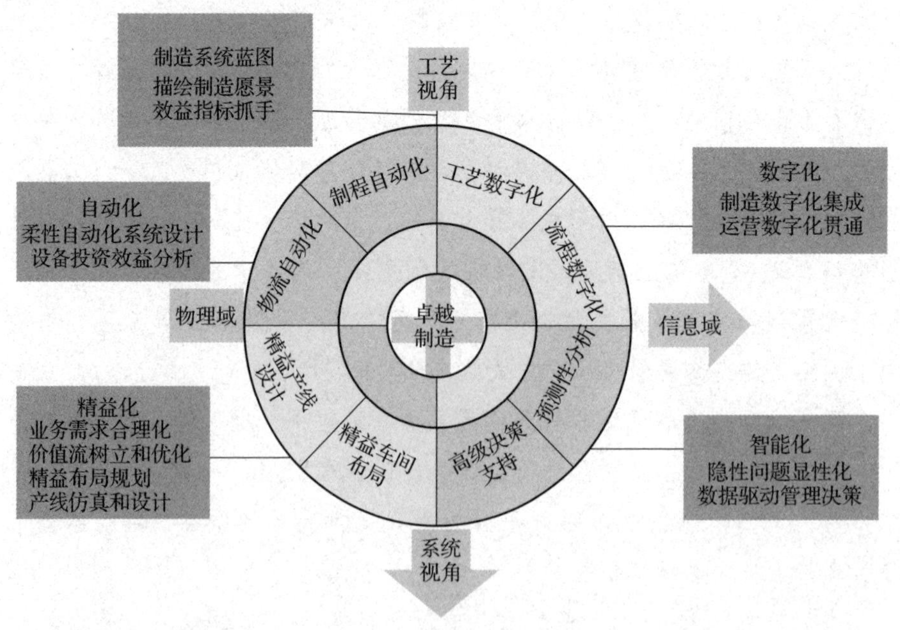

资料来源：工业富联。

图 3-6　卓越制造导向型灯塔工厂的设计框架

一、卓越制造系统过程进化的目的

企业为了实现更好、更高的目标，除了经营战略方向的考虑外，都需要落实在企业各个环节和过程中。没有过程的进化，就不会有企业的进化。正如智能制造本身也不是目标，企业之所以推进智能制造，也是希望以数字—智能技术去改善企业的各种过程，达到相应的目标。这也是本书把过程进化视为企业三大进化之一的缘由。

企业过程进化的目的就是更好地实现企业的目标。在数字—智能化时代，制造企业纷纷希望通过数字—智能技术实现转型，实质是谋求企业进化。但在实施智能制造的过程中，有的企业专业人员更多地聚焦在数字—智能技术上，如此很容易流于为数字化而数字化、为智能化而智能化。无论是在学术上还是实践中都不能忘记：企业转型、企业过程进化、企业智能制造必须围绕企业的目标。一般而言，企业目标无非是高效低成本、高质量、绿色等。

1. 高效低成本

高效是所有企业追求的目标，它和低成本紧密联系在一起，低成本是企业盈利的核心。降低成本主要有两个途径，一是科技创新，二是管理创新。

自动线、机器人等技术是实现高效的常用方式。以某 3C 行业的企业为例，该企业主要生产键盘、鼠标等无线外设产品，在国内无线键鼠行业市场的占有率排名第一。它们经历了漫长的探索，通过自动线和机器人技术替代大量人力，实现高质高效生产。无线键鼠生产过程用到的电子元器件种类繁多、形状不一，该企业通过将无线键鼠生产过程用到的电子元器件标准化，为不同生产线模块化且柔性化生产提供了可能性。它们用机器人替代无线接收器的传统组装，降低了人工造成的不良因素，确保效率和品质的提升，其实施效果如图 3-7 所示。也就是说，该企业通过应用机器人等自动化和智能技术，使无线键鼠生产过程进化，达到了提高效率、降低成本的目的。

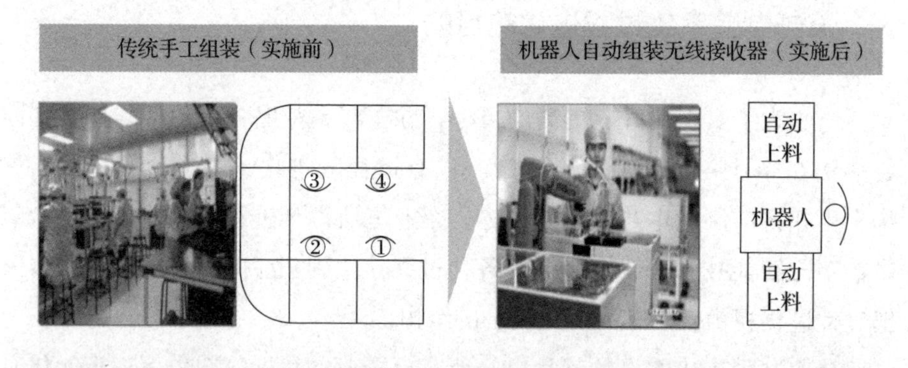

名称	节省人力	月度成本节省/元	投资回报收期/年	线体	人力	单位人时产能	日产能/10h
机器人自动组装无线接收器	2	11704	1.7	原手工线	4	200	8000
				机器人线	2	600	12000

图 3-7　机器人自动组装无线接收器实施效果

很多软件是提高效率的很好手段。如某企业使用开源三维计算机工艺辅助规划（CAPP）软件：基于知识，提高可复用性；具有三维工艺模型和代码自动生成功能；能进行三维工艺仿真验证，试验次数少；工艺开发的周期短。软件的应用使工艺开发周期从 120 天降为 80 天。

通过场景化软硬件数字应用的部署，打造统一的数据治理体系、多级协同的工业互联网架构、云端服务化的系统平台及智能制造技术平台。例如，通过 MES/WMS/AGV/HR/ESOP/APS 等数字化应用打通人、机、料、法、环，实现制造资产的协同配置与信息打通，打造包含计划调度、生产执行、质量管控、设备运维等业务的生产过程管控闭环；通过数据中台、企业运营决策中心、物联网平台等数字化应用，打造以数据驱动的企业数据决策与运营管理平台；通过数字化应用实现业务流程优化、操作与控制优化、生产管控协同优化、供应链协同优化等工厂智能化集成优化。

2. 高质量

质量是企业价值与尊严的起点，也是企业赖以生存的命脉，质量更是拉开与同行差距的制胜法宝。数字—智能技术的应用可以更好地控制装备的加工过程，或者说使加工过程进化，达到提高加工质量的目的。

灯塔工厂中信戴卡是1988年中信集团创立的中国大陆第一家铝车轮制造企业，现已成为全球最大的铝车轮、底盘铝铸件供应商。同时，作为行业标准制定者，中信戴卡正积极建设智能化的生产管理平台，采用国际先进低压铸造、锻造、铸旋及差压铸造等技术工艺，生产轻量化的铝铸件产品及铝合金车轮，代表着世界汽车零部件加工的先进水平。

中信戴卡围绕全集团质量和工艺水平提升的目标，利用AI、视觉检测、轮毂尺寸全数字化检测及5G技术，打造了从质量到工艺的闭环。在机加工艺提升方面，中信戴卡利用轮毂尺寸全数字化检测技术不仅实现了检测的自动化，而且通过检测尺寸数字化不断积累的加工数据，用以构建和优化知识图谱，实现CNC机床自动闭环调优，形成质量闭环，提高一次成品率。同样的技术思路也应用于压铸质量的提升，已积累的X光片缺陷数据将形成全球统一标准，规避人为或产地因素导致的实际执行标准不统一的问题，实现X光检测的标准化。

3. 绿色

绿色应该成为现代企业的常识。制造业能耗占全球能量消耗的33%，CO_2排放的38%。当前许多企业通常优先考虑效率、成本和质量，对降低能耗认识不足。实际上，不仅化工、钢铁等流程行业，而且汽车、电力装备等离散制造行业，对节能降耗都有迫切的需求。

数字—智能制造技术能够有力地支持高效可持续制造。首先，通过传感器等手段可以实时掌握能源的利用情况；其次，通过能耗和效率的综合智能优化，获得最佳的生产方案并进行能源的综合调度，提高能源的利用效率；最后，还可以与电网开展深度合作等，进一步从大系统层面实现节能降耗。

虽然行业领导者都知道改变迫在眉睫，但至今仍没有清晰的操作流程来指导行动。不过，有些灯塔工厂已然走在环保绿色道路的前列，部分制造企业将技术创新与新兴商业模式相结合，在提高竞争力与推动业绩增长的同时，积极打造一个碳中和的制造生态系统。

用户体验、个性化定制、服务等都可以作为企业的目标，本质上可以将这些看成“客户为中心”理念衍生的具体目标，其他章节已有介绍，此处不再赘述。

创新视点 3

Quality 4.0：提升品管的三项技术

工业 4.0 正在深刻地改变制造业，工业 4.0 一词涵盖正在改变制造业的所有技术、过程和实践。Quality 4.0 试图进一步分类，能让制造商在整个供应链中制定、管理和维护质量标准的特定技术和程序。波士顿咨询（BCG）的 Quality 4.0 研究指出，预测质量分析、机器视觉质量控制和标准操作程序这三项技术将被大多数想提升质量管理的制造商采用。

1. 预测质量分析

预测质量分析是制造商用来预测已在生产过程中的产品、组件和材料质量的工具。预测分析从清理、格式化和分析整个生产过程中收集的大量数据开始。然后，将统计算法和机器学习应用于数据以提取有用见解。这些见解能让制造商揭示关键变量之间的有用关联、辨识数据模式、检测异常并预测未来的结果和趋势。预测质量分析能让制造商辨识可能导致质量输出降低的异常事件和根本原因。

2. 机器视觉质量控制

在大批量的自动化过程中，手动质量检查既昂贵且缓慢。此外，由于对质量的要求不断提高，抽样检查不再是可行的解决方案，此即机器视觉和深度学习在工厂质量控制的用武之地。这些技术可实现对产线中每种产品的检查自动化，并具有一致且准确的检查结果。

目前有2D及3D两种机器视觉质量控制方法。制造业中的绝大多数机器视觉应用都是基于2D成像。这是快速而强大的自动检查方法，并为应用提供分析，如条形码读取、标签方向和打印验证。

3D机器视觉最常用于检查和测量复杂、不规则的3D表面。目前有几种3D成像技术，包括时差测距（ToF）、立体视觉、光条投影、阴影形状和白光干涉仪等，而最常见的方法是三角测量。

3. 标准操作程序

SOP可为手动和自动任务提供指导，也可作为安全工作实践的指南。员工每次都应以相同的方式完成操作，让操作维持一致。SOP能让制造商在整个组织中建立一致的工作惯例，维持高质量水平，确保工作效率和安全性，避免沟通不畅，并有助于防止不遵守行业法规的情况。SOP可简化生产过程，同时最大限度地减少出错的风险。

Quality 4.0不仅与技术有关，更是管理质量的新方法。数字工具加上更先进、更智能的流程，能让团队始终如一地向客户提供高质量产品，同时能维持更好的安全性、更高的内部效率及拥抱生态和可持续营运。

资料来源：作者根据多方资料汇编。

二、卓越制造系统过程进化的载体

经营过程的优化除了要围绕目标外，还要落实到具体的载体上。各种先进的分析即基于大量的数据，使机器之间、机器与人之间更好地连接起来，从而使各种过程尽可能优化以达到相应的目标。所以，可以认为过程优化的载体主要是机器 / 设备（含工具和产品）与人。很多情况下，产品是提供给客户的设备，企业的制造设备也可视为生产产品的工具。任何一个过程至少包含其中一个载体。过程进化需要能力支撑，也就是说，实施智能制造就应该为这些载体赋能。

数字—智能技术越来越多地被用到装备上。前面提到的智能机床不仅有智能硬件，还有一些智能软件，如机床全生命周期数字孪生、大数据分析、机器学习等。正是这些智能软硬件赋能机床，致使加工过程优化，保证高效率、高质量。

智能制造系统无论多“智能”，都不能不考虑人的因素。GE在其工业互联网项目中就非常重视人的因素，强调在任何时候连接工作中的人，支持他们进行智能设计、运行、维护及高质量的服务等。企业中的大量信息系统，实际上也是为了使工作更有效率。如CAD软件帮助设计者更好地完成设计工作；MES帮助车间人员的调度工作更有效。企业中信息的互联不仅是机器之间，包括机器与人、人与人之间都需要信息的交换。各种工作过程中的人，只有充分掌握信息，才可能进行过程的优化。从某种意义上讲，给设备赋能也意味着给人赋能。

现在由于传感、无线、泛现实或扩展现实（XR）等技术的发展，市场上开始出现一些可供人佩戴或使用的智能设备或器件。如现实编辑器——一款MIT媒体实验室Fluid Interfaces团队开发的应用——展现了AR在这方面的快速发展。现实编辑器可以在任何智能互联设备上搭载AR互动功能。通过该应用，人们可以通过手机、平板电脑或智能眼镜控制智能互联设备，在这些设备上叠加虚拟数字互动界面，并将各种功能进行编程，赋予手势或声音命令，或者与其他智能产品连接。例如，用户可以通过现实编辑器“注视”智能电灯，获得控制其亮度和颜色的界面，并设置声音命令，如“明亮”或“心情”等。不同的设置可以链接到不同的虚拟按键，并安放到任何方便的位置。

制造流程通常极为复杂，包含几百个甚至上千个步骤。一旦发生错误，就会造成巨大的损失。如上所述，AR能在合适的时机将正确的信息发送给各组装流水线上的工人，从而减少错误，提升效率和生产率。在工厂中，AR还能从自动化和控制系统、次要传感器和资产管理系统中捕捉信息，并让每一台设备或每个流程的监测和诊断数据可视化。一旦获得了效率和不良率的数据，维修人员就能了解问题的源头，并通知工人进行预防式维护，从而避免因设备损坏导致停工的情况，大大减少了损失。

三、卓越制造系统过程进化的方法

不同领域和业务活动的过程千差万别，这里仅讨论两个最主要的、共性的方式：互联、重组。

1. 互联

对应第四次工业革命的基本思想是 CPS，即数字—物理世界的深度融合。也就是比特世界与原子世界的深度交叉融合，由此而使人类更易洞察现实的物理世界，并创建更多的人类不断追求向往的“超自然存在”（自然界世界原本不存在的东西）。融合就需要互联，尤其是物联网技术出现以后。物联技术深刻地改变着世界，当然也深刻地改变着制造业。

通过互联能使过程进化，互联主要表现在两个方面，即过程内部的互联和不同过程之间的互联。

过程内部各环节各要素的信息要互联。如在加工过程中，材料、刀具、温度、振动、电流、功率、尺寸……甚至噪声、图像，这些信息并不是相互独立的，而是耦合在一起的，而且是随着时间动态变化的；有些信息转换成普通的数据，有些还是非结构化的。在无法互联的时代，过程中的关联细节就像一个黑洞。一旦互联加上大数据分析和智能分析工具，人类就有可能更深刻地洞察事物的发展规律，从而使过程进化。

处于一个系统中不同的过程之间其实也有关联，因此不同过程之间也应该有信息互联。上下游过程自不待言，非上下有关联的过程间也会有关联。如某一零件的加工，车间里很多过程与之相关，包括物流过程、生产计划过程、质量监控过程等。更有甚者，不同企业之间可能存在过程联系，如远程诊断服务。

2. 重组

企业的业务过程显然不是一成不变的，早期作坊式的工厂和后来的大批量流水式生产似乎有天壤之别。现在的个性化定制及大批量个性化定制与大批量流水线模式又有很大区别，其过程自然有别。业务流程的重组是企业过程进化的一个重要方面。重组可因技术变化而自然演进，也会因管理理念和模式的改变而催生高科技。

（1）技术进步导致过程重组。与工艺相关的技术发展可能直接改变工艺流程，如增材制造（3D 打印）技术，尤其是金属增材制造技术的发展。以前因为制造工艺的限制，可能一个小部件要拆成很多个零件，分别加工后再装配而成。增材制造技术在一定程度上消除了这种限制，原来分成多个零件的部件有可能变成一个零件。尤其在单件小批量或者试制的场合，这种方法具有明显的优越性。它不仅能提高效率，而且对于保证产品质量和可靠性都有好处。通用电气公司声称，它们通过增材制造技术把原来 855 个零件合并成 11 个，发动机重量减轻，燃油消耗降低 20%，功率提高 10%。从制造流程来说，因为增材制造技术的应用而导致的流程改变可想而知。

又如，传统铸造需要木模、金属模等模具，工序多、周期长，形状和性能难以精确控制。无模铸造复合成型新技术不用木模、金属模等模具，对砂型数字化建模后直接挤压近成形、切削净成形，得到多材质复合铸型，最后浇注，得到高品质铸件，实现从有模造型到无模直接造型方法的跨越，工艺过程较传统方法有很大的改变，如图 3-8 所示。

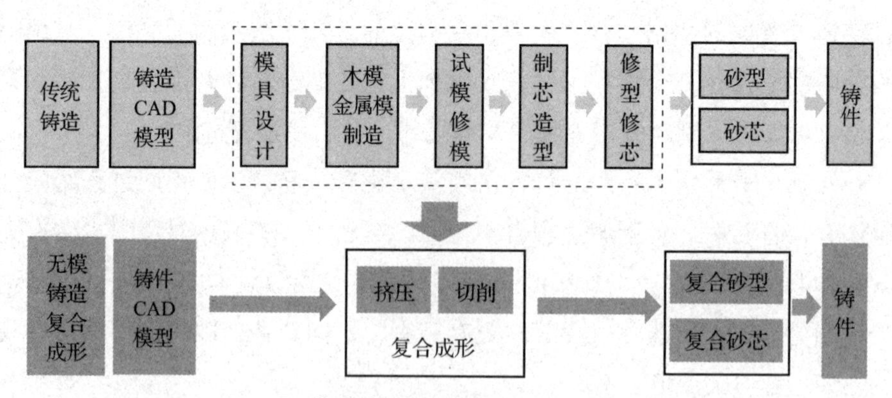

图 3-8　传统铸造与无模铸造复合成型流程

数字化、网络化技术也带来某些过程的改变。如配备 MES 系统后，车间的物料运送、质量管理、生产计划排程等过程与未配备之前相比肯定简化许多。有了供应链管理系统（SCM），企业的物料采购过程同样相对简化。值得注意的是，数字化技术不仅用于企业的设计、生产等业务，包括企业一切事务活动，也可以通过信息技术的应用而简化过程，节省人力，提高效率。

（2）管理进化需要过程重组。20 世纪 90 年代，一些管理学者开始意识到企业流程重组的意义。1990 年，美国著名企业管理大师迈克尔·汉默（Michael Hammer）提出了企业流程重组（也称为业务流程再造，BPR），Hammer 和 Champy 将 BPR 定义为："针对企业业务流程的基本问题进行反思，并对它进行彻底的重新设计，以便在衡量绩效的重要指标上，如成本、质量、服务和效率等方面，取得显著的进展。"他们以国际商用机器信用公司（IBM Credit）为例子说明流程再造的意义。该公司为 IBM 全资子公司，在 IBM 出售计算机、软件或者提供服务的时候向顾客提供融资。处理申请融资材料是其重要的流程，主要有五个步骤，平均每个申请走完五个步骤需六七天时间。经过调查发现，完成处理每份申请的实际工作时间并不长，只有 90 分钟，其余的时间都耗费在从一个部门到另一个部门的公文"旅行"上。因此，"问题并不在于任务本身和执行任务的人员，而在于整个流程本身的结构。"最后他们将其中若干步骤合并，由一位被称作"综合办事员"的工作人员办理审核申请材料的全过程，而不需要再转来转去。

类似的例子几乎在所有企业都存在。美国的一些大公司，如 IBM、科达、通用汽车、福特汽车等纷纷推行 BPR。企业流程的改变自然引发组织再造。流程重组和组织再造都需要数字化技术的支撑，如建立数据库、网络协同平台等工具。

四、卓越制造系统过程进化的典型场景

利用数字—智能化技术改善工艺过程有多种方式，典型的场景和举措说明如表 3-6 所示。数字—智能化技术的发展深刻地改变了制造业的进化程度。这里仅介绍大规模个性化定制、车间生产进化和设备服务过程进化等典型场景及其相应案例。

表 3-6　卓越制造导向型灯塔工厂典型场景与举措说明

类型	场景	举措说明
工厂规划	精益工厂布局规划	实现合理功能分区，提升空间利用率，使物流路径更高效
	精益生产 & 物流	落实生产线平衡、精益线边仓、“拉”式物流配送等设计理念
	全面质量管理	构建全面质量追溯系统，基于指标进行质量管理，实现在线 PDCA 持续改善
产线设计	柔性自动化	完成各个工艺的自动化升级，导入自动化流水线、AGV 等车间物流自动化设备
	模块式生产	引入生产模块单元，提升产线可重构性，以应对生产计划的临时变更
产线数字化	设备互联	通过数采系统、通用工业协议、5G 等技术实现全场域设备互联互通
	信息透明	MES 数据的互联方案设计重点关注业务指标、质量情况、设备情况、人员情况等指标
生产制造	智能调机	根据生产状态和质量参数，利用算法自动调节工艺参数；针对所需关键参数信息自动采集，并实时监控预警，使产品工单链接，自动推送预警、报警信息
	智能安灯	系统内设定各类异常处理时间预警，出现异常情况自动上报，并依据实际处理情况进行升级提醒
	无人质量检测	通过自动视觉质检、虚拟量测等技术，实现无人化的质量检测
	异常监测	在关键设备或工艺环节加装传感器采集参数，对生产异常预警和及时响应
设备管理	全生命周期设备管理	将设备全生命周期各环节有效串联、统一管理。设备维护（点巡检、保养）等业务流程借助信息化系统手段，引入和执行监督管理
	备件管理系统	有效管理备品备件出入库记录，合理监督管控备品备件库存上下限值，采用数据趋势分析手段，预测和提醒备件请购，合理控制库存
	设备管理知识库	典型故障维修等技术文档资料方便学习和查看，使维修经验有效传承
	预测性维护	根据设备状态参数和生产历史记录，预测设备剩余寿命值，并合理安排维护计划以减少对产能的影响

1. 大规模个性化定制

早期的制造业是手工作坊式的，这种模式中产品的设计者和制造者可能是同一人，即使是不同的人，因为工作场所在一起，也可以随时交流。若要使其产品满足客户的某些特定要求并非难事，因为手工作坊具有足够的柔性。18 世纪 60 年代，瓦特改进蒸汽机，手工工厂开始向工厂发展。截至 19 世纪 20 年代，电力、电机和内燃机等技术相继出现，人们突然发现可以更大规模地生产更多的产品。20 世纪初，亨利 · 福特（Henry Ford）和阿尔弗雷德 · 斯隆（Alfred Sloan）创立了大规模、大批量的生产方式（MP）。大批量的生产方式的出现是一次真正的革命，这种方式分工更细、效率更高，成本自然更低，迅速地让全社会包括许多普通人受惠于工业的进步。当然，大批量的生产方式因为柔性的欠缺而忽视了个性化的需求。第二次世界大战后，高新技术特别是电子技术的飞速发展，使大批量生产方式发展到极致。随着先进制造、计算机网络、人工智能等技术的发展，客户需求多样化和个性化的欲望催生了新的制造模式——大规模定制（MC）。早在 1970 年，美国未来学家阿尔文 · 托夫（Alvin Toffler）在 *Future Shock* 一书中提出了一种全新的生产方式的设想：以类似于标准化和大规模生产的成本和时间，提供客户特定需求的产品和服务。1987 年，斯坦 · 戴维斯（Start Davis）在 *Future Perfect* 一书中首次将这种生产方式称为 Mass Customization，即大规模定制。1993 年，约瑟夫 · 派恩（B. Joseph Pine II）在《大规模定制：企业竞争的新前沿》一书中写到，大规模定制的核心是产品品种的多样化和定制化急剧增加，而不相应增加成本。

随着大数据、互联网平台等技术的发展，企业更容易与用户深度交互、广泛征集需求。在生产端，柔性自动化、智能调度排产、传感互联、大数据等技术的成熟应用，使企业在保持大规模生产的同时，针对客户个性化需求而进行敏捷柔性的生产。图 3-9 为大规模生产模式与个性化定制模式的对比。

未来，个性化定制将成为常态，尤其是在消费类产品行业。当前服装、家居、家电等领域已开启个性化定制。在时尚行业，《2015 年中国时尚消费人群调查报告》中显示，在 80 后、90 后人群中，有 90.3% 的人对定制消费感兴趣。未来随着互联网技术和定制技术的发展成熟，柔性大规模个性化生产将逐步普及，按需生产、大规模个性化定制将成为常态。以客户为中心的大批量定制生产模式，为传统制造企业开辟了极为广阔的新发展空间。

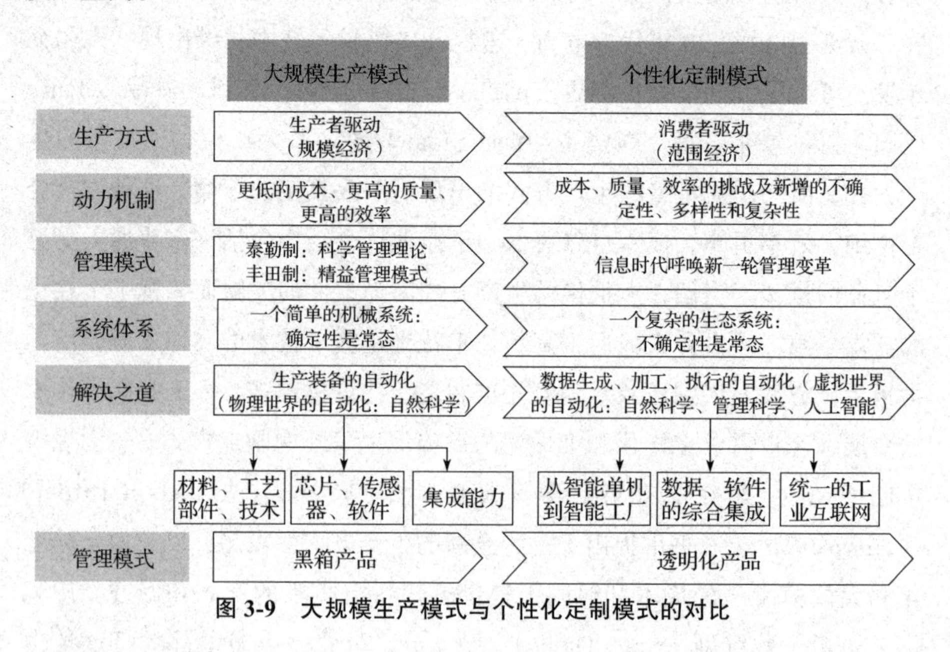

图 3-9 大规模生产模式与个性化定制模式的对比

创新视点 4

青岛啤酒全面转型，实现业绩增长

领先的组织明白，墨守成规只会桎梏增长。即便市场环境动荡不安，客户对定制化产品的需求也不容忽视。为此，它们视第四次工业革命技术的商业模式创新为第一要务，并相应取得了诸多重要优势，如深入了解购买行为和客户选择等。考虑到客户偏好日新月异、各不相同，组织唯有及时跟进，才能成为客户首选。它们深知大规模定制能力的重要性。通过创新转变其商业模式，组织能够“物尽其用”，以空前的速度推出定制化产品。

青岛啤酒是中国第二大、全球第六大啤酒企业。面对消费者日益攀升的个性化、差异化和多元化需求，青岛啤酒采用了新型商业模式，在整个价值链上下游重新部署了智能数字化技术，从而实现了对客户体验、产品研制及分销的优化。这家拥有118年历史的老牌工厂将客制化订单和新品开发和交付时间缩短了50%，进而使定制啤酒的占比增加到33%，营收也提高了14%。

通过精准把握客户偏好，青岛啤酒实现了个性化营销。青岛啤酒推出了业内首个在线定制平台，为B2B和B2C销售渠道提供定制化包装。通过锁定影响产品流行度的主要元素，青岛啤酒在产品的定制能力上取得了重大突破；通过深入“刻画”每款产品，青岛啤酒得以实现按需开发。

在柔性生产模式与自动化质量管理的“双向加持”下，青岛啤酒快速、灵活地实现了小批量生产。依托优化后的供应链规划体系，以及一流的供应链分析引擎，该公司成功提升了分销效率，缩短了交付时间。此外，人工智能驱动的端到端规划体系也让青岛啤酒快速、高效地满足了客户需求。

借助数字化赋能的柔性制造体系，青岛啤酒缩短了交付时间和生产调度时间。精准预判需求走向后，产品变化的次数减少了，OEE（设备综合效率）得以提升。得益于大规模定制和B2C在线订购，青岛啤酒最低起订量降低了99.5%。通过加强对客户偏好的认知和响应能力，青岛啤酒不仅实现了真正意义上的增长，还提升了其品牌偏好度。

2. 车间生产进化

企业的目标，如效率、成本、质量、绿色等都应该落实在车间，智能制造自然也应该落实到车间。

车间是制造生产的关键环节，工艺、生产计划调度、物料配送、质量控制等任何一个环节足以影响全局。一般而言，在车间生产过程控制中，制造执行系统（MES）起着关键作用。很多企业在数字化转型过程中往往重点关注产品开发及生产管理销售，而车间的信息化却很薄弱。缺少中间环节的数字化支撑，即使有一个功能强大的ERP系统，也不可能真正发挥作用。

精益生产的理念是减少浪费，消除制造过程中多余的、不必要的消耗。传统精益生产基本上靠人的经验来发现这些浪费。现在通过企业信息系统掌握具体的、实时的生产信息，支持企业在生产过程中实现精细化的生产管理与过程控制，以支撑对生产过程问题的准确分析，从而减少浪费，实现精益生产。整个生产过程中处理变化的及时性、信息传递的便利性为准时制生产方式（JIT）的实现提供了可靠支撑。

MES（制造执行系统）是贯彻精益生产理念的一个平台，精益生产的规章制度及其落实都可以在IT系统中固化和体现出来。从传统精益推进到数字化精益，必须要经历信息化深度应用，各个业务场景通过相关的IT系统融合，将精益理念逐步固化在日常管理和IT系统中，并通过制度确保效果的持续化，如图3-10所示。总的来说，先进的生产管理方式要靠先进的技术来推动。反过来，先进的技术也要和先进的生产管理方式融合起来。

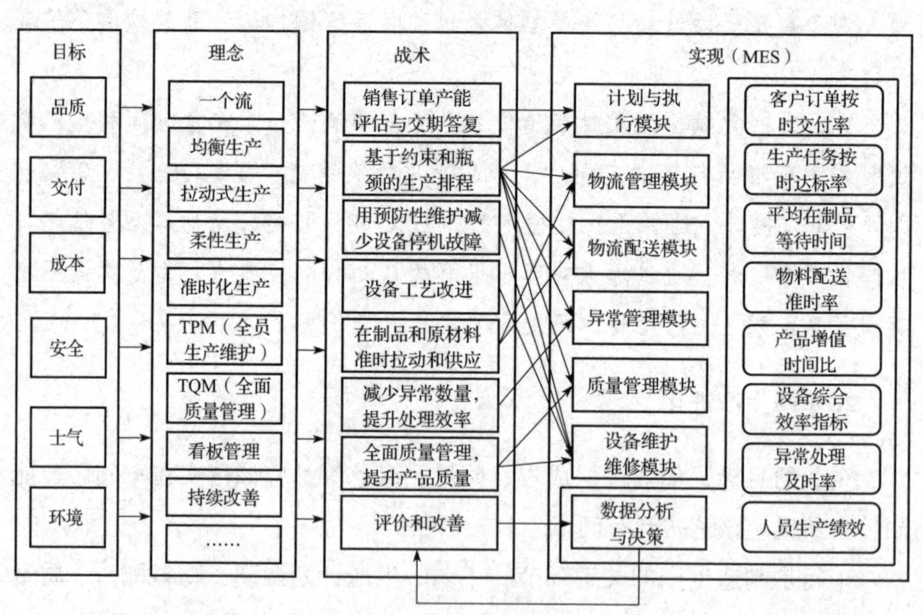

图3-10　数字化精益生产的实现（MES）

创新视点5

灿态信息制造执行系统（MES）

2013年成立的深圳市灿态信息技术有限公司（以下简称灿态信息）专

注于 SMT（表面组装技术）细分领域，服务企业建立工业互联网平台。该公司是国家高新技术企业和深圳双软企业，拥有近百项自主知识产权，在上海市、杭州市、济南市、长春市设有子公司。灿态信息的创始人专注积累先进制造技术，打造灿态信息成为 SMT 细分领域工业互联网解决方案（“天龙八步”：业务流程化—流程简单化—流程合理化—流程标准化—标准系统化—系统数字化—系统网络化—网络智能化）的领先服务商，服务了富士康、大族激光、科大讯飞、TCL、珠海光宇、徐州重工等一大批龙头企业。

1. 灿态信息 MES 的特点

在服务离散型制造企业的过程中，灿态信息总结各类企业运营中主要的痛点：有订单不敢接，接了订单生产不出来，生产出来品质不符合要求，品质不符还找不到改善原因，生产异常无法及时预警及处理，生产过程无法追踪溯源，生产过程做不到透明分析和持续优化，无法实时掌控生产全过程等。

灿态信息提出完善的制造执行系统解决方案，其特点如下。

灿态信息制造执行系统 = 鹰眼云看板（随心显）+ 蜂巢（标准采）+ 工业大数据（AI 解析）。

（1）设备联网，全线自动采集。蜂巢标准采集模块通过软件选配的标准设备采集 SaaS 平台，整合 SMT 行业国内外主流设备厂商。

（2）上料防呆 100% 精准。优化流程（发料—备料—上料—耗料—退料）；自动算料（在机台稼动率 OEE 不断提升的基础上，进一步对机台轨道的使用进行有效排配、合理优化，依据物料清单配比和轨道特性，如四个上料区域、四个机器手臂、每个机器手臂 8 ～ 12 个吸嘴的最优排配）；软硬闭环（以前是软件自成闭环，硬件自成体系，软硬件协同靠人为衔接，虽然软件理论上达到了 100% 的上料防呆，但因人为疏忽和失误，实际上还是会造成上料错误。现在通过物联网实现设备互联，达到软硬件闭环协同管理，有效避免人为错误，达到上料防呆 100%）。

（3）抛料计算 100% 精准。设备互联之后，对吸嘴是否有抛料能做到精准记录，并充分考量接料误差，对松下黑色胶布、西门子铝片卡扣进行有效识别（通用设备用黄色胶布接料）。

（4）耗料拉动100%精准。通过设备连线、过站扫描及物料清单配比精准计算已使用物料；通过线体节拍（Cycle Time）和每小时产量（UPH）预测未来的使用量，做到精准拉动备料。

（5）柔性排产整线切换。对物料相似度90%的产品做到柔性衔接、前后排产，变下料为换料快速切换。

（6）台车备料省时90%。在备料区台车提前备料，整车物料切换省时90%。

（7）一键切换整工单换料。对整工单换料提供一键切换功能。

（8）辅料工治具配套全管理（如钢网、锡膏、飞达、台车、红胶）。

2. 灿态信息的MES实施目标与方案

灿态信息制造执行系统对现有生产过程进行调研，实施系统化管控，技术上实现在车间的生产工位加装采集终端、扫描器、RFID（射频识别）读卡器、看板、报警器等采集和呈现设备，实现数据采集。

（1）实施目标如下。

①通过条码的技术能够让产品具有可追溯性。

②将生产过程的信息通过系统及时呈现。

③将生产过程的数据通过工具形成分析的报表给生产、品管、工程、供应商作为管理和决策的依据。

④将生产过程的异常管理的经验积累到知识库，提升人员的生产管理能力。

（2）实施具体方案如下。

①产品追溯：数据追溯让产品追溯有据可循，可查历史记录、包装记录、关键物料、返工记录、检验记录、化验记录、工艺参数记录等。

②完整的工艺数据：完整的工艺数据（检验记录、工序信息、化验记录、物料使用、设备等）帮助研发工程师分析和改进工艺。

③简易的工序交接：工序交接简便，可锁定IP与工站点、工号，扫描

交接，杜绝不规范操作工序。

④无纸化质检：实现无纸化质检，实时检验、触控操作、降低生产成本；重点记录批次、抽样数，测量工具、标准值、实测值、外观检验数据等；生产品质实时监控、工序不良全面记录、试产首件在线管理、品质报表自动生成。

⑤主动预警提醒：当工单没有在规划时间内完成，物料可能处于滞留状态，这时应发起缺料预警。

⑥全制程良率绩效考核（KPI）：自动生成各制程良率及全制程直通率。

3. 珠海光宇公司案例实施效益

2020年灿态制造执行系统（MES）成功导入珠海光宇公司，核算每年降低车间制造成本1107.2万元人民币，可量化效益计算如下。

（1）直接节省人力成本。

导入灿态信息制造执行系统，实际节省生产线人力80人，每年可以为工厂节省人力成本80人 ×7万/年 = 560万/年（注：生产线人力成本按每人每年7万元人民币计算）。

（2）设备效率提升收益。

每年可以为客户工厂提升设备效率，降低的车间制造成本：547.2万元人民币/年（注：每条SMT产线制造成本按照2000元/小时计算）。

资料来源：灿态信息。

3. 设备服务过程优化

制造业向服务端转移的趋势早在十多年前就已经进行了，当时一些环境和产业的变化使制造业的服务化成为一种世界范围的趋势。作为一种新的商业模式和生产组织方式，服务型制造的运作模式也不同于以往的制造模式。

（1）在运作模式上，服务型制造更关注用户价值的实现，通过满足用户的用效需求，实现企业价值和客户价值的双赢。

（2）产品服务系统的引入要求建立新的运作模式。服务的无形、生产过程和消费过程的不可分割性，使传统的以库存管理为基础的制造运作管理理论不再适用，需要建立基于能力管理的服务型制造系统的运作模式。发展不同类型的制造及服务能力，建立制造及服务能力知识库，开发规范化的制造及服务能力协作接口，形成不同模块即插即用的能力，以根据用户的需求实现能力模块的快速发现、配置、运作和重构，是服务型制造系统运作管理的根本特点。

（3）知识成为服务型制造系统运作的基础。在服务型制造系统中，主要包括技术知识、生产过程知识和顾客知识，知识的获取和运用能力将成为企业的核心竞争力，数据作为产生知识的主要途径将成为企业的核心资产，知识交易将成为企业之间协同和增值服务的主要方式。市场的开放使大多数资源都可以通过市场交易获得，基于流程的分工也使每个流程的复杂性大大降低，大数据和知识的交易与共享可促进产业链的协同化。因此，企业只有构筑基于产品设计知识、制造过程知识，或者用户需求知识的隐性知识壁垒，开发动态制造及服务能力，在不同流程内部隐性知识封装的基础上，相互之间基于开放的知识接口，实现不同的协作。

1951 年，随着美国首先提出预防性维护与全面生产维护的概念，工业生产由以质量为目标、企业为中心的制造转变为以创值为目标、用户为中心的服务。观念的转变使利用数据分析，以及做预诊断与健康管理的工业资产管理解决方案在企业内逐渐受到重视。PHM 系统能够通过对机器数据潜在模型状态的识别与预测，从而发现隐性问题，为用户提供可执行的信息，进一步提高生产系统的效率。

机床加工的核心部件是用来切削工件的刀具，其直接影响加工工件的质量。在加工的过程中，刀具会随着切削工件的数量增加而逐渐磨损，造成加工效率和质量的下降，当磨损达到一定程度后需要被更换，否则会导致生产事故，严重的会导致主轴故障，造成更大的损失。影响刀具寿命和稳定性的因素有很多，如刀具的材料、结构、涂层、加工机床的性能、工件的材料、加工冷却效果，以及场地环境等，这些因素在加工的过程中十分复杂且具有管控上的难度，进而影响刀具的寿命。传统刀具寿命管理的痛点和瓶颈在于无法精确预测刀具加工过程中的正常磨损、崩刃、断刀等状况，只是通过加工者的经验，掌握刀具的加工时间或切削长度来进行刀具寿命管理。然而，过早淘汰刀具将会造成成本的增加，过晚淘汰刀具又可能造成品质异常，甚至可能造成加工机床的重大损失。企业需要一定的人力进行品质的检测和监控，并承担异常品的损失。因此，工厂需要刀具寿命监控及预测的机制来提高切削加工的效率及品质。

工业富联公司拥有超过10万台不同种类的精密加工CNC（计算机数控）设备，需要大量的人工来管理及监控加工状况和切削刀具的磨损情况，并根据经验来判断更换刀具的时间。在手机结构件机加工和模具制造等过程中都会大量使用不同规格的刀具，对于现场的操作员而言，刀具的剩余寿命和磨损情况是不可见的信息。过去，操作员只能凭借经验规定一个统一的切削时间，或者通过观察切削火光和声音来判断刀具状态。而以“无忧”刀具为目标，使刀具的状态能够被实时准确评估，提高切削刀具的稳定性和寿命，一直是该公司的核心研发项目，也是全球机械加工领域的重要课题。表3-7为“无忧”刀具的技术实现路径。

表3-7　“无忧”刀具的技术实现路径

避免	刀具：提前预设寿命，但造成浪费，事后诸葛亮	“无忧”刀具：零宕机、零次品、零浪费 刀具：加工过程可监测、可量化，降低不确定性，基于数据指导换刀，使使用寿命最大化
解决	刀具：管理凭经验法则统计，加工过程主要靠人员监测和人工判断	刀具：切削过程可监测、可量化，刀具的使用周期仍然可通过刀具的特征捕捉到，避免异常断刀的发生
可见程度	可见	不可见

刀具作为切削过程中的直接执行者，在工件切削加工的过程中不可避免地会出现磨损、崩缺、断刀等现象，刀具状态的变化直接导致切削力增加、切削温度升高、工件表面粗糙度上升、工件尺寸超差、切削颜色变化及切削震动的产生等。在传统的机械加工行业中，刀具的健康状态是通过

人员针对切削的颜色、加工时长及加工过程中产生的噪声与线下测量等方面判断，需要大量的人力成本和检测时间。另外，传统的数学分析模型在高频数据的来源与多种影响因素的状况下难以满足实际的需求。因此，需要利用工业智能技术对庞大的数据量进行分析建模，解决刀具寿命监控和预测的问题。

为了有效地进行刀具寿命监控和预测，首先需要在数据技术方面部署边缘端智能硬件，将采集的原始数据进行信号处理和特征提取后传送至拥有高运算能力的专业云计算平台。依托边缘计算技术，提取能够体现刀具衰退状态的400多个关键特征，将传输的数据体积缩小了近百倍，有效减少了数据传输和减轻计算力的负担，降低了通信等基础设施的投资成本。数据采集完毕后，在建立模型前先评价数据的可用性，使用有效的信息建立数学模型和参数训练，避免质量低劣的数据影响预测模型。

在本案例中，通过采集传感器与控制器的高频数据及PLC（可编程逻辑控制器）低频数据，包含振动信号、电流信号、加工单节、加工时间等数据，进行数据的前处理、分割、特征提取后，取出不同种类的时域和频率特征集，并使用不同的自动化特征筛选方法进行特征选择，建立刀具的磨损量评估模型，并基于刀具磨损量的评价结果建立刀具剩余寿命预测模型。最后，将该模型部署于服务平台，进行上层应用的定制化界面开发，提供接口供指定刀具传输实时数据，实现刀具剩余寿命监控及预测功能。

通过刀具寿命监控及预测维护系统，可以最大限度地降低维护成本，同时优化产品品质。根据初步统计，此系统为某一条手机后壳加工线带来了效益，降低60%的意外停机时间，减少50%巡视监控机台状态所需的人力，并且质量缺陷率从0.6%降至0.3%，每年节约16%的刀具成本。

刀具寿命监控及预测技术架构包含数据技术（Data Technology，DT）、分析技术（Analysis Technology，AT）、平台技术（Platform Technology，PT）、运营技术（Operation Technology，OT）等领域内容，如表3-8所示。

表 3-8　刀具寿命监控及预测技术架构

DT	AT
部署边缘端智能硬件，通过总线通信方式采集机床的 PLC（可编程逻辑控制器）低频数据，同时通过外接传感器采集主轴电流和振动的高频数据	评价数据的可用性，为后续建模提供性能保障；建立刀具的磨损量评估模型，提供刀具磨损量评价功能；基于磨损量的评价，建立刀具剩余寿命预测模型
OT	PT
在线监测与预测性维护系统，可协助人员监控刀具状况，能有效地运用平台管理刀具订购及生产规划，且提升人员在工作上的效率	建立刀具在线监测与预测性维护系统，将模型部署于平台上，实现刀具衰退的实时监控

创新视点 6

灯塔工厂的卓越制造系统用例

表 3-9 为卓越制造系统制造环节的第四次工业革命数字化用例。

表 3-9　卓越制造系统制造环节的第四次工业革命数字化用例

数字装配与加工		
①用于制造关键零件的实时定位系统（RTLS）；②通过对线路 PLC 进行大数据分析来优化周期时间；③指示灯引导组装顺序	①通过混合现实实现数字标准工作和培训；②应用于流程优化的高级工业物联网；③人工智能驱动的过程控制数字精益工具（如电子广告牌、电子安灯、电子 Spaghetti）	①人工智能引导的机器性能优化；②数字化赋能的可变生产节拍时间；③数字化赋能的模块化生产配置
数字设备维护		
①通过传感器分析实现操作的成本优化；②机器报警集成，实现报警的优先级判定和原因分析来支持解决问题	①基于历史和传感器数据的预见性维护数据整合；②基于边缘传感器的实时综合成本优化	①使用增强现实来进行远程支持；②用于根本原因波动识别的高级分析平台
数字绩效管理		
①用于远程生产优化的高级分析平台；②用于监控 OEE 的数字仪表板；③用于远程生产优化的数字孪生；④企业生产智能系统升级管理	①将机器数据与企业软件连接的集成平台；②实时资产性能监控和可视化；③基于传感器的生产 KPI 报告数字工具来增强员工之间的互联	①专为车间设计的数字化招聘平台；②可持续性的数字孪生；③数字化赋能的人机匹配

续表

数字质量管理		
①扫描以替换并提高成本三坐标测量仪的性能；②自动在线光学检测取代最终产品手动检测；③数字化的工作指导和质量功能	①数字化具有集成工作流的生产线操作的标准程序；②混合现实眼镜指导操作员进行在线检查；③现场质量问题整合，实现优先级判定和原因分析来支持解决问题	①物联网赋能的制造质量管理；②数字质量审核；③通过预测分析实现质量提升
数字化可持续发展		
通过预测分析实现能源优化	工业物联网实时能源数据整合和报告仪表板	基于传感器的数据收集进行能源管理

第三节　灯塔工厂的端到端价值链进化

一、端到端价值链数字化

在整个端到端的价值链中，全球灯塔工厂网络的最佳数字化用例已经多达 100 个以上，囊括了供应网络对接、端到端产品开发、端到端规划、端到端交付、客户对接，以及可持续性等方面。随着第四次工业革命的进一步成熟，工具箱的内容也会日渐丰富。此外，灯塔工厂创建的全新运营系统可在最短的时间内以最小的成本添加更多数字化用例，与采用传统运营系统的企业相比，它们拥有更高的投资回报率（Return on Investment，RoI），因此竞争优势也更为明显。打通端到端敏捷供应链的订单全生命周期主线进化场景与举措如表 3-10 所示。

表 3-10　订单全生命周期主线进化场景与举措

打通端到端敏捷供应链。从客户订单管理，主生产计划和物料需求计划，采购订单管理到供应商库存和出货管理协同共享

类型	场景	举措说明
获取订单	需求预测	实现合理功能分区，提升空间利用率，使物流路径更高效
	客户需求分析	落实生产线平衡、精益线边库、拉动式配送等设计理念

续表

类型	场景	举措说明
交付计划	全面质量管理	构建全面质量追溯系统，基于指标进行质量管理，实现在线 PDCA 持续改善
	有限产能主计划	信息系统考虑线体，设备、工装、人力，节拍等自核算产能状况，并提供产能规划建议
供应链管理	物料计划自动生成	根据主生产计划系统自动核算物料需求计划，自动转化为采购订单，以及将未来需求状况与供应商系统互联互通，信息共享
	物料风控	自动核算物料齐套，减少临时缺料停线之风险；供应商端生产进度和到货可视化，实时掌控物料追踪
	预测性采购	依据长期需求预测，实时模拟计算物料缺口和需求时间点；打通上下游产业链联合预测补货，提升企业产业链的领导力和议价能力
生产计划	敏捷生产计划	实时接收最新补货需求，连同已有需求按紧急度重新排产，更快的响应速度带来更灵活、精准的生产安排，进而提升销售满足率
	库存优化	缩短生产周期，以更低的库存水平保持或提高销售供应水平，降低呆滞库存风险
	复杂条件排产	综合多变量、多维度的限制条件，获取科学的生产计划，避免因限制条件冲突导致计划完成率受损，指导车间科学生产，提升物料、产能、模具的利用率，节约生产成本
生产制造	生产决策中心	在线 PDCA 持续改善。通过数据监控关键指标，发现问题，找出决策因子，优化目标，实现及时、准确的智能化决策流程
	全流程追溯	打造全流程产品追溯平台，实现按件追溯，产品条码与客户条码、容器条码双向关联匹配
运输与交付	一体式发货平台	建立与供应商系统集成，供应商出货确认后到料信息自动传输到厂内系统，改善仓库收货信息滞后性，提前规划工作
	自动立体仓库	立体仓库自动上 / 下架提升效率，从收货到验收，入库立账系统自动化作业，取代线下手工验收

简单地理解，供应链是从最初的材料、零部件供应商一直到最终用户整条链上的企业之关键业务流程和关系的一种集成。通常供应链存在信息

流、物流和资金流，其控制颇为复杂。

无论是从设计还是制造的角度，一个企业很难全面掌握产品的关键技术，因此有必要借助外部力量。至于有一些并非产品关键技术的部分，如果让其他的专业厂家生产有可能成本更低。这就说明，除了最核心的部件外，产品的很多关键件和非关键件都可以寻求供应商提供。传统方式中企业将产品分解成若干个不同的部分，原则上尽量自己生产。于是按照产品和部件的供求关系，企业内部实现纵向一体化。现在越来越多的企业通过构建供应链向横向一体化转变，只做自己最具核心竞争力的事情。但此理念成功的前提是有一个好的供应链。下面简单介绍端到端敏捷供应链优化中的几个要点。

1. 简化供应链

企业绝不是只要有好的产品就一定成功。绝大多数人认为苹果公司的成功在于其独到、精美的设计。但也有人认为苹果的成功得益于其很难复制的供应链。

《史蒂夫·乔布斯传》第 27 章里有一段话："库克把苹果的主要供应商从 100 家减少到 24 家，并要求它们减少其他公司的订单，还说服许多家供应商迁到苹果工厂旁边。此外，他还把公司的 19 个库房关闭了 10 个。库房减少了，存货就无处堆放，于是他又减少了库存。到 1998 年年初，库存期缩短到一个月。然而，到同年 9 月底，库克已经把库存期缩短到 6 天；下一年的 9 月，这个数字已经达到了惊人的两天，有时仅仅是 15 个小时。另外，库克还把制造苹果计算机的生产周期从四个月压缩到两个月。所有这些改革不仅降低了成本，而且也保证了每一台新计算机都安装了最新的组件。"

苹果笔记本电脑最核心的部件 CPU 主要由英特尔（Intel）和超威（AMD）提供。此外，还有国际商业机器公司（IBM）、威盛（VIA）等供应商。其他一些零件如主板、内存、硬盘、网卡、光驱、电池、键盘等，由分布在全球的数百家供应商提供。有些关键件如 CPU 更新换代非常快，价格波动也相当迅速。一方面，要避免销售旺季来临时可能面临的缺货状况；另一方面，又不能盲目大批量备货而导致大量库存积压，因此需要供应链的精准预测和管理。

为了利于供应链管理，苹果公司精简了产品种类。1997 年，乔布斯回归苹果时，苹果仅台式电脑就有 12 种。后来根据乔布斯的想法，将 12 种简化成 4 种。另外，尽可能多地使用标准化部件，从而大大减少了产品生产所需的备用零部件数量和半成品数量，也减少了库存。苹果公司将制造等非核心业务外包后，建立起了一个全球化的供应链，而且逐步演化成一个由芯片、操作系统、软件商店、零部件供应商和厂商、组装厂、零售体系、App 开发者组成的、高效成熟和精密的强大生态系统。

2. 选择利用专业供应链公司

有些企业除了自身核心的工作外，把供应链条上的其他环节如采购、生产、销售等工作交付给一家专业供应链公司，也就是“非核心业务外包”。专业公司有其长处，除了企业能做的一般性工作外，还能做一些更深入的分析和某些特定的工作。比如，通过大数据，在供应链前端进行精准分析和预测，给予企业市场趋势、采购、生产及销售计划方面的数据支持。因为在供应链运营的数字化、智能化和集成化方面的专业水平，更有可能提高物流、资金流和信息流的效率，且降低成本；通过整合市场上有开发优势和能力的团队，为企业提供产品定制研发服务；强大的供应链管理还能通过产业集采和供应商整合，帮助企业解决采购额分散、议价能力不强等问题。总之，专业公司的能力有可能为企业带来供应链服务的增值效益。

3. 数字化供应链

在数字—智能化时代，人们自然不会满足于传统的低效、高成本的供应链，希望通过数字化技术改造供应链。20 世纪 90 年代即有敏捷供应链之说，意指敏捷响应市场的供需变化，根据企业动态联盟的形成和解体进行快速地重构与调整，通过供应链管理促进企业间的联合，根据需要进行组织、管理和生产计划的调整。目前，多数制造企业都有其供应链管理软件（SCM）。把数字化技术应用于供应链管理已经成为企业的基本需求，数字化供应链也成为很多企业数字化和智能化转型的基础。

苹果公司是少数最早通过供应链监控技术——可视化系统来监控货物的移动，观察库存变化的高科技公司。通过这种可视化数据平台，苹果公司的物流和仓库管理人员可以在任何时候，根据市场的实际需要进行动态调整，协调 EMS 制造商如富士康、和硕、广达、立讯精密等将产品从中国的装配原产地运送到世界各地。

采购是供应链管理中的重要一环，数字化技术的飞速发展正在颠覆传统的采购业务模式。数字化采购可预测战略寻源，可进行自动化采购执行与前瞻性供应商管理等，以达到降本增效的目的。此外，还应提供强大的协作网络，帮助企业发掘更多合格供应商资源，同时智能分析和预测供应商的可靠性和创新能力，并根据企业发展蓝图预测未来供应商群，逐步实现战略寻源转型。如通过 Ariba 网络连接全球超过 250 万个供应商，并根据不同商品的关税、运输和汇率等因素，自动计算所有原产地的上岸成本等，在全球市场中发现最优供应商。

采购中一些看起来很简单的工作，如目录管理、发票管理、付款管理等，真正要自动执行，就需要数字化、人工智能等技术的支撑，如图 3-11 所示。应用认知计算和人工智能技术可迅速处理和分类目录外临时的采购数据，充分挖掘所有品类的支出数据价值；在合同条款的执行、安全付款等方面，可能需要区块链技术；应用机器人流程自动化技术，通过模式识别和学习逐步消除重复性手动操作，如发票匹配、预算审核等，从而降低采购资源负担，使员工专注于具有高附加值的工作，为企业创造更大价值。

SAP（思爱普）公司在其数字化供应链版本 SAP S/4HANA 1610 中融入了一些新的解决方案，如物联网解决方案、集成业务计划云、采购云解决方案和 SAP Hybris 解决方案。通过部署 SAP S/4HANA 和上述解决方案，企业能够缩短计划周期，提高计划的准确性，实现动态的寻源和采购流程，并简化支持全渠道战略的物流数据模型，从而确保在竞争日趋激烈的市场中赢得竞争优势。为了提供个性化服务，制造企业不能再依靠大型工厂那些过时且错综复杂的流程，否则有可能被敏捷的小型竞争对手所击败。为此，SAP 将先进的生产计划和调度（PP/DS）功能直接集成到了

SAP S/4HANA 中。该功能超越了传统 ERP 系统的基本计划功能，可以支持制造业制定基于约束条件的生产计划，充分利用整个企业的数据，在合适的时间高效生产合适的产品，并在端到端的物流业务场景中开展工作。

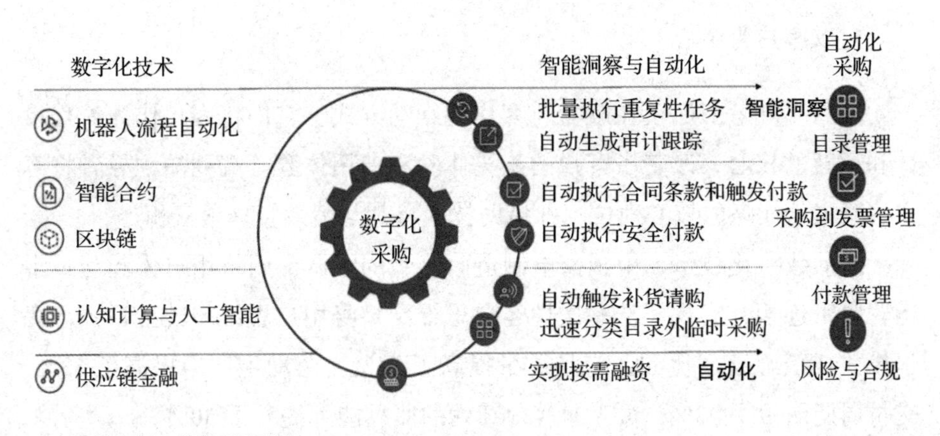

资料来源：德勤研究报告。

图 3-11 自动化采购

除了追踪流程外，SAP Leonardo 还支持企业为制造机器构建数字孪生体，进而监控接入物联网的设备。通过嵌入式传感器，企业能在解决方案中重新创建各个资产的可视化图像，并全面监控资产状况，确定资产是否需要维护等。对于从设备提供商转型为服务提供商的制造企业而言，这是一个很重要的功能。

数字化供应链还在发展之中，物联网、大数据、人工智能、区块链等技术正在不断推动数字化供应链技术的发展。数字供应链孪生是新的发展趋势，它将有望在优化供应链方面扮演一个重要角色。在整个供应链环节中，从供应商到客户，从采购、库存、生产到产品交付，从供应商关系管理（SRM）、制造执行系统到客户关系管理，都应该应用数字孪生技术。

二、端到端灯塔工厂的三种价值驱动方式

在第四次工业革命领跑者的背后，有一系列最重要的价值驱动因素。

在这些因素的驱动下，灯塔工厂在生产效率、敏捷度和大规模个性化定制方面取得显著提升。具体来看，端到端灯塔工厂采用了三种独特的价值创造方式。

1. 以客户为中心

端到端灯塔工厂正在改变与客户的互动方式。它们将客户作为流程设计和运营的核心，改善了客户的购买体验和使用体验。端到端领导者将客户体验置于战略的核心地位，并借助技术将其与绩效管理紧密相连。

借助数字化技术，中国家电制造商海尔的空调部门将用户体验与日常运营紧密连接，实现了从一次性客户思维到终身用户思维的转型目标。海尔模式成效显著，比如，产品质量提高了 21%，劳动生产力提高了 63%，交付周期缩短了 33%，员工对客户绩效的监控能力提升了 50%。

该公司开发了一个交互平台，使消费者能够设计和订购一款量身定制的产品。客户绩效监控器采用实时监控数据的方式来分析产品绩效，并向制造商上报所有恶化信号。如果有客户就产品问题联系海尔，数据引擎会从客户的产品序列号中检索性能数据。然后，海尔会确定导致该问题的根本原因，并采取正确的行动方案。这套系统有助于追踪责任。如果是车间工人的失误导致的故障，车间奖金系统则会加入这项个人记录；如果是零件故障，则会检查组件性能，以确定合适的解决方案，防止后续问题的发生，如图 3-12 所示。

2. 跨职能的无缝连接

跨职能的无缝连接促进了更高效的决策，减少了多余的沟通。

Phoenix Contact 是一家德国制造商，专门提供工业自动化解决方案。它在最大程度上实现了数据的互联互通，并提升了数据的透明度。因此，它所创造的价值要远高于价值链上每个步骤创造的价值总和。Phoenix Contact 借助多个 RFID 标签收集信息，确保数据在流程中的所有阶段都保持透明、可见且易于获取。这种互通性确保了生产线的全天候运转，不仅提升了 40% 的绩效，还将生产时间缩短了 30%。最终，Phoenix Contact

以批量生产的成本实现了定制化产品的生产。

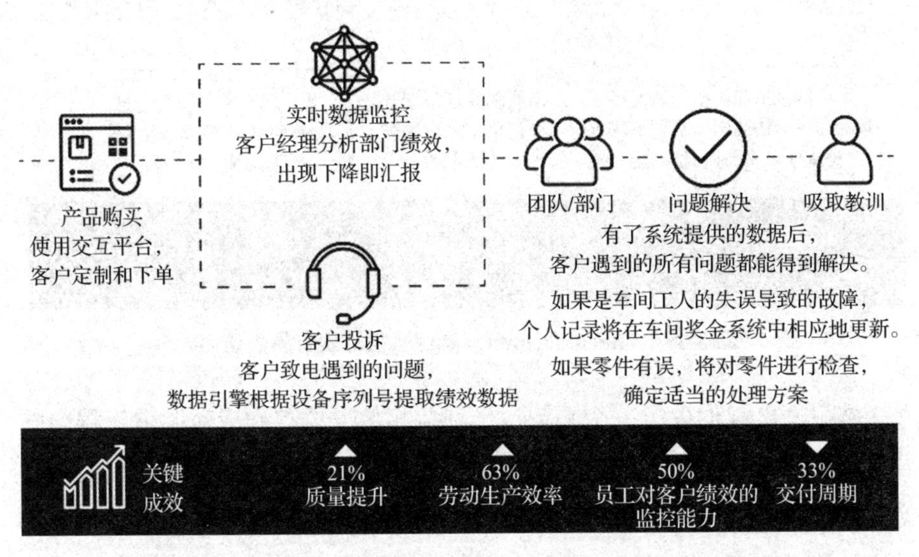

图 3-12　海尔空调部门借助数字化技术使客户与运营团队紧密相连

灯塔工厂 Phoenix Contact 的成功转型要归功于其集成产品开发模式（IPD）。也就是说，机器制造部门同时需要兼顾研发职责，这就使新型解决方案的快速引入成为可能。比如，它能批量生产 1000 多种不同设备版本的隔离放大器。该公司有效利用了数字化测试和数据共享，数字孪生包含所有测试参数，所有测试数据也都会被记录下来供生产团队参考。与此同时，生产团队也能直接对接客户，他们可以获取客户信息，向客户实时传达订单状态和交付细节，如图 3-13 所示。

3. 组织间的持续连接

第四次工业革命技术正以前所未有的方式进行数据收集、交换和处理，帮助企业创建新的制造生态系统。一条始于原料采购、终于产品交付的价值链是 21 世纪制造业的根基。任何一点异常和中断都可能会对其他环节产生负面影响，若能使这种影响最小化，便可实现效率的最大化。由于数字化技术加强了整个价值链的互通性，各大组织能够共享信息，使生产偏差最小化。

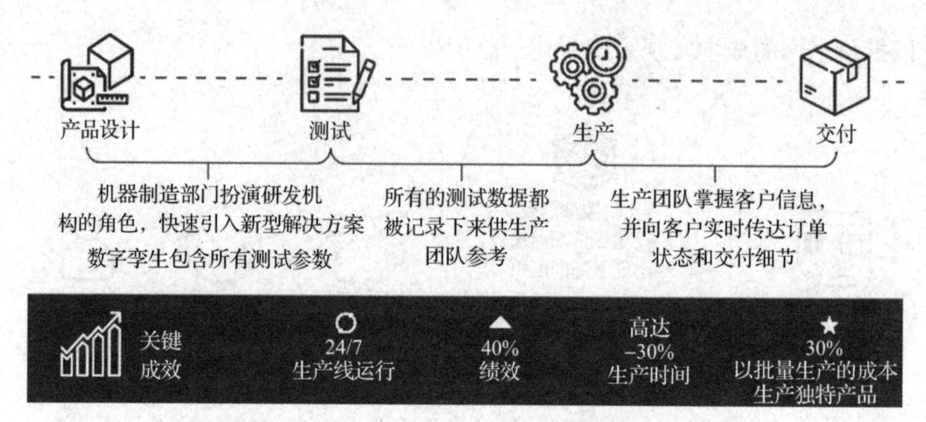

图 3-13　Phoenix Contact 确保数据透明且易于访问

施耐德电气创建了一个平台，供利益相关方监控和应对制造流程中的异常情况。施耐德电气设立了一个单一的通信门户平台，供各大供应商交换运营经验，从而实现更好的供应链规划，总体管理时间减少了 85%。该平台的成功得益于几项关键特性，工业互联网平台能为供应商监控和传输实时数据，助其实时了解所有生产变动。此平台能提供实时需求预测，帮助供应商实现高效的智能库存管理，供应商的服务率也因此提高了 70%。最后，该公司还采用基于二维码的智能跟踪系统，高效地跟踪整个价值链中的库存，使准时交货率提高了 40%，如图 3-14 所示。

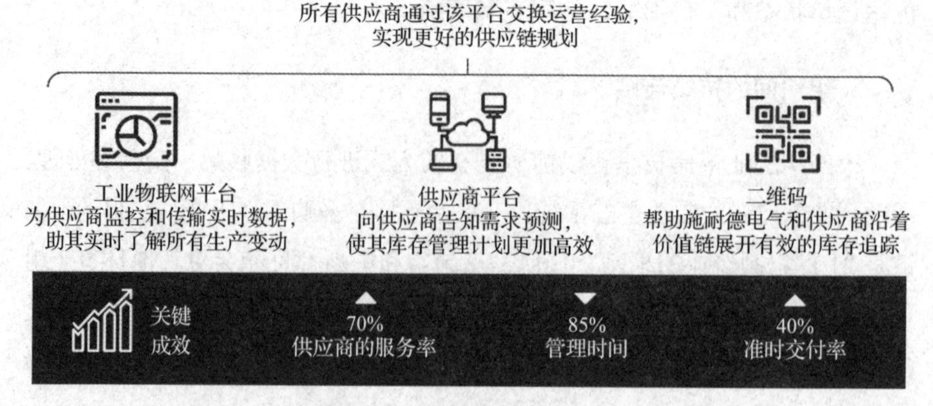

图 3-14　施耐德电气的平台能够监控和应对异常情况

创新视点 7

灯塔工厂的端到端价值链进化用例

表 3-11 是端到端价值链优化用例。

表 3-11 端到端价值链优化用例

供应网络连接性		
①通过端到端供应链网络整合需求；②对应该成本进行建模，以支持自产与购买决策；③由支出智能和自动支出多维数据集支持的高级分析型采购	①端到端实时供应链可视化平台；②供应商和材料质量跟踪；③基于数字化标签的表面扫描来实现零件可追溯性；④数字供应商绩效管理	①人工智能加速工厂间的数字应用推广；②与设备供应商进行联合数据分析来实现流程优化
端到端产品开发		
① 3D 打印用于快速样品设计；②用于产品设计和测试的 3D 仿真 / 数字孪生；③测试自动化	①利用高级分析对从创意到上市全过程的绩效管理；②使用机器人进行产品开发；③大数据 / 人工智能赋能的产品设计和测试	①虚拟现实支持样品设计；②通过产品全生命周期实施数字线程；③快速外包样品设计；④通过众包与竞争来开发数字解决方案
端到端规划		
①需求预测；②实时 SOP；③实时库存管理（内部 / 外部）；④使用数字孪生进行动态生产计划安排；⑤动态网络优化	①预见性库存补货；②利用分析进行动态仓库资源规划和调度；③动态仿真用于仓储设计；④无人工介入主生产计划（分配给工厂）	①数字化综合业务规划；②闭环规划；③端到端实时供应链可视平台；④利用高级分析优化制造和分销布局；⑤利用高级分析优化生产计划
端到端交付		
①动态交货优化；②机器人技术促进物流运营；③数字跟踪和追溯；④物流的资产利用和堆场管理	①无人工介入全自动订单管理；②数字化拣货和运输；③车队资产的预见性维护；④运输“滴滴化”	①基于实时约束条件的先进运输计划；②数字物流控制中心
客户连接性		
①互联设备跟踪和衡量消费者行为；②大规模定制和 B2C 在线订购；③通过新的交付解决方案实现向各地的客户配送	①用最终用户界面来配置和订购产品，同时跟踪配送智能包装；② RFID 支持的客户分析；③通过在线社区获取客户意见	①基于 GPS 的地图和客户定位；② 3D 打印；③互联设备跟踪和衡量产品性能；④客户系统的数字孪生

第四章

组织创新、成熟度与人才发展

人类文明的发展史也是一部组织进化史，企业作为一个经济组织，新技术的出现也必将推动企业组织持续进化。

数字—智能化成熟度反映了公司准备好使用数字—智能化技术的水平，以及当前实施数字—智能化技术在开展业务和创造竞争优势方面的范围、深度和有效性。

加速数字化人才发展的破局之道是以用户为中心，激活员工成长的思维模式，链接工作场景和职业生涯发展，充分应用数字—智能化技术，打造开放、共享的人才发展新环境。

苹果是如何组织创新的

苹果公司以其在硬件、软件和服务方面的创新而闻名。苹果公司从1997年史蒂夫·乔布斯（Steve Jobs）回归时的约8000名员工和70亿美元的收入增长到2019年的13.7万名员工和2600亿美元收入。然而，在公司创新成功中发挥关键作用的组织设计和相关的领导模式，却较少为人所知。

当乔布斯回归苹果公司的时候，公司的规模和范围都是传统结构，它被划分为若干事业部，每个事业部都对自己的损益负责。事业部的总经理们管理着麦金塔（Mac）产品、信息设备和服务器产品等部门。分散的事业部经理们常常倾向于相互争斗，尤其是在转让价格上。乔布斯认为传统的管理方式扼杀了创新，在重返首席执行官（CEO）岗位的第一年，一天之内就解雇了所有事业部总经理，将整个公司置于一个损益表之下，并将分散在各事业部的相同职能部门合并为一个职能组织。

对于当时这样规模的苹果公司来说，采用单一职能型组织结构或许并不令人意外。事实上，令人惊讶的是，现在苹果公司的收入已经是1998年的近40倍，公司的组织结构也比1998年复杂得多，但苹果公司仍然保留了单一职能型组织结构的传统，高级副总裁只负责部门职能，而不是产品。与乔布斯之前的情况一样，现任CEO蒂姆·库克（Tim Cook）保留了这一传统，在苹果公司的设计、工程、运营、营销和零售等主要产品的组织结构图上占据了唯一的位置。实际上，除了CEO，苹果公司没有传统意义上的总经理：控制着从产品开发到销售的整个过程，并根据损益表进行绩效评估。

苹果公司致力于单一职能型组织并不意味着它的结构保持不变。随着人工智能和其他新领域重要性的增加，公司组织结构已经发生了变化。在这里，我们将讨论苹果公司独特而又不断进化的组织模式在创新方面的好处和领导能力方面的挑战，这对于想要更好地理解“如何在快速变化的环境中取得成功”的个人和公司来说是大有裨益的。

现在让我们关注建立在单一职能组织结构基础之上的苹果公司领导模式。自从乔布斯实施了单一职能型组织以来，从高级副总裁到各层级管理者一直都被要求具备三个关键的领导特质：深厚的专业知识，能够有意义地参与各自职能范围内的所有工作；专注细节；善于合作的争论。

1. 深厚的专业知识

苹果公司不是一家由总经理监督管理者的公司，相反，它是一家专家领导专家的公司。其假设前提是，把一个专家培养成管理者比把一个管理者培养成为专家更容易。在苹果，硬件专家管理硬件，软件专家管理软件（偏离这一原则的情况很少），这种管理方法深入各层级组织。苹果公司的领导者相信，在某一领域的世界级人才愿意为该领域的世界级人才工作，并与之共事。这就像加入一个运动队，你可以向最好的球员学习，也可以和最好的球员一起打球。

早期，乔布斯接受了苹果公司的管理者应该是专业领域的专家的观点。在1984年的一次采访中，他说，“苹果公司经历了艰辛探索的阶段，我们想走出去，我们要成为一家大公司，让我们雇用专业的管理人员吧。我们雇用了一群专业的管理人员，这根本对公司无用……他们知道如何管理，但他们不知道如何做事。如果你是一个能人，为什么要为一个你无法从他身上学到东西的人工作呢？你知道令人兴奋的事情是什么吗？你知道谁是最好的经理吗？他们是伟大的个体贡献者，从来不想成为一名经理，但决定自己必须成为……因为其他人不会……做得像他们一样好。”

最典型的例子就是苹果公司软件应用业务的负责人罗杰·罗斯纳（Roger Rosner）。该业务包括诸如文字处理、电子表格、演示文稿、作曲、电影编辑和提供新闻内容的应用等提升工作效率的应用。罗斯纳曾在卡耐基梅隆大学学习电子工程，2001年加入苹果公司担任高级工程经理，后来成为iWork应用软件的总监、生产力应用软件的副总裁，2013年开始担任应用软件副总裁。

在单一职能型组织中，专家领导专家意味着专家们在一个特定的领域，创造了一个相互学习的广阔空间。例如，苹果公司的600多名镜头硬件技术专家组成了一个由镜头专家格雷厄姆·汤森（Graham Townsend）领导的团队。由于iPhone、iPad、笔记本电脑和台式电脑都使用镜头，如果苹果公司按各业务单元分割，这些专家将分散在各个产品线中，这将稀释他们的集体专长，降低解决问题、产生和改进创新的能力。

2. 专注细节

融入苹果公司文化的一条原则就是专注细节。苹果公司的高层领导极度关注产品圆角的切线形状。圆角的标准方法是使用圆弧连接一个矩形物体的垂直边，这样会产生从直线到曲线有点突兀的过渡。相比之下，苹果公司的领导人坚持使用连续的曲线，这产生了一种被设计界称为“蠕动”的形状：斜边开始得更快，但不那么突兀。两者之间的差别非常微细，执行起来也并非一个复杂的数学公式能解决的。它要求苹果公司的运营领导必须以极其精确的公差来生产产品。这种对细节的深度专注不仅是对低层人员的要求，更是对管理层的核心要求。

拥有各自领域的专家，能够深入钻研细节的领导者，对苹果的运营有着深远的影响。领导者可以推动、探究和“嗅出”一个问题，他们知道哪些细节是重要的，应该把注意力集中在哪里。苹果公司的许多人认为，与领域专家共事和谐融洽，甚至令人兴奋，因为领域专家们能提供比总经理更好的指导，所有人都能在自己选定的领域里努力，做好自己毕生引以为傲的工作。

3. 善于合作

苹果公司有数百个专业团队，即使是新产品的一个关键零件，也可能需要几十个团队。例如，具有人像模式的双镜头需要不少于40个专业团队的合作：芯片设计、镜头软件、可靠性工程、运动传感器、视频工程和镜头传感器设计等。苹果公司究竟是如何开发和销售这种需要高度合作的产品的呢？答案是合作性争论。由于没有任何职能部门单独面对产品或服务，因此跨职能合作是至关重要的。

苹果公司的合作性争论涉及不同功能部门的人，他们可能不同意、推搡或拒绝，在彼此不同的想法基础上提出最佳的解决方案。这需要高层领导具有开放的心态，也需要领导者激励或影响其他领域的同事，为实现共同目标做出贡献。

此外，苹果公司的副总裁们把大部分时间都花在了熟知和学习领域上，如应用程序副总裁罗斯纳（Rosner）估计，他把40%的时间花在自己熟知的领域活动上（包括在特定领域与他人合作），约30%的时间花在学习上，约15%的时间花在教授上，约15%的时间花在委派上，如图4-1所示。当然，这些数字因人而异，取决于个人的业务和特定时间的需求。

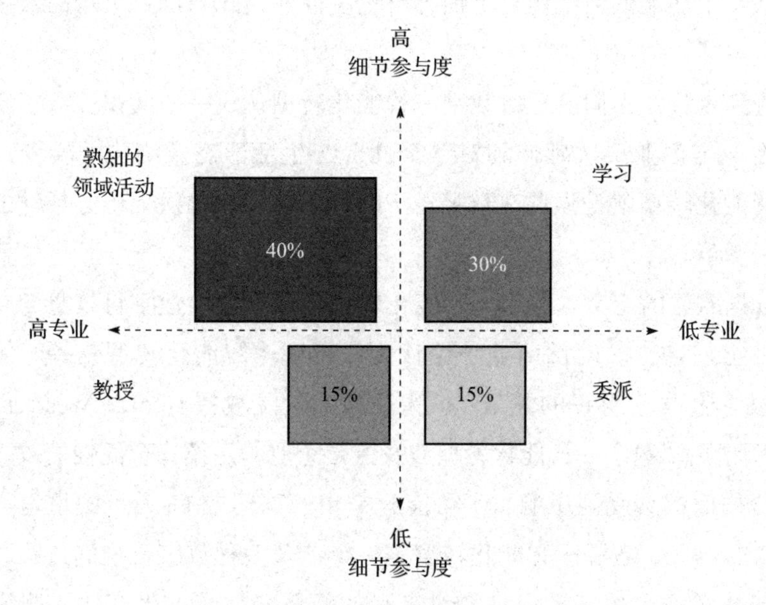

图4-1　苹果公司主管的时间分配

为什么公司总是坚持让总经理负责业务部门？我们相信，其中一个原因是做出改变是困难的。它需要克服惯性，在管理者之间重新分配权力，改变以个人为导向的激励制度，并学习新的合作方式。对于一家已经面临巨大外部挑战的公司来说，这是令人生畏的。折中的步骤可能是在事业部中培养专家—领导—专家模型，在任命下一个高层职位时，要选择在该领域具有深厚专业知识的人，而不是可能成为最佳总经理的人。苹果的过往记录证明，冒险是值得的，它可以产生非凡的效果。

资料来源：摘自《哈佛商业评论》。

第一节　数据驱动的组织创新

“数字经济”一词虽然早在1996年出现，但一直到世界经济合作暨发展组织OECD在2014年发布《因应数字经济带来的税制变革》(*Addressing the Tax Challenges of the Digital Economy*）报告之前，人们仅聚焦在企业单一或特定功能的数字优化上面，鲜论及商业模式与产业结构的数字转型议题。

直到今日，人们已经对数字—智能化转型达成一个共识：数字经济已经从企业与产业层次延伸到对整个社会与生活形态及结构的转变，而数字—智能化转型就是强调在数字经济时代中以客户价值为中心推动的全方位组织变革。

依据欧盟的定义，数字—智能化转型包含企业的数字科技整合及新科技对社会的冲击。哈佛商业评论认为，数字—智能化转型是指“使用科技从根本上改善组织的绩效”。麻省理工学院教授George Westerman在2014年指出，数字—智能化转型涉及的是企业营运模式全面性的改变，各个经营构面都会受到影响，不可能只是单一部门或IT人员的事情。依照OECD的定义，数字—智能化转型是一个涉及多种数字科技的过程，这些科技形成了一个生态系统且将对未来的经济和社会发生变化，这说明数字—智能化转型就是商业模式的改变。

人类的进步是新型组织形态对旧组织形态的替代，企业的竞争和进化同样是新型组织形态对旧组织形态的替代。互联网和数字化加速了组织进化的步伐。网络化智能组织的中心是大数据 + 人工智能（AI）大脑，网络的节点是所有的用户，包括企业员工、消费者、上下游合作伙伴和智能终端等。在网络化智能组织的构建中，可以遵循以下几个参考方向。

（1）内部组织的效能提升。通过系统赋能提升内部组织效能，使员工成为独立的决策者和执行者，在中央管控的基础下建立分布式决策机制。

（2）上下游组织的效能提升。与合作伙伴高效协同，激励和约束合作伙伴，利益共享。

（3）提升用户体验。通过数字化赋能用户，为用户提供更多选择权和决策权。

（4）实现组织的良性自增长。一个良性组织一定是具有自增长效应的组织，因为共赢关系，更多成员会加入组织中来，从而推动组织增长，并带来网络规模效应，产生网络增值。

一、非数字原生企业的数字—智能化转型挑战

数字原生企业在设立之初就以数字（虚拟）世界为中心来构建，生成了以软件和数据平台为核心的数字世界入口，便捷地获取和存储了大量的数据，并开始尝试通过知识工程、逻辑推理、计算智能、专家控制、机器学习、自然语言处理等人工智能技术分析这些数据，以便更好地理解用户需求，增强数字化创新能力。部分数字原生企业引领着云计算、大数据、人工智能技术的发展，推动了数字—智能化时代的发展。在这些数字原生企业中，整个企业的战略愿景、业务需求、组织架构、人员技能、管理文化都是围绕着数字世界展开的。

与数字原生企业不同，非数字原生企业在成立之时，基本都是以物理世界为中心来构建的。绝大部分企业在创建的时候，是围绕生产、流通、服务等具体的业务活动展开的，天然缺乏以软件和数据平台为核心的数字世界入口，这也造成了非数字原生企业与数字原生企业之间难以跨越的

"鸿沟"。所以在数字—智能化转型过程中，非数字原生企业面临着更大的挑战。

1. 业态特征：产业链条长，多业态并存

非数字原生企业，特别是大中型生产企业，往往有较长的业务链路，覆盖了从研发到销售全产业链。以传统的钢铁企业为例，完成工艺包括采矿、选矿烧结、炼铁、炼钢、热轧、冷轧、硅钢等，辅助生产工艺包括焦化、制氧、燃气、自备电、动力等，在各个工艺流程中沉淀着大量的复杂数据，如图 4-2 所示。这在某种程度上造成了各条块分割、业务组织强势、变革困难、变革复杂度极高等问题。

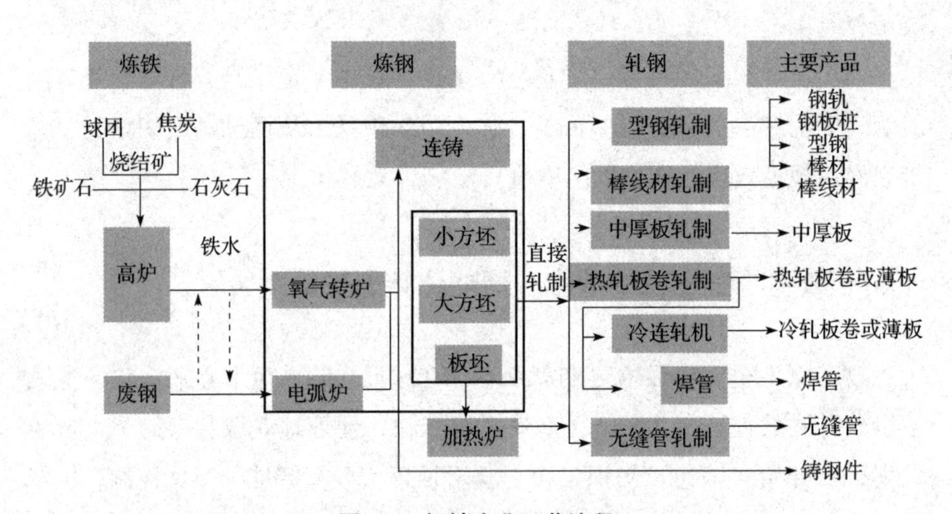

图 4-2 钢铁企业工艺流程

2. 运营环境：数据交互和共享风险高

非数字原生企业，特别是注重实物生产、交易的大中型企业，还面临着场景复杂的特点，如交易复杂、风险周期长、内外部风险多等。生产过程中需要关注原材料供应、人工成本、物流过程；交易过程中涉及进出口的还需要关注外汇汇率、当地政治环境、海关、法律法规、安全隐私、环境保护等多种信息；对于设备需要异地安装的情况，还需要考虑地理环境、道路环境、施工条件、用工政策和安全防护等复杂因素。

这些业务形态上的特点，导致诸多的非数字原生企业对数据共享（特别是生产、销售侧数据的对外共享）有更多顾虑，形成客观上的“数据孤岛”。

在数字—智能时代这个大风暴中，数据的安全隐私管理无异于风暴之眼。纷乱的外部因素与企业自身特定的安全威胁正在共同影响着整体安全隐私态势，既要求企业减轻安全威胁，避免内外安全隐私风险带来的信誉损失和经济损失，又要求企业最大化地利用数据、共享数据，向大数据和机器学习，达成业务目标，发挥数据价值。所以数据保护和数据共享作为一对矛盾体，将不断引入新的理念。

3. IT 建设过程：数据复杂、历史包袱重

非数字原生企业普遍有较长的历史，组织架构和人员配置都围绕着线下业务展开，大都经历过信息化过程。很多制造型企业随着不同阶段的发展需求，保留着各个版本的 ERP 软件和各种类型的数据库存储环境，导致数据来源多样，独立封装和存储的数据难以集中共享，也不敢随意改造或替换，让 IT 系统历史包袱沉重。各业务领域开发了上千个应用系统模块，包含了上百万张物理表、几千万个字段，这些数据又分别存储在上千个不同数据库中，使共享变得困难。

4. 数据质量：数据可信和一致化的要求程度高

基于业务特征和运营环境的特点，非数字原生企业对数据生成质量有更高的要求。数据生成质量的高低不仅直接影响产品质量，而且影响整个内部业务的运作效率和成本。

非数字原生企业在消费数据时对数据质量的要求更高，一般会更聚焦于与业务流程相关的特定场景，更关注业务流程中问题的根因和偏差，数据挖掘、推理、人工智能都会聚焦于对业务的理解，面向业务去做定制化、精细化的算法管理，因此消费数据时的质量容错空间非常小。

上面所列出的非数字原生企业的特点只是管中窥豹。联合国工业体系分类中 525 门小工业体系的差异，足以说明非数字原生企业数字—智

能化转型的复杂性。在精益管理技术下的不合格产品的“小数据”，让制造业AI难以基于这样的数据量建立性能良好的产品质检模型，这同样说明非数字原生企业的数字—智能化转型不可能是对数字原生企业的简单复制。

二、数据驱动非数字原生企业组织进化

企业的数据驱动需要将业务尽可能数据化。与此同时，数据工作也应该业务化。也就是说，应该有专注于数据管理工作的新型部门。在制造业数字化和智能化的转型过程中，很多企业不断探索业务流程重组及组织重构的方式，在数字—智能时代更应如此。

对于实施智能制造的企业，到底应该有什么样的组织架构？领先的智能产品制造商都在不断探索组织的架构方式。首先是IT和研发部门之间的协作和整合不断加深，假以时日，这两个部门及其他部门都有可能合并。其次，企业开始设立三类全新的职能部门：统一的数据组织、研发—运营部及客户成就管理部门，如图4-3所示。同时数据安全职能正不断地扩展，并切入多个部门中，尽管它的最终结构现在还不明朗。最后，由于任务和角色发生了巨大的变化，几乎所有传统的职能部门都需要进行重组。

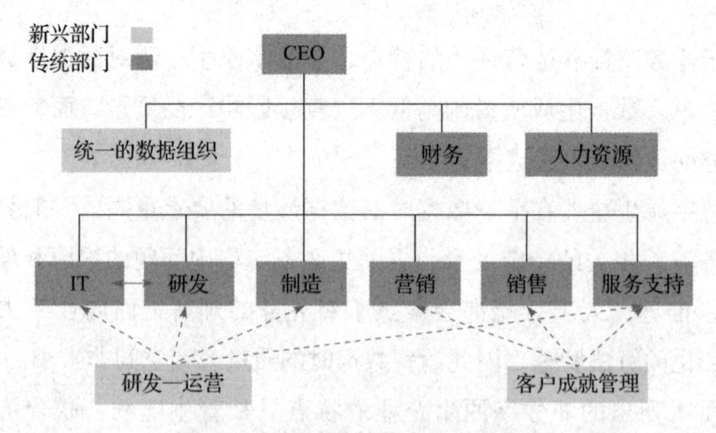

图4-3　数据驱动的新企业组织架构

1. IT 与研发部门之间的协作

在传统企业中，研发部门创造产品，而 IT 部门的职责是管理公司范围的计算基础设施，以及各个职能部门使用的软件工具，如计算机辅助设计（CAD）、企业资源计划（ERP）、客户关系管理（CRM）等。然而，在智能互联产品的研发过程中，IT 部门必须扮演更加重要的角色，因为 IT 硬件和软件如今搭载在产品和整个技术堆栈中。问题是，谁应该对这些新的技术基础设施负责？研发部门？ IT 部门？还是两者共同负责？

目前只有 IT 部门拥有软件和智能互联产品需要的基础设施支持能力。现在不少企业的研发部门具有融合机械和电子部件的能力，它们开始掌握将软件嵌入产品中的方法。然而，鲜有研发部门在管理云计算设施和技术堆栈方面有丰富的经验。因此，今天的 IT 和研发部门需要持续地将工作融合到一起。然而，这两个部门在产品开发上鲜有合作的经验，在一些公司中，很容易存在双方工作不协调的状况。

因为这种新的合作关系，出现了各种不同的组织架构。一些公司将 IT 团队融入研发部门中，另外一些则建立了包含 IT 代表的集成组合管理团队，但仍然保留独立的汇报线。例如，在科学仪器巨头赛墨飞世尔（Thermo Fisher）公司，IT 部门的成员直接在研发部门工作，并采用虚线汇报架构和目标分享机制。在设计和搭建产品云，安全捕捉、分析和保存产品数据，以及内部和客户间传输数据等工作中，这种结构大大提升了效率。

2. 统一的数据管理结构

企业需要统一的数据管理结构。由于数据的容量、复杂性和战略意义都在提升，单个部门已经无力进行数据管理，自行发展分析能力或自行保证数据安全也非常不经济。为了从新的数据中获得最大的价值，许多公司建立了专门的数据部门，负责数据的收集、整合及分析，并将数据中获取的信息传递给不同的部门和业务单元。

基于统一的数据管理规则，确保数据源头质量及数据入湖，形成清洁、完整、一致的“数据湖”。新的数据部门通常由公司的首席数据官（CDO）领导，向 CEO 或 COO 汇报。CDO 的职责是统一管理公司数据，教会组织如何利用数据资源、监管数据权限和接入，以及在整条价值链上推广数据分析应用。

3. 研发—运营

集合研发、IT、制造部门的人才，监督、产品升级、售后服务，并帮助缩短产品发布周期。由于智能互联产品持续的设计改进、产品营运支持及升级等特性，企业需要研发—运营（指跨部门的软件开发和部署方法）部。这个新部门负责产品离开工厂之后的性能管理和优化，既需要传统研发部门的软件工程专家（负责研发），也需要 IT、制造和售后部门的产品运营人员（负责营运）。研发—运营部门能缩短产品的发布周期，管理产品的升级和修补工作，并在售后提供性能改进及新型服务。此外，它们负责将微小的产品改进并上传至云端，不影响客户对现有产品的使用，还能增强预测式维护及产品的保养工作。

4. 客户成就管理

管理客户关系，保证客户从产品中获得最大价值。客户成就管理是第三个新型部门，同样源自软件行业。该部门的任务是管理客户体验，保证客户获得最大的产品价值。该部门对智能互联产品至关重要，尤其是那些采取产品及服务模式的企业。客户成就管理不一定替代传统的销售和售后服务部门，它主要负责售后的客户关系维护。它承担的是销售或售后服务部门无法或不愿完成的工作，包括监控产品的使用和表现数据，评估客户从产品中获取的价值，并尽力提高客户价值。长期以来，客户调研和呼叫中心是企业获取产品的使用体验和掌握客户关系的主要方式。公司通常无法意识到问题，直到问题无法解决导致客户向公司抱怨。客户成就管理部门将改变企业的客户关系管理。

敏捷是现代组织的核心品质之一。如果你的组织还不是敏捷的，并且你所在的行业与敏捷的行业相邻，那么你将面临一个更大的挑战：如何快速变得敏捷且不受到干扰？这是非常困难的抉择，如柯达不能迅速变得敏捷，仍旧倾心于传统光学相机，于是在数码相机时代它被淘汰了。

组织敏捷化的必要性与数字化力量直接相关。一方面，源于外部市场和客户对数字—智能化变革的期望，组织必须敏捷；另一方面，源于内部数字化技术，组织可以敏捷。

“无边界组织”成功地打破了组织边界，让客户和企业经营需要的创意、信息、决策、人才、资源、行动、业务和服务顺畅地流动起来，以正确的方式流动到供应链节点最需要的地方，完成交互。它们通过“五去”（去领导化、去科室、去审批、去部门和去岗位）打造点对点的网格化组织，打破企业内部边界，形成敏捷的网络组织，如图 4-4 所示。

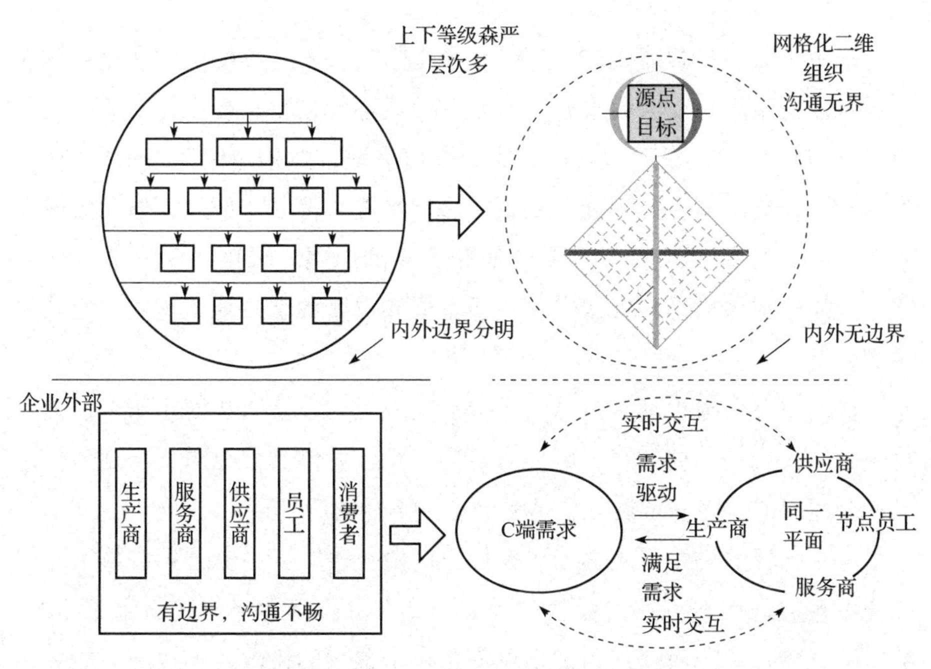

图 4-4　企业内外边界打通形成敏捷组织

“去领导化”的目的在于全员对应目标，用规范化、体系化取代领导化，领导的角色转变是对整个组织建立的标准、规范、体系和机制负责，确保整个体系的运转和优化。“去科室”的目的在于打破科室限制，实现互联网思维下的网格化组织架构和“点对点、端到端”的运作机制，从而达到强职能、弱管理的目的。“去审批”的目标在于通过强组织解决新问题，固化流程、强化责任，全员创造性地按照标准化流程制度工作，强化过程管理，通过实时审计，防范风险的发生。“去部门”可以增强组织横向协同，打破部门壁垒，在组织信息化和数据化的基础上，实现信息的高速流转，最终实现全员对应目标、目标对应全员，高效协同。“去岗位”的目的在于按能力和贡献设置薪酬，按每个细胞在组织中发挥的功能设置工资，真正实现了利益的动态平衡。

第二节　组织的数字—智能化成熟度

组织在数字—智能化进程中必须采取的第一步是评估其数字化或智能化成熟度。组织在多大程度上准备好开始成功的数字—智能化变革？如果组织的目标超过了成熟度，很可能会惨遭失败；如果组织太过低估自己，那么它将在这趟数字—智能化变革之旅中毫无所得。这便是评估一般成熟度及持续评估每个项目的成熟度如此重要的原因。准确、深入地了解数字—智能化成熟度是促使组织进一步发展和取得数字—智能化变革成功的关键。

世界上每个组织都有自己的优缺点，因此其数字—智能化变革过程也将是独一无二的。这解释了即便来自同一个行业的类似组织，复制、粘贴某一个组织的数字—智能化变革计划也是不行的。

这一领域的许多出版物和研究报告清楚地表明：一家公司在数字—智能化变革方面是否能取得成功在很大程度上取决于数字—智能化成熟度。数字—智能化变革对任何组织来说都是一个重大的挑战，失败的可能性相对较大。为了提高成功的概率，组织必须理解并衡量其数字—智能化成熟度。以下是数字—智能化成熟度的定义。

数字—智能化成熟度反映了公司准备好使用数字—智能化技术的水平，以及当前实施数字—智能化技术在开展业务和创造竞争优势方面的范围、深度和有效性。

评估组织数字—智能化成熟度的公认方法是评估对成功实现数字—智能化转型至关重要的维度。这些维度通常包括以下这些。

（1）数字—智能化的愿景和战略。公司是否制定了连贯的数字化愿景和与之相匹配的战略来实现这一愿景？

（2）组织文化。什么是组织文化？它鼓励创新吗？组织是否鼓励员工尝试新想法，以及组织是否准备好承担创新过程中的风险？

（3）客户体验。组织提供的客户体验质量如何？客户体验是否具有持续性？体验是否具有高质量？组织使用什么渠道与客户接触，客户对他们所接受的服务满意度如何？

（4）业务流程。组织的业务流程质量如何，在多大程度上具备数字化和敏捷性？

（5）技术。组织的技术架构如何？是封闭的还是开放的，能应付新的挑战吗？其敏捷度如何？IT 部门的开发和操作流程是否支持实现敏捷性开发？组织对先进技术了解多少？技术技能水平如何？哪些是组织所欠缺的？

成熟度评估应作为一面镜子，用于生成组织多维度的简要情况。这些情况会尽可能客观地反映组织对数字—智能化变革所做的准备，包括其优势和劣势。有时它还会把同一行业中类似组织的相关基准作为参考。以下是数字—智能成熟度评估的一些假设示例和可以得出的结论。

第一，在评估过程中，发现组织在 IT 架构、工作流程和方法论这三方面存在严重的缺陷，不适合数字—智能化变革（因为它们过于僵化，不敏捷）。该组织深陷过时的系统和技术之中，这些系统和技术难以修改且无法与新的数字—智能化渠道（如网站、移动应用程序、高级数据分析、可计算应用程序等）集成。组织应该在开始数字—智能化变革前就发现这些现象，它们为建立一个缩小差距的行动计划提供了一个重要的基础。缩小差距可能具有挑战性，需要投入大量的资源和时间，但忽略当前的数字—智能化成熟度，盲目开始数字—智能化之旅是有风险的，错误评估事实状况最终可能导致组织无法成功实现数字—智能化变革。

第二，在评估过程中，发现组织文化相对薄弱。组织文化保守，不鼓励冒险和创新。这种组织文化会严重阻碍数字—智能化变革。为此，组织需要创新文化，修改现有业务流程，并准备在采用新业务流程中承担风险。了解这一弱点使组织能够根据数字—智能化变革的需要采取措施，改变其组织文化。

第三，评估表明，数字—智能化举措由组织的许多不同部门实施，但没有一个全面的管理方法或共同的战略愿景。数字—智能化变革的成功需要管理层针对所有数字—智能化举措制定清晰的战略愿景，并采取相应的行动以实现其目标。在这种情况下，组织应建立一个数字化执行委员会或数字化领导团队，投入时间和精力来定义战略愿景，并制订企业范围内的数字计划，这是一种综合性和全面的方法。

如果一个组织在没有评估其是否做好充足准备和了解相关优缺点的情况下进行数字—智能化变革，那么它就会在数字—智能化变革过程中遭遇风险，并在之后逐渐显现出来。

让我们简单了解一下在评估组织的数字—智能化成熟度时使用的一些模型。这里提出的大多数数字—智能化成熟度模型都涉及开发它们的咨询公司所拥有的知识产权，因此以下描述不包含用于评估组织数字—智能化成热度的详细问卷或加权计算。然而，了解这些模型所使用的维度可以帮助组织从自己的角度制定相关的评估标准。

一、麦肯锡的数商

2015 年，著名的全球商业咨询公司麦肯锡发表了一篇题为《提高数商》的文章。这篇文章介绍了麦肯锡提出的专有指标——数商（Digital Quotient，DQ），用于评估一个组织的数字化成熟度，就像评估一个人的智力一样。数商是基于四个维度的加权分数，每个维度用于测量数字化管理实践的多个领域，总共 18 个领域。图 4-5 为麦肯锡提出的数商模型。

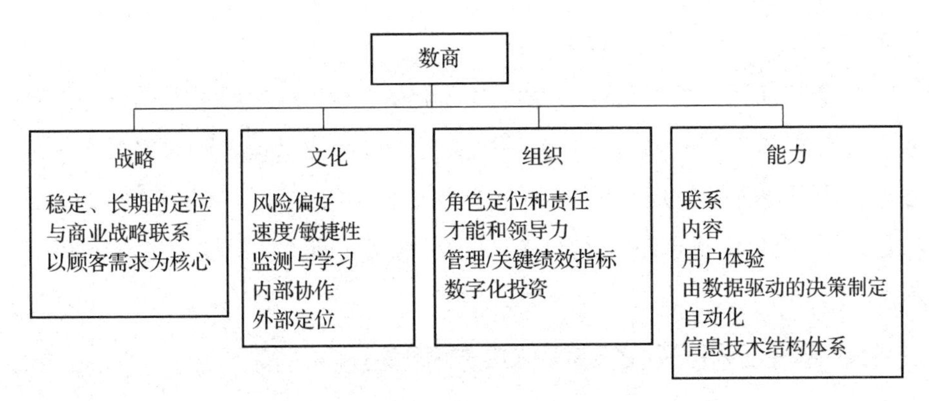

图 4-5 麦肯锡提出的数商模型

对于模型中的每一个领域，麦肯锡通过详细的问卷调查来评估组织并确定相应的分数。麦肯锡的数商模型为每个领域分配一个权重，并计算组织的整体加权分数，范围从 0 ～ 100。对于组织来说，了解和分析其优势与弱点是很重要的，因为这些优势和弱点会反映在组织每个主要维度和领域所获得的分数上。这将使其能够为数字化变革之旅制订自己独特的行动计划。让我们简单了解一下四个主要维度。

（1）战略。与组织的数字化战略相关的一系列问题：与数字化相关的一切业务都有明确的战略吗？数字化战略是否与业务战略紧密结合并支持业务战略？战略是否以客户为中心？

（2）文化。与组织文化相关的一系列问题：组织的风险偏好是什么？组织是否灵活？它是否能快速评估问题并得出结论？组织内部各部门之间的协作程度如何？组织如何彻底检查外部并采取行动来提高外部协作水平？

（3）组织。与组织结构相关的一系列问题：是否有明确的角色和责任定义，特别是数字化方面的组织责任定义？组织培养人才和领导能力吗？组织是否有明确的治理流程和关键绩效指标？

（4）能力。与组织为数字化做好准备和配备相关技能等相关的一系列问题：组织与所有利益相关者及渠道的关系如何？内容管理质量如何？组织在关注客户体验方面是否恰当？其决策过程是否基于数据分析？其各种业务流程的自动化程度如何？组织的信息系统架构是什么，它在多大程度上是为了应对数字化挑战而构建的？

为了验证模型的有效性，麦肯锡对150个不同的组织进行了全面的调查，并计算了它们的数商。结果平均值为33，大多数公司的排名低于平均水平。麦肯锡将得分高于平均水平的组织分为两组：得分为40～50的称为“成长中的数字化领导者”，得分超过50的称为“有成就的数字化领导者”。

二、麻省理工和凯捷的数字化成熟度模型

让我们简要了解一下由麻省理工学院（MIT）数字商业中心（以下简称麻省理工）和全球咨询公司凯捷（Capgemini，以下简称凯捷）联合开发的数字化成熟度模型。这一模型耗时三年，涵盖30个国家的390个组织，其中184个组织的年销售额超过10亿美元。这项研究的结果发表在学术期刊和《引领数字化》（由韦斯特曼、邦尼特与麦卡菲三人联合撰写而成）这本书中。书中对这一研究问题进行了细致的分析，并且展示了加权指标，指标通常运用于研究人员得出关于被调查组织数字化成熟度水平的结论。

该数字化成熟度模型将组织的指标划分为两个不同的轴：纵轴是数字化技能和能力，横轴是数字化领导能力。图4-6为数字化成熟度模型的两大维度。

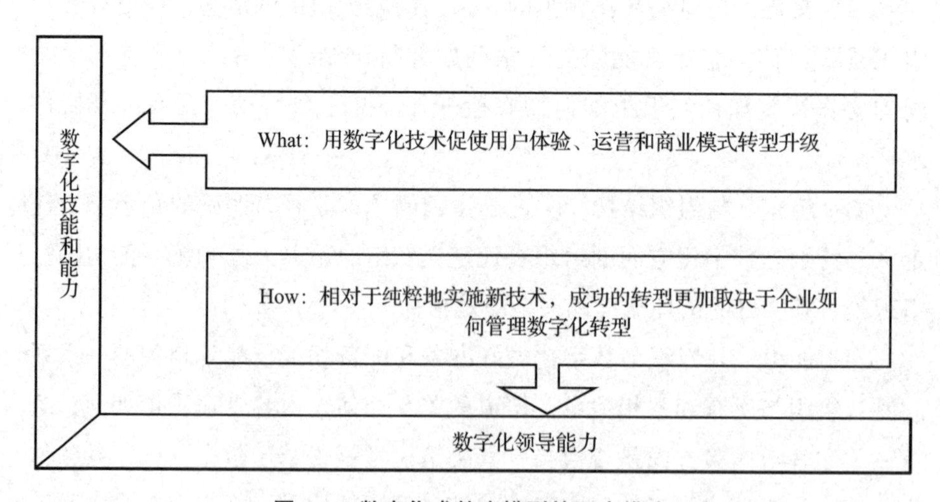

图4-6 数字化成熟度模型的两大维度

研究人员使用了问卷调查方法，问卷包含许多不同主题的问题，在某些情况下，他们还对管理者进行了个人访谈。每个组织都有两个排名，分布于横轴与纵轴。排名划分为四个象限，代表组织数字化成熟度的阶段，如图 4-7 所示。

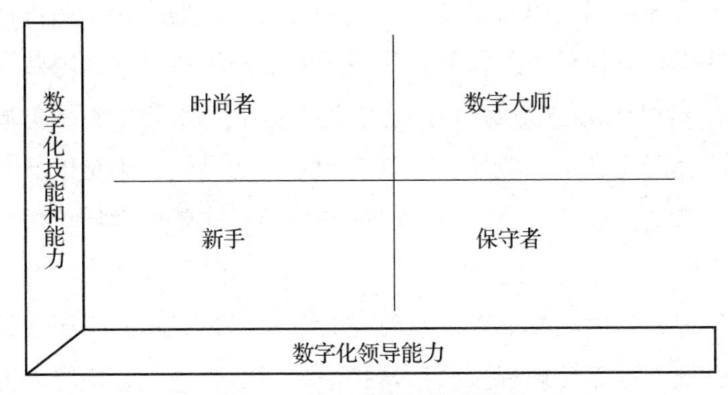

图 4-7　四个象限的排名情况

第一阶段：新手。高管对数字化及其对公司的潜在价值带来的影响持怀疑态度。组织有可能会进行一些数字化实验和项目，但是组织里几乎不存在数字文化，这是数字化成熟度的初级阶段。

第二阶段：保守者。组织已确定了数字化愿景，但仍处于早期阶段。组织有一些数字计划，但是在业务范围内数字技能和大多数系统都未能合理发挥作用。治理范围仅停留在各个业务单元，而不是整个组织级别。组织正采取措施发展其数字化技术和能力。

第三阶段：时尚者。组织热爱新技术，并使用先进的数字技能，如利用社交网络和移动应用程序。然而，这些数字技能本质上是不同业务单元实施本地计划的产物。高级管理层尚未制定全面的战略愿景，各种数字化举措之间的协调度非常有限，数字文化主要存在于单个业务单元的层面。

第四阶段：数字大师。高管明确定义并施行清晰的数字愿景与战略，治理范围不单单停留在各个业务单元，而是整个组织。作为让组织具有广阔发展前景的重要组成部分，数字化计划正在不断实施。

研究表明，被定义为“数字大师”的组织在绩效表现上有很大的优势。例如，记录显示，“数字大师”所获得的利润比样本平均水平高 26%，而“新手”所获利润比样本平均水平低24%。事实证明，数字领导水平对于一个组织能否成功转型为“数字大师”尤为重要。“数字大师”具有四个特点。

（1）强烈的愿景。为了成功实现数字化变革，高级管理层必须制定清晰的愿景，明确提出组织希望如何在数字化时代运营，包括与不同目标细分市场的客户建立何种关系，其运营模式和业务流程将如何随数字化而不断变化，以及组织对创新的商业模式的看法等。对于数字化变革这一主题，高级管理层发表的一般性且不具有约束力的言论，不足以作为支持数字化变革的基础。管理层必须投入时间和资源，在整个数字化进程中对指导性愿景有明确的定义与设想。

（2）员工参与度。员工积极参与是数字化变革成功的必要条件。正如高管一样，员工也需要理解、联系与相信公司的愿景。管理层需要对提出的愿景做出解释说明，并与员工沟通，确保每个人都清楚。管理层还必须审查是否存在与员工双向沟通的渠道，以便他们也能回应、评论和分享他们的想法。组织内部的社会网络、知识管理系统、组织门户，所有这些都是管理层在愿景传播和同化过程中应该使用的工具。

（3）治理。对所有变革和优先级的事物进行清晰的治理是数字化之旅成功的必要条件。被归类为“数字大师”的组织对治理规范进行了清晰的定义，包括选择监控项目及投资数字化技术。一些公司设立了首席数字官职位，以协调它们的数字化变革工作，确保工作中及时解决重要问题，促进以技术为基础的新业务理念能被广泛接受等。其中一些组织将“治理者”这一角色也交给首席信息官或首席营销官，或者一个由多个副总裁组成的管理团队。

（4）与IT部门建立牢固的关系。在被定义为“数字大师”的公司中，高级管理层、各业务部门和IT部门之间建立了牢固而紧密的关系。每个人都必须理解双方的业务范围，以便能有效地进行沟通。管理层必须熟悉IT世界，准确了解系统情况和部门的技术能力，以及具备应对数字化变革挑战的能力、与首席运营官和其他关键人员进行战略性对话的能力。同时，IT人员必须学会用商业语言进行交流，并解释数字化技术如何改善业务成果。IT经理必须找到方法使他们的部门更灵活，能够快速响应不断变化的需求。研究中的一些组织采用了双模 IT 模型，因此处理客户应用的部门将使用像 SCRUM（迭代式增量软件开发过程）或 DevOps（过程、方法与系统的统称）这样的敏捷开发方法，而那些处理后台应用程序的部门将继续使用门径管理（Gate-Stage）流程方法。

三、SAP 的数字能力框架

数字能力模型，也称为数字能力框架（Digital Capability Framework，DCF），它是由欧洲跨国软件公司 SAP 开发的。其基本假设是：数字化变革的目标是将组织转变为一个具备清晰的商业战略、商业模式及成功在数字化时代运营和竞争的组织。基于此，组织必须开发一系列能力，并将重点放在一些目标上。组织转型为数字化企业的动力是集成业务能力和实现战略目标。值得注意的是，将组织转变为数字化企业并不是要使现有的业务流程自动化，而是要借助数字化技术提供的新功能和制定新的业务处理方法。因为数字化技术是帮助实现目标的基础设施，而并非目标本身。

对业务转型管理（Business Transformation Management，BTM）综合方法的完整描述超出了本书的范围。我们需要特别关注数字能力框架，它显示了组织要成为数字化企业需提高的三大能力和三个主要目标。衡量这些能力和目标的方法是使用数字化成熟度的方法或模型，如图 4-8 所示。

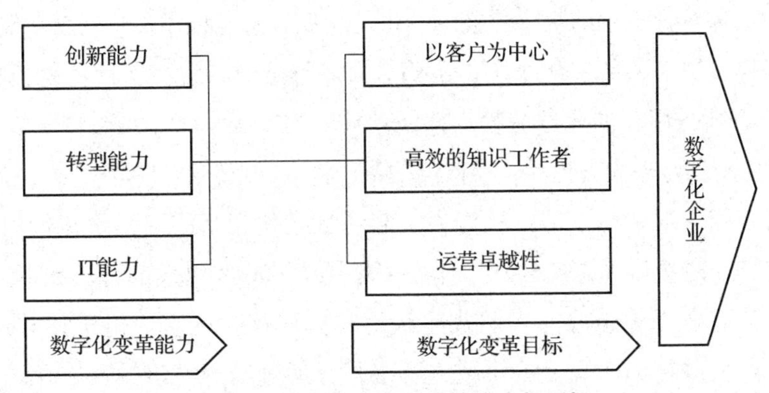

图 4-8　数字化变革所需的能力与目标

我们首先来了解一下成为数字化企业所需的三种能力。它们可以被称为数字化变革的推动力量。

（1）创新能力。对于组织来说，创新意味着能够定期地将观点转化为产品与服务，这些产品与服务有助于促进业务流程敏捷化。组织必须投资开发创新能力。创新不是自然就存在的，也不是自发而成的，而是在很大程度上依赖于组织文化而生。对于公司来说，理解创新是实现成功的重要因素之一，这是至关重要的。当今处于全球化时代，竞争强度不断增加，世界各地越来越多的公司参与到市场竞争中。公司必须投入资源到创新中，设定相应职位，对员工进行创新培训（如培训他们的设计思维能力）、管理创新计划组合、从失败中学习（再一次强调，创新产生于不断的失败中）、定义创新的关键绩效指标等。

（2）转型能力。正如本书强调的，转型是一个漫长而富有挑战性的过程。要想取得成功，组织必须具备一定的领导和管理能力。为此，组织必须明确定义相关负责人，明确数字化路线图中各种举措的优先顺序，必须组建领导团队并发挥长期作用，分配适当的资源和劳动力等。至关重要的是，参与转型过程的员工必须具有高度的积极性，并彻底了解他们参与创建的内容。公司需要进行有效的沟通，使所有利益相关者都能理解并紧跟数字化变革的步伐。企业必须意识到转型是有挑战的，公司可能尚不具备相关能力，但绝不能忽视投资开发这些能力和技能的必要性。

（3）IT 能力。数字化变革的成功在很大程度上取决于公司的 IT 部门，IT 部门必须选择正确的数字化技术，将其与现有系统集成，开发新功能，并帮助用户接纳新的数字化系统，还要对其进行维护和后续运营。为了成功，IT 部门必须采用新的业务流程（如 DevOps、MLOps 等）。如果 IT 部门和业务部门之间没有建立真正的合作伙伴关系，将会导致转型过程中存在高风险。

数字能力框架与上述三种能力一起对数字化变革的三大目标做出了明确的定义，这些目标是任何数字化变革路线图的必要组成部分，如下所示。

（1）以客户为中心。人们普遍认为在数字化时代客户位于核心地位。组织与客户进行沟通交流的渠道多种多样，通过新的升级的数字化产品和优质创新的服务可以为客户提供价值。组织必须检查产品供应情况和用户体验的质量，并了解“客户消费”这趟旅程的体验效果。所有这些都是创新产品和服务的基础，也是创造高质量用户体验的一部分。在数字化时代，用户更积极主动、知识更丰富，他们往往会阅读产品的相关信息且对产品做出响应，并广泛使用社交网络。数字化组织还必须学习如何在这个数字化新世界中工作、发挥作用，并且融入其中成为其一员。

然而，在我们看来，组织必须选择适合它们的目标，而不仅仅是关注客户。例如，有些组织的业务战略侧重于运营效率和成本领先，或侧重于在其他领域创造差异化。例如，一个为医院开发先进医疗设备的组织可以将其战略着眼于创新，而不仅是以客户为中心。

（2）高效的知识工作者。在数字化时代，成功的另一个重要因素与组织所雇用的知识工作者和人才有关。他们必须使用门户、组织内部使用的协作工具、知识管理系统、商业智能系统和大数据等技术，确保组织在恰当的时间拥有恰当的信息，同时保证质量。在全球数字化时代，这些技术工具是必不可少的。

（3）运营卓越性。如果组织的内部业务不能实现高效、敏捷和智能化，那么它就不能提供高质量和高效的用户体验。组织必须设立相关的内部信息化系统（如 MES、ERP、CRM、SCM、EC 等）。当然，所有这些系统都是提高组织运作效率、确保业务过程的高质量及进行有效的持续性改进的基础。

（4）数字化变革目标。数字化变革取得成功需要专业的能力、技能和明确的目标。数字能力框架将数字化成熟度分为五级。

第 1 级：初始级。这一级别的特点是特殊的、混乱的，且过程是不成熟、不稳定的，没有明确判断数字化能力的基准。

第 2 级：反应级。在这一级别中，组织将建立数字化原则，并传达给相关人员。虽然没有定义整个组织的流程，但基本确保达成最小化的一致意见，允许重复以前类似成功的项目。

第 3 级：定义级。这一级别的特点是对项目实施组织内部计划，建立格式化的组织内部标准流程，允许参与定制相关项目。

第 4 级：管理级。在这一级别中，组织实现了过程标准化，并运用定量统计技术对（数字化）产品质量进行预测。

第 5 级：卓越级。组织按顺序实施项目。与此同时，流程在不断改进。系统会分析问题，并且能对未来的资产价值做出评估。

数字能力框架使用蛛网模型说明组织的当前情况及对未来做出展望，如图 4-9 所示。

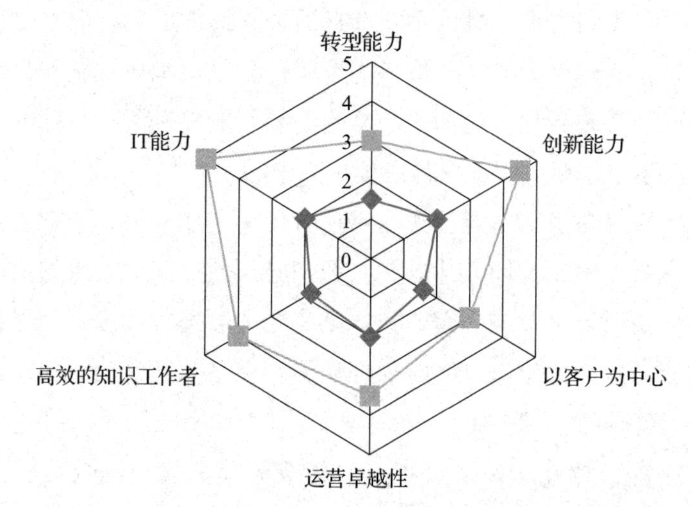

图 4-9 数字能力框架关于数字化成熟度提出的蛛网模型

六大构成要素中的每一个都由 1 ～ 5 的成熟度等级来衡量，其中“1”表示初始级，“5”代表卓越级。组织应该评估其数字化成熟度，并明确其想要达到的水平。蛛网模型可用来标记组织的当前状况（中心区域）及对其数字化变革的前景做出展望（外围区域）。

根据构成要素和组织的当前状态，不同要素到达第 5 级所需的时间不同，可能需要更多或更少的时间。对于组织来说，试图让六大要素在同一时间内达到第 5 级是不可能的。更实际的是，目前处于第 2 级的创新能力应争取在一年内达到 4 ～ 5 级。

四、工信部智能制造能力成熟度模型

1. 智能制造能力成熟度模型

中国工业和信息化部智能制造能力成熟度模型（GB/T 39116—2020）

由成熟度等级、能力要素和成熟度要求构成，其中，能力要素由能力域构成，能力域由能力子域构成，如图 4-10 所示。

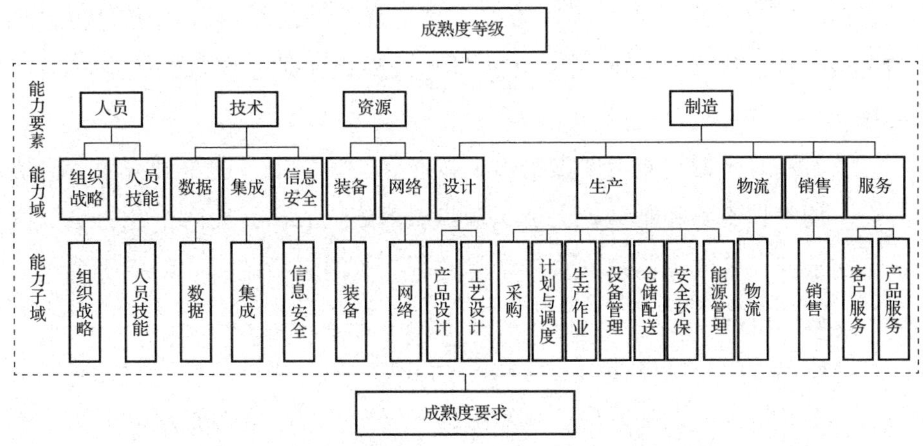

图 4-10　智能制造能力成熟度模型的构成

（1）成熟度等级。成熟度等级定义了智能制造的阶段水平，描述了一个组织逐步向智能制造最终愿景迈进的路径，代表了当前实施智能制造的程度，同时也是智能制造评估活动的结果。成熟度等级分为五个等级，自低向高分别为一级（规划级）、二级（规范级）、三级（集成级）、四级（优化级）和五级（引领级），如图 4-11 所示。较高的成熟度等级要求涵盖了低成熟度等级的要求。

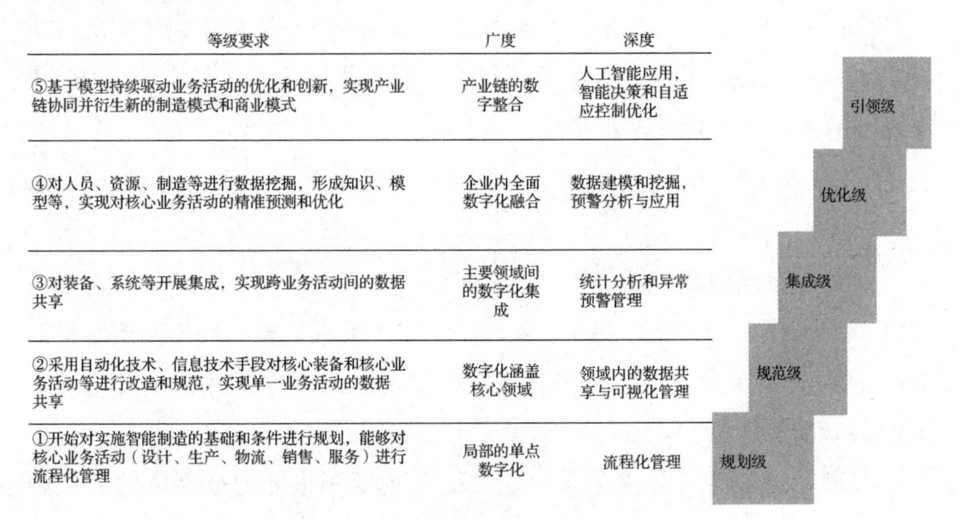

等级要求	广度	深度	
⑤基于模型持续驱动业务活动的优化和创新，实现产业链协同并衍生新的制造模式和商业模式	产业链的数字整合	人工智能应用，智能决策和自适应控制优化	引领级
④对人员、资源、制造等进行数据挖掘，形成知识、模型等，实现对核心业务活动的精准预测和优化	企业内全面数字化融合	数据建模和挖掘，预警分析与应用	优化级
③对装备、系统等开展集成，实现跨业务活动间的数据共享	主要领域间的数字化集成	统计分析和异常预警管理	集成级
②采用自动化技术、信息技术手段对核心装备和核心业务活动等进行改造和规范，实现单一业务活动的数据共享	数字化涵盖核心领域	领域内的数据共享与可视化管理	规范级
①开始对实施智能制造的基础和条件进行规划，能够对核心业务活动（设计、生产、物流、销售、服务）进行流程化管理	局部的单点数字化	流程化管理	规划级

图 4-11　智能制造能力成熟度等级

企业在实施数字—智能制造时，应按照逐级递进的原则，从低级向高级循序演进，要注重投资回报率。企业应该根据自身的业务发展现状、市场定位、客户需求和资金投入情况，来选择合适的等级并确定智能制造的发展方向。需要注意的是，并非只有最高级才是适合每个企业的最佳选择。

（2）能力要素。能力要素给出了智能制造能力提升的关键方面，包括人员、技术、资源和制造。人员包括组织战略、人员技能两个能力域。技术包括数据、集成和信息安全三个能力域。资源包括装备、网络两个能力域。制造包括设计、生产、物流、销售和服务五个能力域。

设计包括产品设计和工艺设计两个能力子域，生产包括采购、计划与调度、生产作业、设备管理、仓储配送、安全环保、能源管理七个能力子域，物流包括物流一个能力子域，销售包括销售一个能力子域，服务包括客户服务和产品服务两个能力子域。

企业可以根据自身业务活动的特点对能力域进行裁剪。能力域是对能力要素的进一步分解，将各种制造能力域或能力子域等物理世界的实体及活动数字化并接入互联互通的网络环境下，对各种数字化应用进行系统集成，对信息融合中的数据进行挖掘利用并反馈优化能力要素，推动组织最终实现个性化定制、远程运维与协同制造等的新兴业态。

（3）成熟度要求。成熟度要求规定了能力要素在不同成熟度等级下应满足的具体条件，是判定企业是否实现该级别的依据。每个域下分不同级别的成熟度要求，此处不再赘述。

2. 智能制造能力成熟度评估方法

智能制造能力成熟度评估方法（GB/T 39117—2020）是依据智能制造能力成熟度模型的要求，与企业实际情况进行对比，得出智能制造水平等级，有利于企业发现差距，结合组织的智能制造战略目标，寻求改进方案，提升智能制造水平。

智能制造能力成熟度评估方法规定了智能制造能力成熟度的评估内容、评估流程和成熟度等级判定的方法。适用于制造企业、智能制造系统解决方案供应商与第三方开展智能制造能力成熟度评估活动。

（1）评估内容。基于 GB/T 39116—2020，根据评估对象业务活动确定评估域。评估域应同时包含人员、技术、资源和制造四个能力要素的内容。人员要素、技术要素和资源要素下的能力域和能力子域为必选内容，不可裁剪。制造要素下的生产能力域不可裁剪，其他能力域可裁剪。以离散型制造企业的评估域为例，如表 4-1 所示。

表 4-1　离散型制造企业的评估域

要素	人员		技术		资源			制造												
能力域	组织战略	人员技能	数据	集成	信息安全	装备	网络	设计		生产							物流	销售	服务	
评估域	组织战略	人员技能	数据	集成	信息安全	装备	网络	产品设计	工艺设计	采购	计划与调度	生产作业	设备管理	仓储配送	安全环保	能源管理	物流	销售	客户服务	产品服务

（2）评估流程。智能制造能力成熟度评估流程包括预评估、正式评估、发布现场评估结果和改进提升，如图 4-12 所示。

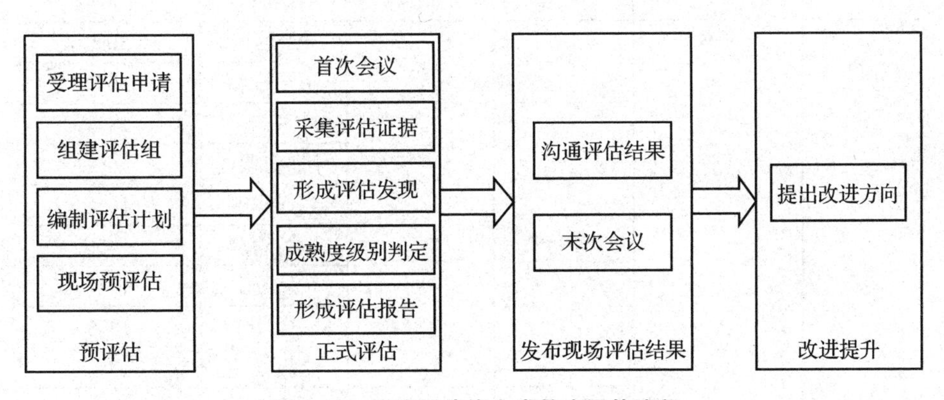

图 4-12　智能制造能力成熟度评估流程

（3）成熟度等级判定。

①评分方法。评估组应将采集的证据与成熟度要求进行对照，按照满

足程度对评估域的每一条要求进行打分。表 4-2 为成熟度要求满足程度与得分对应。

表 4-2 成熟度要求满足程度与得分对应

成熟度要求满足程度	得分
全部满足	1
大部分满足	0.8
部分满足	0.5
不满足	0

②评估域权重。根据制造企业的业务特点，给出离散型制造企业的主要评估域及推荐权重，如表 4-3 所示。

表 4-3 离散型制造企业的主要评估域及推荐权重

<table>
<tr><th>能力要素（B）</th><th>能力要素权重（α）</th><th>能力域（C）</th><th>能力域权重（β）</th><th>能力子域（D）</th><th>能力子域权重（γ）</th></tr>
<tr><td rowspan="2">人员</td><td rowspan="2">6%</td><td>组织战略</td><td>50%</td><td>组织战略</td><td>100%</td></tr>
<tr><td>人员技能</td><td>50%</td><td>人员技能</td><td>100%</td></tr>
<tr><td rowspan="3">技术</td><td rowspan="3">11%</td><td>数据应用</td><td>46%</td><td>数据应用</td><td>100%</td></tr>
<tr><td>集成</td><td>27%</td><td>集成</td><td>100%</td></tr>
<tr><td>信息安全</td><td>27%</td><td>信息安全</td><td>100%</td></tr>
<tr><td rowspan="2">资源</td><td rowspan="2">6%</td><td>装备</td><td>50%</td><td>装备</td><td>100%</td></tr>
<tr><td>网络</td><td>50%</td><td>网络</td><td>100%</td></tr>
<tr><td rowspan="15">制造</td><td rowspan="15">77%</td><td rowspan="2">设计</td><td rowspan="2">13%</td><td>产品设计</td><td>50%</td></tr>
<tr><td>工艺设计</td><td>50%</td></tr>
<tr><td rowspan="8">生产</td><td rowspan="8">48%</td><td>采购</td><td>14%</td></tr>
<tr><td>计划与调度</td><td>16%</td></tr>
<tr><td>生产作业</td><td>16%</td></tr>
<tr><td>设备管理</td><td>14%</td></tr>
<tr><td>仓储配送</td><td>14%</td></tr>
<tr><td>安全环保</td><td>13%</td></tr>
<tr><td>能源管理</td><td>13%</td></tr>
<tr><td>物流</td><td>13%</td><td>物流</td><td>100%</td></tr>
<tr><td>销售</td><td>13%</td><td>销售</td><td>100%</td></tr>
<tr><td rowspan="2">服务</td><td rowspan="2">13%</td><td>客户服务</td><td>50%</td></tr>
<tr><td>产品服务</td><td>50%</td></tr>
</table>

③计算方法。

能力子域得分为该子域每条要求得分的算术平均值，能力子域得分按式（1）计算：

$$D = \frac{1}{n}\sum_{1}^{n} X \tag{1}$$

式中：D——能力子域得分；X——能力子域要求得分；n——能力子域的要求个数。能力域的得分为该域下能力子域得分的加权求和，能力域得分按式（2）计算：

$$C = \sum (D \times \gamma) \tag{2}$$

式中：C——能力域得分；D——能力子域得分；γ——能力子域权重。能力要素的得分为该要素下能力域的加权求和，能力要素得分按式（3）计算：

$$B = \sum (C \times \beta) \tag{3}$$

式中：B——能力要素得分；C——能力域得分；β——能力域权重。成熟度等级的得分为该等级下能力要素的加权求和，成熟度等级的得分按式（4）计算：

$$A = \sum (B \times \alpha) \tag{4}$$

式中：A——成熟度等级得分；B——能力要素得分；α——能力要素权重。

④成熟度等级判定方法。

当被评估对象在某一等级下的成熟度得分超过评分区间的最低分视为满足该等级要求，反之，则视为不满足。在计算总体分数时，已满足等级的成熟度得分取值为1，不满足级别的成熟度得分取值为该等级的实际得分。智能制造能力成熟度总分为各等级评分结果的累计求和。评分结果与能力成熟度的对应关系如表4-4所示。根据表给出的分数与等级的对应关系表，结合实际得分S，可以直接判断出企业当前所处的成熟度等级。

表 4-4 评分结果与能力成熟度的对应关系

成熟度等级	对应评分区间
五级（引领级）	4.8 ≤ S ≤ 5
四级（优化级）	3.8 ≤ S < 4.8
三级（集成级）	2.8 ≤ S < 3.8
二级（规范级）	1.8 ≤ S < 2.8
一级（规划级）	0.8 ≤ S < 1.8

在这一节中，我们介绍了数字—智能化成熟度的概念。它描述了组织在数字—智能化变革过程中的不同阶段，以及组织迎接数字—智能化挑战需要具备的能力。此外，我们还提出了用几种不同的模型来评估一个公司的数字—智能化成熟度水平。希望企业通过认识这些模型，能够构建一个综合模型，利用现有模型的多个部分来获得评估组织数字—智能化成熟度的最佳工具。我们建议组织在数字—智能化变革过程开始之前，先评估数字智能化成熟度并缩小差距，之后再进行重复评估，不断缩小差距。

灯塔网络项目之所以影响日益广泛，在于它并没有公式化的标准，没有让企业套用固化的框架，也并未使用评分的方式。其价值导向更加注重业务系统升级和创新技术应用带来的商业价值，强调企业全员参与的文化与组织能力支撑，以及在以客户为中心的端到端价值链中的改善，看重的是企业转型故事中的“可借鉴价值”。因此灯塔工厂网络更具有广泛的适用性和不断演进的生命力。在过去评选出的 90 家灯塔企业中，涵盖了“单一生产场所”“端到端价值链”和“可持续发展”三种类型的最优实践。每一年评选出的新成员都会带来新的价值亮点，这说明虽然各个行业和不同企业之间面临的挑战不同，但成功的路径也不止一条。

本书第一章已阐述了灯塔工厂全面转型的关键推动（赋能）因素，灯塔工厂全面转型的创新运营系统为今后建立企业现代化的运营系统提供了成功范例。

灯塔工厂全面转型的秘诀在于，结合运营系统与全面转型的六大推动因素，并将其置于数字化转型的核心地位，便能成功地摆脱“试点困境”。灯塔工厂创建了整个工业互（物）联网运营系统的最小可行性产品（MVP）。在业务流程、组织系统和工业互联网及数据技术系统等方面同时发力，旨在对运营系统进行更深入的创新，以提高企业的效益。

虽然灯塔工厂的转型方法各不相同，但它们的经验已经证明，六大关键推动因素在创新运营系统的全面发展中功不可没。

创新视点 1

麦肯锡：组织数字化转型的 9 大价值链环节

实施数字化转型可以为企业带来巨大的价值，包括降本增效、提高生产效率、减少人力成本、加速产品迭代、提升制造的自动化程度等。但是，转型的愿景虽然美好，现实却远远不如人意。麦肯锡在全球范围调研了 800 多家传统企业，结果显示，尽管已有 70% 的企业启动了数字化，但是其中的 71% 仍然停留在试点阶段，甚至其中 85% 的企业停留的时间超过一年以上，迟迟不能实现规模化推广。这种“试点困境”主要是由于企业的业务、技术及组织转型中存在种种陷阱和障碍。

成功的数字化转型需要进行合理的顶层设计，明确企业数字化的愿景，关注于业务、技术和组织三大领域，紧紧围绕赋能推动要素，贯穿整个价值链环节，麦肯锡将此策略概括为数字化转型的 1-3-6-9。1-3-6（1 个目标，明确数字化转型目标是捕获增长，提升价值；3 大领域，了解数字化转型的内容，涵盖业务转型、技术转型和组织转型；6 个关键推动要素，认识数字化转型的重点，包括敏捷工作方式、敏捷数字工作室、工业互联网 / 数据基础架构、技术生态系统、工业物联网学院及其转型办公室）已在第一章有详细介绍，不在此赘述。此处仅阐述数字化转型的 9 大价值链环节。

1. 业绩增长数字化

数字化时代为企业的营销模式带来变革，传统方式已无法支持快速的营销创新，需要结合新的技术和方法来推动业绩的不断增长。

企业可以通过物联网设备跟踪并衡量消费者的行为，从而预测客户可能倾向购买的产品和服务，了解最佳的营销时点和渠道，为新产品做出更精准的客户画像，有效提升销售线索。再如，企业可以通过大数据形成的客户意见预测并监控产品的销售，结合客户的反馈及时做出战术调整，优化营销管理流程和决策，并实现智能维保与售后增值服务。

2. 产品设计数字化

随着客户对于产品的种类多样化、推新频率和降低价格方面的要求日益提升，企业需要不断缩短研发周期，提高产品定制化程度，同时控制研发成本，这无疑为产品的研发设计带来了挑战。结合数字化的仿真和分析手段，产品的高效研发迭代已成为可能。

通过应用于产品设计和测试的3D仿真和数字孪生技术，企业可以为真实世界里的产品创建虚拟数字模型，并在虚拟空间内进行分析、测试与优化。尤其对于定制产品而言，在虚拟空间里的测试可以大大降低搭建新测试平台的成本。企业还可以通过高级分析辅助产品从创意到上市全过程的绩效管理，通过挖掘研发过程的数据来加快项目进度，并控制产品开发成本，提高设计过程的效率。

3. 采购数字化

企业内部往往存在支出数据分散且口径不一、订单量巨大、产品开发与供应链缺乏协同等采购难题，使采购经理在关键决策上茫然无措。数字化采购可以借助智能化的数据整合和品类成本分析工具，对关键杠杆和业绩指标进行自动计算，从而提高采购环节的透明度。

智能化的支出分析通过数据自动提取、品类分类、智能分析及效益跟踪，应用高级分析对数据进行自动化整合及聚类分析，并以可视化报表呈现可辅助采购决策的数据分析结果，从而有效提升数据的透明度，帮助企业采购人员识别效益潜力；还可以形成可执行、可追踪的优化举措。另外，基于大数据平台对采购信息进行整合和管理，可以实现对不同供应商的材料质量追溯，并形成数字化的档案，为之后的采购工作提供指导。

4. 供应链数字化

在数字化时代，制造业供应链的复杂度与日俱增，运行速度也越来越快，高需求产品缺货、低利润产品积压是各大制造业供应商面临的常见问题。通过对数字化供应链的大数据分析，企业可以对采集的数以百万计的在线用户和数以千计的直接用户数据进行分析，通过人工智能引擎从庞大的数据集中提取并形成核心决策，从而做出准确的需求预测。

通过搭建端到端的实时供应链可视平台，企业可以实现供应链中的采购商及其供应商、物流商的多用户协同，可以在资源规划、采购决策、订单管理、库存查询、物流跟踪、统计分析等关键环节的业务协同上提供应用支撑。在保证物流、资金流、信息流畅通的前提下提高采购效率，降低采购成本，达到优化供应链资源配置、提高供应链效率的目的。再如，企业通过高级分析优化生产和物流计划，实现机器和物料的高度协同。通过高级分析，机台可以对物料需求做出预测，如预测发生缺料，可以实现自动叫料、配料。产品也可以自动入库，实现生产和物流全流程的自动化协同。

5. 生产制造数字化

当下的客户需要小批量、多样化的产品，因此企业必须以高度敏捷的方式部署人力和生产设备等资源。在传统的资源配置方式下，由于人力冗余、设备资产利用率不高及质量低、成本高等原因，导致制造成本不断上升。现在利用先进的数字化技术，可以实现对生产制造过程的改善。

例如，在车间设备上安装传感器，实时采集工作车间的业绩数据，如OEE、FPY、UPPH等；再应用高级分析算法，从海量数据中识别出业绩不佳的区域及根本原因，如产线不平衡、设备短时间停工、物料搬运人员动线缺乏规划等；然后，企业可以寻找相关性最高的成熟的数字化用例，在业务部门的支持下解决问题并降低制造成本。

6. 前、中、后台流程自动化

企业运营的前台（营销、销售、客户服务）、中台（审计、风险、采购、项目管理、供应链）和后台（财务、人力资源、法务、IT、税务）往往包含着许多无附加价值的工作。实现这些流程的自动化，可以将工作流程简化并标准化，有效释放额外的生产效率，将人才部署到附加值更高的工作中去，由此不断改善总体的运营服务效率。

以订单录入流程自动化为例，企业通过机器人流程自动化（RPA）实现订单自动上传、订单确认及价格确认功能，然后采用高级分析法，端到端处理绝大多数订单而无须人工介入。这一改变大大缩短了订单录入的时间，减少了人力，在降本增效的同时还可以带来一项额外效应，即帮助企业加强合规管理。

7. 工业互联网架构

工业互联网架构是企业数字化的核心支撑，使企业能够全面捕捉运营数据，连接资产和数据，促进数据流动，让数据及时到达具有对应决策权限的人员手中，同时助力数据模型，指导企业运筹帷幄。

工业互联网架构包括多个层次。制造过程中所需要的所有数据，首先通过外缘层接入企业的数据平台，通过数据转换预处理产生决策所需的数据，将其送入平台层；平台层通过大数据处理和工业数据分析，构建可扩展的开放式云操作系统；应用层可以实现满足不同场景的工业App，形成工业互联网平台的最终价值。架构的核心是数据的采集传输和分析，有了数字化的支撑，工业互联网架构能够完美支持项目的敏捷交付，同时依托可扩展的底层架构设计，分阶段逐步交付相关用例，直至实现最终的转型目标。

8. 中央转型办公室

数字化转型不是一个部门的单打独斗，跨职能部门的高效协作至关重要。中央转型办公室协调各方资源，将不同部门组织起来统一管理，明确转型目标和绩效评定。通过综合评估组织内部所有潜在的数字化改进机遇，梳理出几十个甚至几百个潜在的数字化用例，然后根据实施难度和经济回报，将用例分为短、中、长期机遇，明确各个阶段具体的经济价值，推动企业全面转型。

9. 工业互联网学院

专业知识和人才是企业实现大规模数字化转型的重要构成元素。建立工业互联网学院，企业可以利用内外部的专业知识，为转型团队提供再培训和资源，帮助员工提升能力、获取指导及相关技能，以适应不断变化的工作需求，并打造一个符合企业自身转型需求的可持续的数字化人才梯队。

资料来源：麦肯锡。

第三节 学习知识与数字化人才的发展

在第四次工业革命的推动下，为了确保制造业生态系统的转型过程能够尽可能顺畅，同时避免加剧不平等程度和催生“赢家通吃”的结局，很多企业需要采取一些行动。世界经济论坛识别出了一系列基于价值的行动，来支持技术在全球范围内的“公平”扩散，并主动采取以下行动来降低这些风险。

一是增强一线员工的能力，而非取而代之。工厂应该通过部署技术让人类操作员集中精力参与最有增值效应的活动，以便最大程度地发挥人类的决策能力和对新环境的适应能力。与此同时，工厂也可以增强工作场所的吸引力。

二是通过投资来提升能力，并实现终身学习。制造业的第四次工业革命会改变很多职位要求，还会在组织内部和组织之间取代一些员工。所以，应该让员工做好准备，迎接第四次工业革命带来的转变，包括调整教育系统，通过投资加强培训、实现终身学习等，从而建立一个机动、灵活的劳动力群体，更好地受益于第四次工业革命带来的机遇。这不仅能够帮助员工，还能给公司带来利益。

灯塔工厂聚焦了一批规模、行业和地理位置都各异的企业，指明了它们在第四次工业革命转型过程中提高生产效率、绩效和员工参与度的宝贵做法。第四次工业革命的领跑者实施了六项常见举措，最大限度地发挥了员工潜力，以便在应对变化时从容不迫。灯塔工厂支持其员工的共同行动包括以下内容。

（1）利用技术和数据，增强一线员工的创新能力。

（2）积极主动增强技术能力和软实力，培养管理人才。

（3）调整组织架构，促进第四次工业革命的转型。

（4）实施新的工作方式，如敏捷工作方式、提高透明度。

（5）通过自动化和数字化技术改进日常装配和操作任务。

（6）提高一线解决问题和协同合作的水平。

一、知识学习与创新

学习型组织的概念在管理学中受到了前所未有的重视。《组织科学》（*Organizational Science*）一书中详细叙述了这个主题，并引起了主流经济学的注意。早期大量的关于学习型组织的理论把重点放在了组织的历史、组织先前的活动和学习对未来活动产生的影响方面。也就是说，组织先前的活动和已获得知识将有力地影响着组织的未来活动。

组织学习这个术语被应用到管理的各个方面，从人力资源到技术管理战略，以致它变成了一个非常模糊的概念。然而，它的核心是一种简单的思想，即成功的企业有能力获得知识和技能，并能够有效地应用这些知识和技能。可以论证，长期保持成功的企业很明显已经展示出了学习的能力。

1. 知识学习的方式

知识学习包括多种形式，主要有“干中学”“用中学”“研究开发中学”

和“组织间学习”四种方式。

（1）“干中学”和“用中学”。“干中学”和“用中学”主要体现在生产过程中重复操作效率的提高，是操作知识的积累。它们是程序化学习的两个著名特例。这两种学习方式构成技术能力积累的基础。“干中学”和“用中学”是学习的主导模式，对技术能力的提高具有特别重要的意义。

（2）“研究开发中学”。“研究开发中学”则是在研究开发的创造性过程中进行知识吸收的学习过程。对“研究开发中学”过程模型的研究认为，研究开发可分为四个阶段：发散、吸收、收敛、实施。其中，发散阶段产生创新思想，经过吸收和合并阶段产生解决方案，实施阶段执行解决方案。与此对应，“研究开发中学”可分为连续循环的四个阶段：具体的体验、沉思的观察、抽象的概念化、积极的实验。该模型在研究开发活动和学习过程之间搭起了理解的桥梁。正是在此基础上，可以认为研究开发是一个学习系统，进行循环往复的持续性学习，如图 4-13 所示。

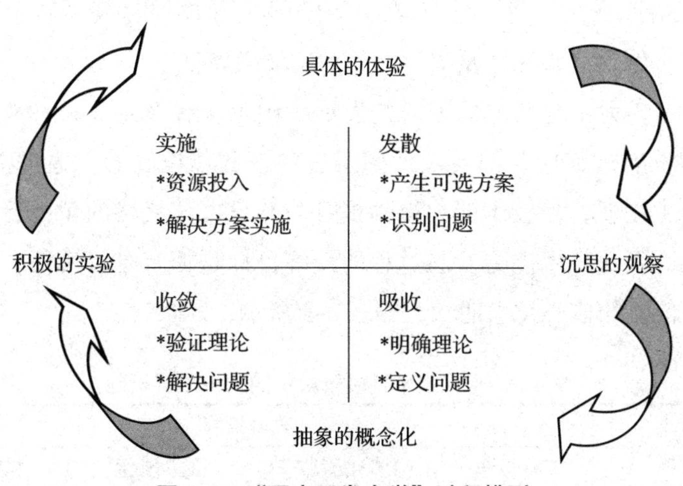

图 4-13 “研究开发中学”过程模型

研究开发不仅是一个知识整合与创造的过程（发散阶段），也是一个对整合与创造后的知识不断再学习的过程。而且，研究开发所产生的新知识有许多是企业特有的隐性知识，是竞争对手难以模仿的，这些知识的吸收和学习不仅使技术能力获得量的积累，也得到质的提高。所以，“研究开发中学”属于能力学习层次，对企业技术能力的提高比“干中学”和“用中学”更为重要。

（3）“组织间学习”。与前三种学习方式相比，“组织间学习”一般是在战略性合作的过程中，组织向合作伙伴进行知识的吸收，提高自身技术能力。“组织间学习”涉及的知识不仅包括显性技术知识，还包括隐性的技术知识，因此能有效提高企业的技术能力。尤其是在战略性合作中，合作双方的吸收过程就是一个“组织间学习”的过程。

“组织间学习”的有效性取决于两个组织在以下几方面的相似性：一是知识基础；二是组织结构和补偿政策；三是主导逻辑（文化）。合作者在基础知识、低管理正规性、研究集中、研究共同体等方面的相似性有助于“组织间学习”的进行。

对于发展中国家而言，国外技术的引进被认为是改善自主技术能力、调整产业结构和发展经济的有效方式。因此，发展中国家的技术发展呈现出从技术引进和吸收，到技术改进，再到自主创新的发展路径。清华大学陈劲教授研究认为，这三个阶段中的学习主导模式呈现从“干中学”到“用中学”，再到“研究开发中学”的动态转换特征。

事实上，无论是西方国家还是发展中国家，许多企业在其技术能力从弱到强的发展过程中，都要从外部引进技术和知识开始，通过消化吸收，再经过自主创新，使技术能力得到提升。并且，从战略的角度看，为获取竞争优势，企业技术能力发展过程的最终目标是拥有难以模仿、具有独特性和战略价值的核心技术能力，如表 4-5 所示。

表 4-5 企业技术发展阶段中的知识学习机制

企业技术发展阶段	学习机制			
	技术引进	消化吸收	自主创新	核心整合
主导技术能力	技术检测能力 技术引进能力	技术吸收能力	技术创新能力	技术核心能力
主导知识类型	Know-what	Know-how	Know-why Care-why	Perceive-how Perceive-why
知识来源	外部	外部	内部	内外部结合
主导学习模式	“用中学”	“干中学”	“研究开发中学”	“组织间学习”

续表

企业技术发展阶段	学习机制			
	技术引进	消化吸收	自主创新	核心整合
组织学习层次	程序化学习	程序化学习	能力学习	战略性学习
主要途径	技术引进（购买硬件，购买软件）	内部研究开发	内部研究开发	合作研究开发 内部研究开发

2. 探索性学习与利用性学习

自从马奇（James G.March）于 1991 年提出探索性学习（Explorative Learning）和利用性学习（Exploitative Learning）的概念后，这两种现象很快就成为研究的热点。

探索性学习是指可以从探索、改变、冒险、尝试、实验、应变、发现、创新等方面描述的学习行为，其本质是对新选择方案的实验。利用性学习是指那些可以利用提炼、筛选、生产、效率、选择、实施、执行等术语来描述的学习行为，其本质是对现有能力、技术、范式的改进和扩展。这两种类型的学习对组织来说都非常重要。探索性学习可能会导致组织偏离其现有的技术基础，而涉足全新的隐性知识。相反，由于组织积累了相关的经验和知识，利用性学习的不确定性较小。因此，探索性学习的回报在时间和空间上比利用性学习更为遥远而又不确定。

探索性学习和利用性学习的特点使组织倾向于选择对现有方案进行利用性学习，而放弃对未知世界的探索性学习。只进行利用性学习的组织会产生技术惰性，过去的成功会导致组织在时间和空间上的短视，从而妨碍组织去学习新思想，最终导致僵化。而只进行探索性学习的组织需要承担大量的实验成本，它们往往拥有大量尚未开发的新想法，但又没有能力开发出来，或者缺乏足够的经验，无法成功开发这些创意。

因此，在知识获取过程中，组织不应该实施单一的探索性学习或利用性学习。组织能力的动态发展同时依赖挖掘利用现有技术和资源来确保效率得到改善，以及通过探索性学习创新来创造变异能力。探索性学习和利用性学习的平衡是组织生存和繁荣的关键，组织所面临的一个基本问题就是必须既要充分地利用利用性学习，深化和提升现有技术，又要投入足够的资源进行探索性学习以确保未来发展。关于不同平衡理论的比较如表 4-6 所示。

表 4-6 不同平衡理论的比较

平衡理论	时空分离理论	结构分离理论	情景双元理论	空间域理论
分析层面	组织层面	组织层面	个体与团队层面	组织（间）层面
学习焦点	一定时点只聚焦一种学习	两种学习同时进行	两种学习同时进行	只从事某种擅长的学习
实现途径	间断式均衡	通过跨单元的整合来实现平衡	个体同时追求协作与适应	外在组织间的协调整合
基本假定	市场、环境等稳定发展，变化缓慢	高度差异化的单元	所有员工都需具备双元思维能力	企业资源、能力有限
管理风格	积极主动管理	积极主动管理	提供支持性情境	积极主动并非必要条件
面临的挑战	管理学习的转化等	跨单元的协调和管理高层团队的矛盾	管理组织单元内的矛盾	识别适用的领域
代表性研究	Tushm 和 Anderson（1986）	Tushm 和 O'REilly（1986）	Gibson 和 Birk in Shaw（2004）	Lavie 和 Rosenkopf（2006）

资料来源：林枫、孙小薇、张雄林等，《探索性学习—利用性学习平衡研究进展及管理意义》，《科学与科学技术管理》，2015 年第 4 期。

二、数字化人才——数字化变革的核心挑战

近 20 年来，数字技术正以前所未有的速度向前发展，社会进入了全新的数字经济时代。大数据、云计算、人工智能、机器学习、物联网等技术的出现不断颠覆着人们的生活方式，也促使行业间前所未有地相互渗透，并从根本上改变了商业环境。中国信息通信研究院于 2017 年发布的

《中国数字经济发展白皮书》显示，2030 年，数字经济占 GDP 比重将超过 50%，我国将全面步入数字经济时代。

为了在飞速发展的环境中立于不败之地，企业数字—智能化转型势在必行。然而，当企业向数字—智能化转型迈出第一步时，所面临的关键障碍不是来自技术或市场的变化，而是没有足够的数字—智能化人才可以支撑公司未来战略发展的需要。数字—智能化转型战略要求企业发展一系列新的数字化能力，如数字化领导力、数字化品牌建设、数字化营销、数据分析等。因此，数字化变革时代人才的重要性愈发凸显。德勤（Deloitte）研究发现，数字化转型所需的人才技能可以划分为数字化领导力、数字化运营能力、数字化发展潜力三个层次，如图 4-14 所示。面对数字化转型带来的人才需求，企业不得不重新思考“人才从何而来”的问题。

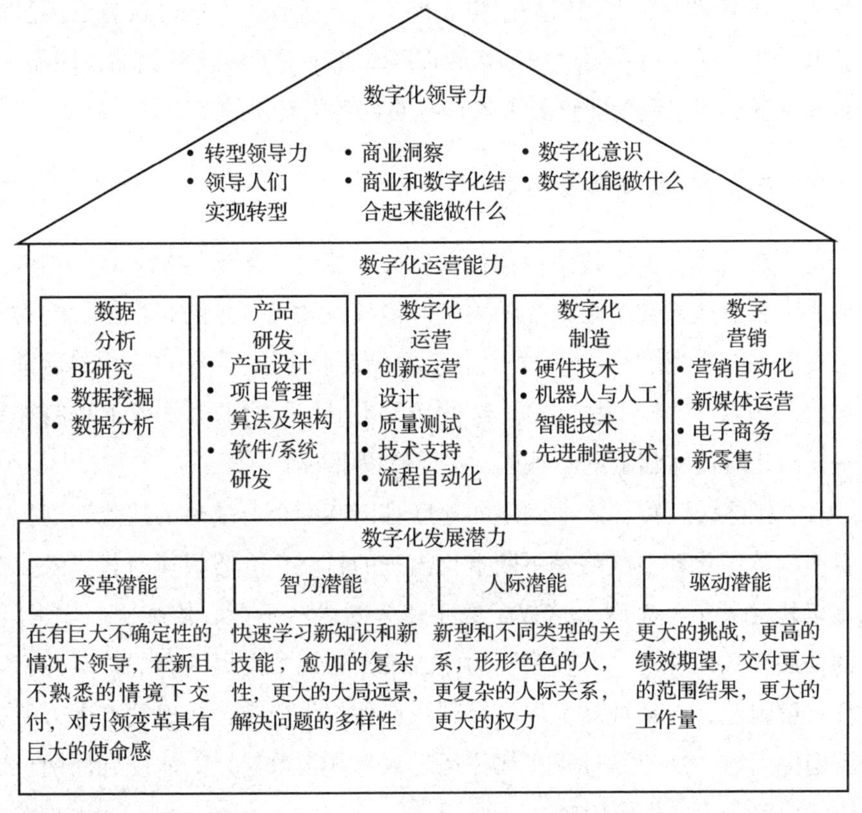

资料来源：德勤研究报告。

图 4-14　数字化人才所需能力组合

1. 聚焦人才发展，抢占数字化人才高地

在数字—智能化变革的大背景下，产生了对高层次、稀缺的数字化人才的旺盛需求。然而，劳动力市场高素质人才的结构性短缺更是加剧了企业间的人才争夺。《中国劳动力市场技能缺口研究》中的数据显示，中国高技能人才只占整体劳动力市场的 5%，普通技能人才占 19%，更多的则是无技能劳动者。在外部人才争夺战日益激烈的大背景下，仅仅靠引进外部人才的方式弥补人才缺口是远远不够的，企业逐渐意识到，员工的持续学习与发展对商业成功至关重要。一方面，科技快速发展令员工技能的半衰期缩短至五年，且在个别行业如软件工程师、法律专业人员、金融专业人员等必须每 12 ～ 18 个月就需要重建其技能；另一方面，处于变革中的企业往往还遗留着庞大的组织架构、传统商业模式下的岗位设置及大量低技能水平的员工，需要通过内部培养以匹配数字—智能化时代的技能需求。这些客观现实都迫使企业重新审视自身的数字化人才的发展。

2. 数字化人才培养挑战重重

企业在人才发展实践中往往投入巨大，然而效果不尽如人意，难以有效地成为企业注入数字化人才的力量。传统人才发展思路是根据战略需要定义人才标准（“模具”），识别具备潜力的发展对象（“原料”），然后进入人才发展项目（“工厂生产”）。这种“人才工场”式的人才发展思路在数字—智能化时代面临重重的挑战，主要有以下四个方面。

（1）挑战一：传统人才发展的速度难以匹配企业战略的迭代速度。由于企业的数字化转型战略是不断迭代演进的过程，战略快速迭代，人才标准难以快速制定，客观上造成了数字化人才供给不上。传统“人才工厂”式的发展模式往往是“重资产”运作，虽然强调了发展内容的针对性、完整性、逻辑性，但从规划发展内容到挑选外部供应商，从识别有潜力的员工到走完所有“加工”过程，往往耗时数月甚至数年，人才发展周期长也造成了数字化人才供给困难。

（2）挑战二：员工学习效果不佳，发展成果转化率低。在传统的人才

发展模式下，员工往往处于被动的状态，被动接受学习内容、学习方式、学习节奏。学习的主动性和被动性会直接影响发展成果转化。一方面，虽然传统的人才发展模式融入了大量 OJT（On the Job Training，在岗培训）、轮岗、行动学习等形式，但总体上发展内容依然与员工实际工作存在一定距离，难以马上应用；另一方面，由于发展过程的节奏比较固定，难以满足员工工作节奏和记忆曲线，也导致了学习发展转化率相对较低。在传统发展方式中，由于忽视学员对经验的反思，也导致了学习效果不佳。德勤研究发现，应用知识和对经验的反思对学习效果的贡献高达 80%，如图 4-5 所示。

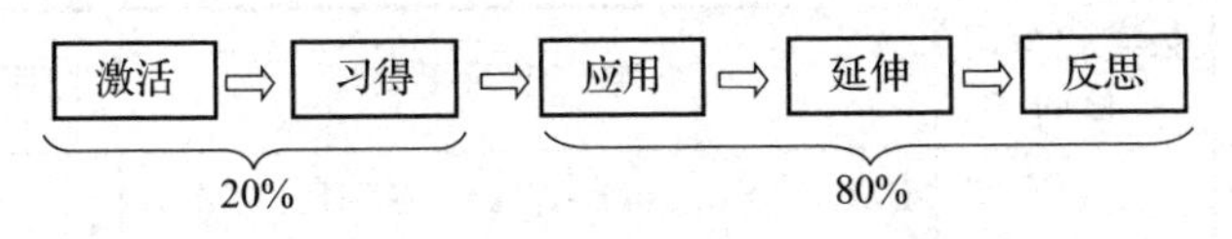

图 4-15　学习过程对学习效果的影响

（3）挑战三：员工对于培训的期望攀升，亟须改善员工的学习体验。随着员工对数字化培训的期待与诉求越来越高，对学习体验的要求也不断提高。随着移动工具的逐渐普及，员工的注意力每 5 分钟就会被打断一次，更难以集中于学习和工作。研究发现，大多数学习者不会观看长于四分钟的视频，每当用户打开一个网页，在线设计者要在 5 ～ 10 秒内抓住其注意力。因此，员工更期待公司可以提供“吸引眼球”的课程内容，以及生动有趣的线下学习体验。未来教学设计的方向需要专注于“体验设计”“设计思维”“员工学习旅程地图”的开发，以及在培训体系中引入更多的实验性、数据驱动、独创性解决方案。

（4）挑战四：知识的可获得性剧增，学习速度和系统化难以兼顾。随着互联网行业的蓬勃发展，人们每天都面对太多的信息量，却没有足够的时间来消化。非正式学习也变得无处不在，人们可以轻而易举地从 YouTube、Coursera、Udacity、Wikipedia、MOOC 等网站获取学习资料，知识碎片化的趋势在数字化时代日益严重。如何应用数字化技术构建更加开放、可检索、可访问、可获得，又兼顾体系化的学习平台是人才发展新模式必须解决的关键问题。

在数字—智能化时代下，企业对人才的要求是多样的，对发展速度的要求也很高。加速数字化人才发展的破局之道是以用户为中心，激活员工成长的思维模式，链接工作场景和职业生涯发展，充分应用数字化技术，打造开放、共享的人才发展新环境。数字化人才培养的挑战对企业学习与发展体系提出了“系统升级”要求，越来越多的企业开始关注人才发展体系重塑的问题，下文将从数字化学习模式、数字化学习体验、数字化学习平台、数字化学习技术四个维度切入，剖析如何重新定义企业数字化人才培养与发展，如表 4-7 所示。

表 4-7　数字化人才发展全景

数字化学习模式	数字化学习体验	数字化学习平台	数字化学习技术
问题导向的人才发展模式、职业生涯导向的人才发展模式	个性化、敏捷化、沉浸化、共享化	LMS、Forum、Wiki、SNS、Video Website、Search Engine、Behavior Audit、Micro-Learning Platform、MOOC、Learning Apps、xAPI、AR/VR/MR、Simulation System、Adaptive Learning Platform	Internet、5G/6G、AI、Mobile、IoT、Machine/Deep learning、Big Data、Cloud Computing

三、重新定义数字化人才培养与发展

1. 重新定义数字化学习模式：职业生涯导向和问题导向

在打造灯塔工厂的实践过程中，我们发现成功的企业不仅聚焦在基于职位要求的培养和发展模式，同时也重视对任职者的赋能和扩展，进而不断提高生产效率。前者称之为职业生涯导向的人才发展模式（Career-Oriented Talent Development），后者称之为问题导向的人才发展模式（Issue-Oriented Talent Development），如表 4-8 所示。

表 4-8　基于职业生涯与基于问题的人才发展模式

职业生涯导向的人才发展模式	问题导向的人才发展模式
“体系化”：周期长 + 阶段性	“短平快”：周期短 + 频率高
“未来时”导向的数字化人才发展模式	“现在时”导向的数字化人才发展模式

续表

职业生涯导向的人才发展模式	问题导向的人才发展模式
“以人为本”(People-Oriented)： 基于对员工未来职业发展需要，从任职资格的角度发展员工未来升职所需要的能力素质，多层次、多维度地体系化发展数字化人才	“以事为本”(Issue-Oriented)： 基于企业当下所需要解决的问题，有针对性地发展及培养解决企业难题所需要的数字化能力
有助于员工的职业发展与企业的发展一致性	有助于员工快速填补技能水平与绩效要求的差距

（1）职业生涯导向的人才发展模式。职业生涯导向的人才发展模式往往立足于公司战略方向，识别关键能力差距，进行有重点、体系化、多手段发展。现阶段不少企业为员工规划了职业发展路径，识别发展过程中的关键经历，甚至成立了企业大学，聘用专职的教职人员，对人才进行系统化、有层次地发展。

在职业生涯导向的人才发展中，数字化技术往往被应用于帮助员工识别自身优势、劣势，记录和分析关键经历，为员工和企业创造职业发展的共识基础。企业的学习管理系统（LMS）不仅是内容管理和学习记录的系统，越来越多的企业将LMS与人才管理系统（TMS）、绩效管理系统（PMS）和OKR进行整合，增强人才发展对人才管理、绩效管理和目标管理的支撑。更为前沿的企业使用xAPI（Experience API）渗透员工的日常工作，记录员工的关键经历。

（2）问题导向的人才发展模式。在数字化趋势下，商业模式快速迭代演变，新岗位、新内容、新能力的需求层出不穷，导致企业内部人员“跑步上岗”。因此，越来越多的企业通过构建问题导向的人才发展体系帮助这些“跑步上岗”的员工快速进入角色，通过多种“短、平、快”的手段，帮助员工快速解决大到整个企业、小到岗位绩效的热点问题，以达到企业绩效和个人绩效的持续提升。

问题导向的人才发展模式往往立足于企业当前的经营问题和员工的工作情景，聚焦绩效改善所导入的一系列快捷、高频使用的赋能方法、工具或阶段性、临时性的发展内容；对于绩效持续不达标的员工在解雇前，可能还会设置脱岗培训的体系或者转岗的机制。

在问题导向的人才发展中，数字化技术往往被应用于绩效过程管理、共享知识、代码贡献、知识检索、社交“圈子”、经验分享（如微视频）等方面。越来越多的企业在绩效管理系统（PMS）中强化了绩效辅导或者教练辅导的内容，通过绩效“双周辅导”帮助员工持续提升能力。全球高科技公司普遍重视知识共享平台建设和构建专业化“圈子”或者内部专家网络，提高所沉淀知识和专家的透明度、可检索度、可访问度，甚至将知识库和“问专家”内嵌于工作情景或者业务系统。

在数字化人才发展实践中，职业生涯导向的人才发展模式和问题导向的人才模式相辅相成。前者是发展方向和牵引力，后者是知识转移的快捷键和知识技能向绩效的转化器，共同作用于人才的发展。

2. 重新定义数字化学习体验：个性化、敏捷化、沉浸化、共享化

德勤与华为共同研究发现，加速数字化人才发展的速度，人才发展体系需要聚焦在四个体验上：个性化、敏捷化、沉浸化、共享化，如表 4-9 所示。

表 4-9 重新定义数字化学习体验

个性化	沉浸化
员工可以根据个人职业发展方向、兴趣爱好，选择学习内容和学习方式。企业开始关注每一个人的培训需求，从推动（Push）转向引导（Guide）	从“认知—运用—理解”三步式进行学习。通过沉浸化的学习环境，使员工投入学习过程中，相比于传统被动式的教学，更能激发员工学习与思考的主动性与参与性
敏捷化	**共享化**
员工可以在任何时候、任何地点学习任何内容，数字化技术让知识在“时间—空间—形式”上产生多元组合，提供了三个“任何”的可能性	打破了组织内部横向及纵向的壁垒，倡导“协作共享、共同成长”的学习文化，鼓励员工之间进行知识和资料的共享

（1）个性化。作为数字化的重要参与者，许多互联网企业通过数据对客户进行分析，实现精准营销，从而获得更好的业绩效果，这种趋势也积极推动着人才发展。伴随着数字化的加深，人才发展呈现出越来越个性化的趋势。员工可以根据个人职业发展方向、兴趣爱好，选择学习内容和学习方式。企业开始关注每一个人的培训需求，从推动转向引导。

"课程目录"曾经是企业在设计人才培训体系过程中的一大关注点，但在今天已经显得不那么重要了。在互联网时代，人们对于个性化定制体验的追求不曾停歇，企业应借助云计算、大数据等分析手段，结合员工的职业发展规划，帮助员工设立定制化的个人目标，并相应地推送员工感兴趣的学习内容，最大化地体现"以人为本"和"员工导向"的学习体验，为企业加速培养数字化人才。

（2）敏捷化。在数字化时代下，移动工具呈现了爆发式的增长，移动端的工具方便了人们的生活，也为人才发展提供了新思路。员工可以在任何时候、任何地点学习任何内容，数字化技术让知识在"时间—空间—形式"上产生多元组合，提供了三个"任何"的可能性。如今的工具，如"微学习平台""间隔学习平台""移动阅读平台"等都为人才发展的敏捷化提供了有利条件。

（3）沉浸化。数字化技术的发展实践，使员工可以通过模拟实际操作场景的形式，从"认知—运用—理解"三步式进行学习。通过沉浸化的学习环境，使员工投入学习过程，相比于传统的被动式的教学，更能激发员工学习与思考的主动性与参与性。在全球范围内，许多公司在培训领域进行沉浸化尝试后得到了良好的反馈：沉浸化的学习体验加强了场景化模拟，一方面，在展示一些相对比较复杂的流程和工具方面，这种沉浸化学习设计有非常大的优势；另一方面，也可以通过创新独特的场景设计，帮助学员跳出固化的思维模式，激发学员的创造力和想象力，从意识形态的高度加速学员对学习成果的转化。

（4）共享化。人类正以前所未有的发明速度创造着眼花缭乱的社交媒体，微博、微信、QQ 等软件以便捷的功能使人与人之间紧密联系、沟通和共享信息。企业也开始利用社交媒体的思维打造全新的学习模式，通过内部共享平台、邮件群发系统、博客和研讨系统等，员工可以与该学习领域专家进行直接交流，及时获取第一手学习资料，在提高学习效率的同时，也促进了组织内部协作效率的提升。共享化学习打破了组织内部横向及纵向的壁垒，倡导"协作共享、共同成长"的学习文化，鼓励员工之间进行知识和资料的共享。通过社交 + 学习的体验使员工能够在这种学习方式下，将曾经被少数人掌握的知识通过总结、沉淀传承下来，形成了企业的领域知识技能，从而加速了企业内部知识与技能的复用，也为知识与技能的不断创新奠定了基础。

3. 重新定义数字化学习方式：深度应用数字化技术

（1）数字技术造就了全新的学习工具。新技术的发展为企业创造了全新的学习环境，在过去短短十多年间，企业的人才学习与发展工具和手段发生了明显的变化。越来越多的企业突破了传统培训方式的界限，转而采用数字化技术，提高人才发展的效率。传统的讲师培训方式在培训体系中的占比逐年减少，2015 年占比仅为 32%，而 2012 年为 53%，2009 年为 77%（*Corporate Learning Factbook 2015*，Bersin）。近 20 多年来，数字化技术的发展与应用使企业学习与人才发展体系经历了颠覆式的演进：从最原始的教科书式学习开始，互联网与多媒体技术的发展促进了在线学习与多媒体学习的产生；4G/5G 网络、SNS 技术及智能手机的普及，使移动学习和社交学习逐渐开始被越来越多企业的 LMS 所采纳。数字化技术为企业人才发展创造了多元化的工具、平台和手段。常见的数字化学习方式包括 LMS、MOOC、Simulation System、Learning Apps、xAPI、Behavior Audit、AR/VR/MR、SNS、Wiki、Forum、Video Website、Search Engine、Adaptive Learning Platform、Micro-Learning Platform 等。

（2）智能学习进一步加快人才的发展速度。企业实施智能学习必将以员工为中心，以数据为驱动，构建开放、共享、协作的学习生态系统。随着大数据、AI、VR/AR/MR 技术在人才发展领域的应用，人的学习动机和学习兴趣被高度激发，同时以自适应员工学习节奏和学习方式提供应需而生、精确匹配的发展内容，必将进一步加快人才发展速度，如图 4-16 所示。

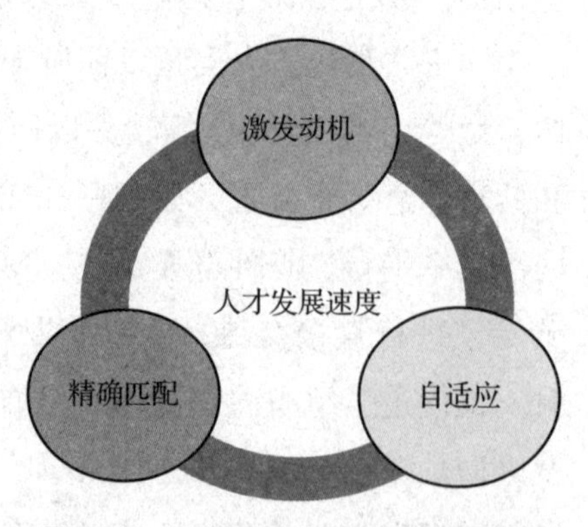

图 4-16　智能学习加快人才发展速度

智能学习时代的技术应用更关注

从“以人为本”的角度实现人才发展效率的优化。曾经的学习技术发展常运用在对学习内容的制作（如从文字到多媒体）和学习交付渠道的便捷化（如从线下到线上），大多是从课程角度出发的数字化变革；而现在随着 AI、AR/VR、大数据、云计算等技术的不断演进，学习技术的关注点更多集中在了学习动机强化、学习过程体验和学习结果分析，是从人的角度出发的数字化变革：通过更智能的技术应用（自适应、虚拟现实、模拟系统）强调了学员对学习更深度的自主参与，进而达到提升学习效率的目的。下文将列举几个有代表性的智能化学习技术在人才发展中的典型应用。

一是基于仿真技术的模拟实验平台。模拟实验平台的出现改变了传统的实验教学模式，它通过仿真技术构建动态的教学模型，实时模拟真实的实验现象和过程。仿真实验程序使学员可以在模拟的学习环境里实现交互式操作，产生与实际一致的实验现象和结果，产生身临其境的学习体验。富士康很早就开始为培训学员提供虚拟学习实验室平台，模拟出真实的网络搭建环节，学员可以通过软件获得针对路由和核心交换的实验动手练习，可以通过个人电脑访问虚拟网络环境进行练习，而不必到物理实验室进行实地上机培训。比起传统的实验室操作的学习方式，虚拟实践平台的推出，一方面，通过线上的模拟系统，为学习的过程节省了资源和设备的昂贵支出；另一方面，使学员可以在任何时间、任何地点访问系统，学习时间更加灵活，学员可以按照自己的学习进度进行个性化的学习进程管理。

二是基于人工智能技术的自适应学习平台。随着人工智能技术的发展，市面上出现了一批自适应教学系统，如 Shute & Zapata-Rivera。这类系统能基于学习者认知特点的自动识别，支持和促进对复杂、抽象概念的学习和理解，又能基于情感态度的自动识别和感知，为学习者提供适应其个人爱好的学习资源和学习方式。自适应学习平台通过对培训数据集中整合及分析，深度挖掘和提炼员工工作绩效及技能需求数据等各类信息，使用它们来更精确地匹配员工的个性化培训需求，主动引导员工学习，提升学习效率。CogBooks（一款源自英国的自适应内容工具）在为学习者提供学习内容时，考虑了以下几个因素：学生的信心指数和自测成绩、完成练习的时间、回答问题的表现、在相似的学习模块中的学习表现等。2015年，亚利桑那州立大学和CogBooks达成合作，率先在教学上使用该自适应工具，为学生提供生物和美国历史两个线上课程。

三是基于AR/VR/MR/IoT的模拟环境学习系统。AR（增强现实）、VR（虚拟现实）、MR（混合现实）、IoT（物联网）等技术近年来的蓬勃发展，为人才发展提供了颠覆式的创新驱动力。通过多元信息融合的、交互式的三维动态视景、与实体行为（触感或动感）的有机结合，生成逼真的模拟环境，使学习者对学习内容有特别“真实”的感性认识并沉浸到该环境中。通用汽车公司已经开始使用Google Glass及Google Gadget对工人进行培训及实时反馈：通过AR技术提供上下文信息/操作流程提示，模拟出真实的工作环境，使学员尝试进行该领域的复杂操作。

创新视点2

富士康的“四化”人才培养

随着互联网和人工智能技术的发展，转型的智能制造产业成为吸引创新型人才的新热点，而智能制造与传统生产模式差异较大，对人才要求普遍较高，对运营技术（OT）、数据技术（DT）、分析技术（AT）、平台技术（PT）融会贯通的复合型人才将是企业转型升级过程中的骨干。在这个过程中，构建人才的数字—智能化技能成为数字—智能化转型成功的关键。而技术人才作为一类关键人才，其技能转型的成功与否直接影响业务转型的成败。

从2018—2021年，富士康科技集团联合深圳学院共同开展“工业互联网”技术与管理人才研修班，帮助其员工构建业务领域新的数字—智能化技能。其基于实际岗位任职资格设计培训内容与考核标准，采用OMO混合教学、模拟实操、现场实践、项目辅导等多元方式进行教学，通过笔试、上机实操等方式综合考察学员对专业知识的掌握情况和实际应用能力，设定证书有效期，要求学员每年持续学习。为此，提出灯塔工厂数字—智能化转型“四化”（精益化、自动化、数字化、智能化）人才养成体系，如图4-17、图4-18、图4-19所示。

精益化

1. IE技术员（90H）

树立IE与改善意识，掌握IE基础知识及手法，具备标准工时制定、生产线平衡等改善技能，可以协助IE工程师进行生产现场问题改善和优化

①IE与提案改善简介
②问题发现与解决
③QC七大手法
④8S与目视管理
⑤八大浪费
⑥自动化
⑦程序分析
⑧作业分析
⑨动作分析
⑩标准工时制定
⑪ SMED（快速换线）
⑫ TPM（全面生产保养）
⑬ 生产线平衡
⑭ 智能制造发展与应用

自动化

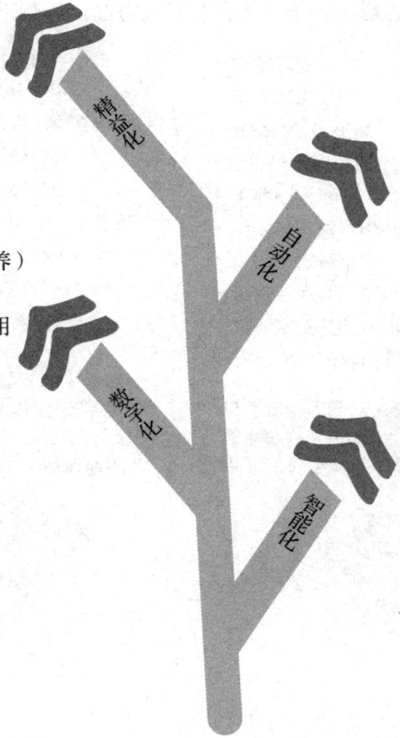

2.设备电器装配员（138H）

培养学员能够在安全情况下安装或操作PLC等相关电气组件，可以进行简单的编程控制，能够完成设备故障检修，解决现场调试及通信中的常见问题

①职业道德及安全知识
②设备电气装配职业素养
③现代传感器原理及应用
④PLC简单程序设计
⑤电机拖动

数字化

3. Web前端开发助理工程师（120H）

掌握Web前端开发关键技术，从而能够进行网页的开发、优化和完善，满足用户交互体验和网站前端性能优化需求

①计算器基础
②HTML基础
③CSS基础
④JS基础
⑤JS进阶
⑥项目实战

智能化

4. 数据处理员（80H）

帮助学员快速入门人工智能数据标注、训练数据集管理及模型构建训练部署与调用等技术，能够熟练进行数据标注、训练数据集管理作业；具有模型构建、模型训练、模型部署和调用高级技术能力

①数据标注概述
②数据获取与清洗及环境搭建
③数据标注分类
④数据标注质量检验
⑤数据标注管理
⑥数据标注应用
⑦训练数据预处理
⑧模型的构建与训练
⑨模型的部署与调用

图 4-17　灯塔工厂数字化转型“四化”人才培养（初级工程师系列）认证规划

精益工程师（100H）

培养学员掌握相关知识、方法、工具及技能，能够协助生产现场进行问题诊断、生产效率提升、质量改善、成本降低等现场改善及优化的制定

- Six Sigma质量改善手法
- 模拟优化
- 自动化导入
- 失效模式分析FMEA
- 人工智能及大数据在制造业的应用
- 人因工程
- 工业互联网平台及4T介绍

六西格玛绿带（100H）

培养学员了解六西格玛基本理论与实用工具，掌握6σ在企业中的应用方法，并能以步骤化的手段大幅改善工序上因变异所造成的不良率、返工等生产运作成本

- 六西格玛介绍
- 基本统计
- Mintab介绍
- 测量系统分析
- 能力计算
- 流程图分析
- C&E矩阵
- FMEA
- 图形工具
- 假设检验
- 单双样本检验
- 单因子方差检验
- 回归分析
- 实验设计
- 控制方法及控制计划
- SPC
- 项目移转

工业物联网装调与维护工程师（80H）

培养学员能利用工业物联网技术进行系统维护、管理、布线和程序编写等能力

- 工业物联网发展趋势与技术标准
- 工业人工智能应用场域与发展趋势
- 传感器原理、选型及应用
- 串口通信技术
- 网络控制器与RFID数据通信
- 工业网络通信
- Zigbee数据通信
- 4G/5G远程调试
- 蓝牙数据通信
- 组态软件

工业机器人操作与维护工程师（80H）

培养学员能依据相关图纸完成工业机器人系统的安装、调试及工业机器人的定期保养与维护，掌握工业机器人与接口设备通信技术，具备发现和处理实际生产中设备问题的能力

- 工业机器人的基础应用
- 工业机器人的工作站安装
- 工业机器人的电气控制
- 工业机器人的操作
- 工业机器人的高级程序设计
- 工业机器人的外围设备通信
- 工业机器人的系统维护与维修

图 4-18　灯塔工厂数字化转型“四化”人才培养（中级工程师系列）认证规划（1/2）

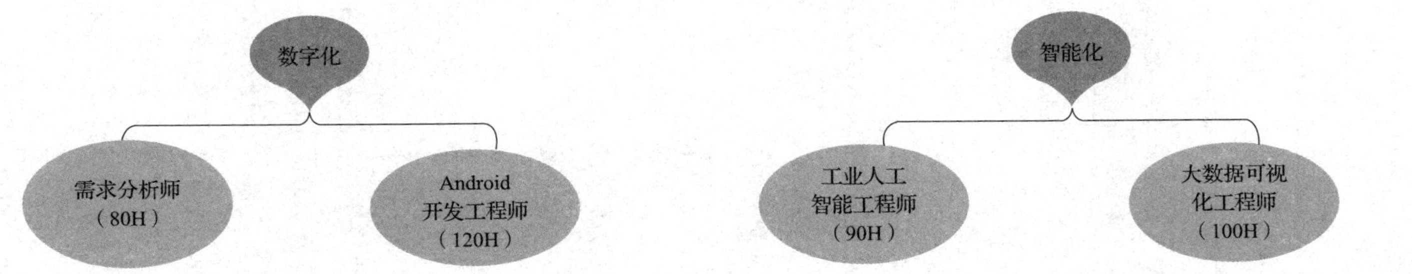

培养学员掌握需求分析的方法和工具，能对客户需求进行分析，协助系统架构师、系统分析师对需求进行理解

- 瀑布型需求分析方法
- 敏捷型需求分析方法
- 非功能性需求和用户体验
- UI设计要点与案例分析
- 各类项目需求开发方法裁剪与案例剖析
- 需求管理方法与案例剖析

培养学员掌握Kotlin基础语法、面向对象编程，能使用Kotlin语言进行Android的应用开发

- Android系统简介
- 开发环境搭建与项目结构介绍
- Kotlin基础语法及面向对象编程
- 用户界面开发
- 广播接收者与服务
- 数据本地存储技术
- 多媒体技术
- 网络编程
- 项目实战

帮助学员分辨与熟悉工业场景中人工智能应用与商业场景中人工智能应用的差异，深入掌握挖掘工业数据的相关技术并进行相关实践

- 线性代数
- 概率与统计
- 离散数学
- Python入门
- SQL数据库
- 工业数据的特征工程及挖掘
- 机器学习算法及应用
- 工业人工智能的应用与实践

帮助学员了解数据背后的规律，理解图表的结构与特点，掌握数据呈现的方法与工具，最终使学员能针对特定的数据选择对应的图形呈现数据特征，清晰地表达数据、传播思想

- 数据可视化的发展
- 颜色理论基础
- 视觉感知与认知
- R与Rstudio简介与安装
- R的基本操作及数据结构
- 控制流与函数
- 数据读写与数据初探
- 八类图形介绍及实作

图 4-19　灯塔工厂数字化转型“四化”人才培养（中级工程师系列）认证规划（2/2）

1. 利用 eLab 与 VR/AR 创造沉浸化学习

本项目中的演练部分，根据实际工作场景，将 eLab（在线虚拟实验室）和 VR/AR 技术相结合，创造出沉浸化的学习体验。eLab 使员工使用浏览器远程接入云端系统，可选择系统预置的场景或者自己配置的场景，通过简单的鼠标拖拽即可配置出现实中复杂的工作场景。该技术消除了以往复杂的指令输入、现场设备连线等障碍，极大降低了为培训搭建真实工作环境的设备投入，实现了真实工作环境下的操作学习体验。

2. 利用 AI 打造个性化学习

个性化学习基于自适应学习技术，为员工提供个性化的学习服务，支撑组织大规模在线学习，实现精准学习。适应学习来自 AI 引擎对历史学习数据和行业标杆数据的训练。在本项目中通过学习记录、能力模型和深度学习三大模块，帮助员工进行能力识别与精准学习规划。

（1）学习记录。平台挖掘员工所有学习数据，如员工档案（包括但不限于员工专业、职级职位、工作经历等）、近期学习课程、在线学习行为、学习进度、学习偏好、在线评估结果等，并进行数据可用性分析与矫正。

（2）能力模型。基于历史培训数据，搭建普通岗位的能力模型库和知识图谱。

（3）智能分析。结合员工的学习数据和能力模型，识别技能差距，根据学习偏好等，为员工做个性化的、可动态调整的学习方案规划。

个性化学习的引入在本项目的学习管理、培训运营等方面价值明显。

（1）针对员工的差异化学习方案规划，以及相应的智能学习管理，带来了课程学习人数和完成人数的明显提升。如本项目中某课程的学习参与率达 90% 以上，完成度达 80%。而且，通过平台数据反馈可见，用户周活跃度提升 30%，历史用户唤醒率达 70%。

（2）提升了学习项目交付和运营效率，减少了 SME（领域专家）对员工分析与规划的人力和时间投入，员工识别与推荐过程自动完成，无须人工干预，大大提升了工作效率。

（3）通过匹配个性化学习需求的自适应学习服务，新的培训方案当天即可送达预期目标用户，学习运营及时且精准。

（4）客户培训需求画像、能力模型库通过智能分析和用户数据不断积累和修正，使数据更真实、更精确，为后续学习过程中的动态自适应、学习方案开发策略提供更为精准的参考。

资料来源：作者根据多方资料汇编。

附　　录

关键术语

3D：3-Dimension，三维
4IR：Fourth Industrial Revolution，第四次工业革命
5G：5th Generation Mobile Communication Technology，第五代移动通信技术
AC：Automatic Control，自动控制
ACO：Ant Colony Optimization，蚁群算法
ADAS：Advanced Driving Assistance System，高级驾驶辅助系统
Adaptive Learning Platform，自适应学习平台
Active Vibration Control，主动振动控制
AI：Artificial Intelligence，人工智能
Agile Working Mode，敏捷工作模式
Agile Digital Studio，敏捷数字工作室
AGV：Automatic Guided Vehicle，自动导引车，无人搬运车
AMR：Autonomous Mobile Robot，自主移动机器人
ANN：Artificial Neural Network，人工神经网络
API：Application Programming Interface，应用程序编程接口
App：Application，应用程序
APS：Advanced Planning and Scheduling，先进计划排程
AR：Augmented Reality，增强现实
ASR：Automatic Speech Recognition，自动语音识别
AT：Analysis Technology，分析技术
BCG：Boston Consulting Group，波士顿咨询公司
Best Available Technology，最佳适用技术
BI：Business Intelligence，商业智能
Big Data，大数据

Big Data Decision-Making，大数据决策
Big Data Hubris，大数据自大
BP：Business Planning，业务计划
BPR：Business Process Reengineering，企业流程重组、业务流程再造
BTM：Business Transformation Management，业务转型管理
Business Model，商业模式，业务模式
Business Process，业务流程
B2C：Business-to-Consumer，商对客
CAD：Computer Aided Design，计算机辅助设计
CAE：Computer Aided Engineering，计算机辅助工程
CAPP：Computer Aided Process Planning，计算机辅助工艺计划
Career-Oriented Talent Development，职业生涯导向的人才发展模式
CDO：Chief Data Officer，首席数据官
CE：Concurrent Engineering，并行工程
CI：Computational Intelligence，计算智能
CNC：Computer Numerical Control，计算机数控
Cognitive Bias，认知偏差
Cognitive Intelligence，认知智能
Collaborative Design，协同设计
Core Competence，核心能力
Core Competitiveness，核心竞争力
Cost Leadership，成本领先
CPS：Cyber Physical System，信息物理系统、赛博实体空间
CRM：Customer Relationship Management，客户关系管理
CV：Computer Vision，计算机视觉
C2B：Customer to Business，消费者到企业
Data Lake，数据湖
DCF：Digital Capability Framework，数字能力框架
DCS：Distributed Control System，分布式控制系统
DDOM：Data-Driven Operation Model，数据驱动营运模式
Deep Learning，深度学习
Deep Reinforcement Learning，深度强化学习
Democratized Technology，科技民主化
DevOps：Development Operations，研发一运营
Disruptive Innovation，破坏性创新、颠覆式创新、裂变式创新
Data Driven Culture，数据驱动的文化

Data Driven Enterprise，数据驱动型企业
Data Driven Decision，Data Driven Decision Making，数据驱动决策
Data Culture，数据文化
Data Trap，数据陷阱
Digital Culture，数字文化
Digital First，数字优先
Data Insight，数据洞察
Data Ownership，数据所有权
Digital Supply Chain Twin，数字供应链孪生
Digital Native Factory，数字原生工厂
Digital Native Enterprise，数字原生企业
Digital Thread，数字线程
Digital Twins，数字孪生、数字双胞胎
DIKW：Data-Information-Knowledge-Wisdom，数据—信息—知识—智慧
DSS：Decision Support System，决策支持系统
DP：Digital Prototype，数字样机
DQ：Digital Quotient，数商
DT：Data Technology，数据技术
DVT：Design Verification Test，设计验证阶段
ECU：Electronic Control Unit，电子控制单元、发动机控制单元
ERP：Enterprise Resource Planning，制造资源计划
ES：Evolution Strategy，进化策略
ESP：Electronic Stability Program，电子稳定程序、车身电子稳定系统
Explorative Learning，探索性学习
Exploitative learning，利用性学习
E2E：End to End，端到端
Fine Grit，细粒度
Flexible Automation，柔性自动化
FMS：Flexible Manufacture System，柔性制造系统
Functional Organization，职能组织
GA：Genetic Algorithm，遗传算法
GFT：Google Flu Trends，谷歌流感趋势
GPS：Global Positioning System，全球定位系统
GPU：Graphics Processing Unit，图形处理器
Generative Design，衍生式设计
HMI：Human Machine Interface，人机界面

IaaS：Infrastructure-as-a-Service，基础设施即服务
IC：Intelligent Control，智能控制
ICR：Intelligent Character Recognition，智能字符识别
IM：Intelligent Manufacturing，智能制造
IMT：Intelligent Machine Tool，智能机床
Intelligent Algorithm，智能算法
Intelligent Robot，智能机器人
Intelligent Thermal Shield，智能热屏障
Industrial Internet，工业互联网
Industrial Intelligence，工业智能
Innovation Culture，创新文化
Innovation Ecosystem，创新生态系统
IoE：Internet of Everything，万物互联
IoT：Internet of Things，物联网
IP：Intellectual Property Rights，知识产权
IPD：Integrated Product Development，集成产品开发
Issue-Oriented Talent Development，问题导向的人才发展模式
IT：Information Technology，信息技术
Iterative Innovation，迭代创新
JIT：Just in Time，准时制
KE：Knowledge Engineering，知识工程
Lighthouse Factory，灯塔工厂
LP：Lean Production，精益生产
Maturity Model of Intelligent Manufacturing Capability，智能制造能力成熟度模型
Maturity Assessment Method of Intelligent Manufacturing Capability，智能制造能力成熟度评估方法
MBD：Model Based Definition，基于模型的定义
MBE：Model Based Enterprise，基于模型的企业
MBe：Model Based engineering，基于模型的工程
MBM：Model Based Manufacture，基于模型的制造
MBs：Model Based service，基于模型的服务
MBSE：Model Based System Engineering，基于模型的系统工程
MC：Mass Customization，大规模定制
McKinsey & Company，麦肯锡公司
Metaverse，元宇宙、虚拟世界
MES：Manufacturing Execution System，制造执行系统

MEMS：Micro Electrical Mechanical System，微机电系统
MIS：Management Information System，管理信息系统
ML：Machine Learning，机器学习
MLOps：Machine Learning & Operations，机器学习与运营
MOM：Manufacturing Operation Management，制造运营管理
MP：Mass Production，大规模生产、量产
MR：Mixed Reality，混合现实
MV：Machine Vision，机器视觉
MVP：Minimum Viable Product，最小可行性产品
M2M：Machine to Machine，机器对机器
NLP：Natural Language Processing，自然语言处理
NFC：Near Filed Communication，近场通信
NNC：Neural Network Controller，神经网络控制器
QA：Office Automation，办公自动化
OCR：Optical Character Recognition，光学字符识别
ODM：Original Design Manufacture，原始设计制造商
OEE：Overall Equipment Effectiveness，设备综合效率
OEM：Original Equipment Manufacture，原始设备生产商
Open Collaboration，开放式协作
Open Innovation，开放式创新
Operation System，运营系统
Organization System，组织系统
OT：Operation Technology，运营技术
OTA：Over-the-Air Technology，空中下载技术
PaaS：Platform-as-a-Service，平台即服务
Pattern Recognition，模式识别
Perceptual Computing Intelligence，感知计算智能
PDM：Product Data Management，产品数据管理
PDT：Product Development Team，产品开发团队
PHM：Prognostic and Health Management，故障预测与健康管理
PID：Proportional Integral Derivative，比例积分微分
PLC：Programmable Logic Controller，可编程逻辑控制器
PLM：Product Life-Cycle Management，产品生命周期管理
Product Innovation，产品创新
Production System Innovation，生产系统创新
Process Innovation，流程 / 工艺创新

PT：Platform Technology，平台技术
Reinforcement Learning，强化学习
REM：Remote Elevator Maintenance，远程电梯维护系统
RFID：Radio Frequency Identification，无线射频识别
RoI：Return on Investment，投资回报率
RTLS：Real Time Location System，实时定位系统
SA：Simulate Anneal，模拟退火算法
SaaS：Software as a Service，软件即服务
SCM：Supply Chain Management，供应链管理
SDK：Software Development Kit，软件开发工具包
SDX：Software-Defined Everything，软件定义一切
SDV：Software Defined Vehicle，软件定义的汽车
Service Oriented Manufacturing，服务型制造
Simulated Analysis，仿真分析
SLOC：Source Lines of Code，源代码行数
Statistical Thinking，统计性思维
Tacit Knowledge，隐性知识
TCU：Transmission Control Unit，变速箱控制单元
TIA：Total Integrated Automation，全集成自动化
TPM：Total Productive Maintenance，全面生产维护
Unstructured，非结构化的
UPH：Unit Per Hour，每小时的产出、小时产量
Use Case，用例
VE：Virtual Environment，虚拟环境
VP：Virtual Prototype，虚拟样机
VR：Virtual Reality，虚拟现实
VSA：Vehicle Stability Assist Control，车辆稳定性控制系统
Web Crawler，网络爬虫
WEF：World Economic Forum，世界经济论坛
WMS：Warehouse Management System，仓库管理系统
XR：Extended Reality，扩展现实
HR：Human Resource，人力资源
ESOP：Employee Stock Ownership Plans，公司职工持股计划

参考文献

[1] Armendia M, Ghassempouri M, Jaouher Selmi, et al.Twin-Control: A Digital Twin Approach to Improve Machine Tools Lifecycle [M]. Switzerland: Cham Springer, 2019.

[2] Batra, Parul Bughin，et al.Jobs Lost, Jobs Gained: Workforce Transitions in A Time of Automation [R]. New York: Mckin-Sey Global Institute, 2017.

[3] DONG Z M.Artificial Intelligence in Optimal Design and Manufacturing [M]. Englewood Cliffs, NJ: Prentice Hall, 1994.

[4] George Westerman, Didier Bonnet, Andrew McAfee.Leading Digital: Turing Technology into Business Transformation [M]. Boston: Harvard Business Review Press, 2014.

[5] Jeffrey L Cruikshank.The Apple Way [M]. New York: McGraw-Hill, 2006.

[6] Tao F, Liu W, Zhang M, et al.Five-Dimension Digital Twin Model and its Ten Applications [J]. Computer Integrated Manufacturing Systems, 2019, 25 (1).

[7] Tom Davenport.Analytics 3.0 [J]. Harvard Business Review, 2013 (12).

[8] 毕马威中国大数据团队．洞见数据价值：大数据挖掘要案纪实 [M]．北京：清华大学出版社，2018.

[9] 蔡自兴．中国智能控制 40 年 [J]．科技导报，2018, 36 (17).

[10] 陈吉红，等．走向智能机床 [J]．工程，2019, 5 (4).

[11] 段峰，王耀南，雷晓峰，等．机器视觉技术及其应用综述 [J]．自动化博览，2002 (3).

[12] 何京广，徐文静．产品设计之智能化设计 [J]．科技与创新，2016 (11).

[13] 华为数据管理部．华为数据之道 [M]．北京：机械工业出版社，2020.

[14] 郭玥，李潇雯. 基于遗传算法的码垛机器人路径规划应用［J］. 包装工程，2019，40（21）.
[15] 拉兹·海飞门，等. 数字跃迁：数字化变革的战略与战术［M］. 北京：机械工业出版社，2020.
[16] 李杰，等. 新一代工业智能［M］. 上海：上海交通大学出版社，2017.
[17] 李杰. 工业大数据：工业 4.0 时代的工业转型与价值创造［M］. 北京：机械工业出版社，2015.
[18] 李培根，等. 智能制造概论［M］. 北京：清华大学出版社，2021.
[19] 李瑞峰. 工业机器人设计与应用［M］. 哈尔滨：哈尔滨工业大学出版社，2017.
[20] 梁乃明，等. 数字孪生实战：基于模型的数字化企业［M］. 北京：机械工业出版社，2019.
[21] 刘驰，王占健，戴子彭，等. 深度强化学习：学术前沿与实战应用［M］. 北京：机械工业出版社，2010.
[22] 迈克尔·波特，詹姆斯·赫普曼. 物联网时代企业竞争战略（续篇）［J］. 金卡工程，2016（4）.
[23] 乔梁. 持续交付 2.0［M］. 北京：人民邮电出版社，2019.
[24] 孙新波，李金柱. 数据治理——酷特智能管理演化新物种的实践［M］. 北京：机械工业出版社，2020.
[25] 王晓红. 体验决定商业未来［J］. 销售与管理，2016（11）.
[26] 王行仁. 建模与仿真技术的发展和应用［J］. 机械制造与自动化，2010，39（1）.
[27] 杨春晖，等. 企业软件化［M］. 北京：电子工业出版社，2020.
[28] 杨汉录，等. 工业互联网转型与升级［M］. 厦门：厦门大学出版社，2020.
[29] 杨汉录，等. 集成产品开发与创新管理［M］. 北京：企业管理出版社，2021.
[30] 张霖，周飞龙. 制造中的建模仿真技术［J］. 系统仿真学报，2018，30（5）.
[31] 张洁，等. 智能车间的大数据应用［M］. 北京：清华大学出版社，2019.
[32] 张慧，等. 西开电气发展智能制造实践经验［M］. 中国工程院. 制造强国战略研究·智能制造专题卷，北京：电子工业出版社，2015.

[33] 周安亮，屈贤明．西门子公司发展智能制造实践经验［ M ］．北京：电子工业出版社，2015.

[34] 周安亮，曾浩，等．雷柏公司发展数字化、智能化制造实践经验［ M ］．北京：电子工业出版社，2015.

[35] 周济．智能制造是“中国制造 2025”的主攻方向［ M ］．北京：电子工业出版社，2016.